今日から
スタート
高校入試

数学

文英堂

この本の特長

1 思い立ったその日が高校入試対策のスタート!

「そろそろ受験勉強始めなきゃ!」
そう思ってこの本を手に取ったその日が,あなたの受験勉強のスタートです。この本は,いつから始めても,そのときどきの使い方で効率的に学習できるようにつくられています。計画を立てて,志望校合格を目指してがんばりましょう。この本では,あなたのスケジューリング(計画の立て方)もサポートしています。

2 段階を追った構成で,合格まで着実にステップアップ!

この本は,近年の入試問題を分析し,中学3年間の学習内容を,短期間で復習できるようコンパクトに編集しているので,効率よく学習できます。また,大きく3つのステップに分けて構成しているので,段階を追って無理なく着実に実力アップができます。

この本の構成

Step 1 要点をおさえる!［学習項目別］

まずは学習項目別の章立てで,今まで学んだ内容を復習しましょう。

ポイント整理

入試必出のポイントを簡潔にまとめています。忘れていることはないか,知識を確認しましょう。

基本問題

基本的な問題を集めました。「ポイント整理」の内容を確認しましょう。

入試攻略のカギ

入試でどのような所がポイントになるのか明示しています。

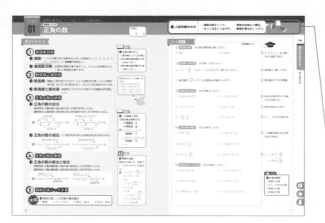

トレーニングテスト

実際に出題された入試問題から良問を集めました。「ポイント整理」をふまえて,実際に解いてみましょう。

HINT

問題を解くためのヒントです。わからないときは,ここを見ましょう。

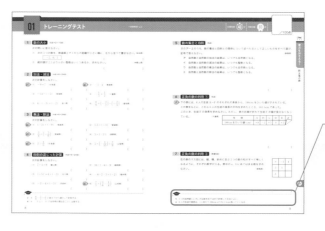

ポイントチェック

これまでに学んだ事項を再チェックするコーナーです。
ここでは入試の大問1番で出題される問題を中心にとり上げました。

ふりかえりマーク

>>> 01 はふりかえりマークです。参照単元を記載していますので、必要に応じてその単元に戻って再確認しましょう。

Step 2 総合力をつける！［出題テーマ別］

出題テーマ別に分類した入試の過去問で構成されています。
高校入試に向けて実戦的な力を養いましょう。

総合力をつける！

受験生泣かせの16テーマを厳選し、［例題＋解説＋類題］の形式で掲載しています。実戦的な力を養いましょう。

入試攻略のカギ

それぞれのテーマをおさえるためのポイントや入試傾向をまとめました。問題を解く前に読んでおきましょう。

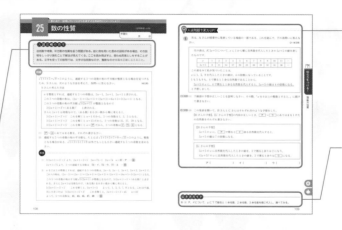

入試問題で実力 UP！

左ページで扱ったテーマの入試問題です。高得点をとりたい人は必ずチャレンジしておきましょう。

解き方ガイド

問題を解く際の方針やヒントを示しています。

Step 3 入試にそなえる！［入試模擬テスト］

入試模擬テストが2回分ついています。
入試前に取り組んで、力試しをしましょう。

> シリーズ全教科をそろえて、
> 高校入試本番のつもりで取り組んでみるのもオススメ！

くわしい「解答・解説」

問題の解き方、考え方、注意点などをくわしくていねいに説明しています。間違えたところは、解説をじっくり読んで理解しましょう。取り外して使用できます。

ふろく「入試直前チェックブック」

巻頭の入試直前チェックブックに、基本的な確認事項をまとめました。
スキマ時間に、試験会場で、いつでもどこでも重要事項がチェックできますので、大いに活用してください。

この本の使い方 (スケジューリングのススメ)

今日からあなたの受験勉強がスタートします。志望校合格に向けて，計画を立てましょう。
はじめにがんばりすぎて息切れ…なんてことにならないよう，決まったペースでコツコツ続けることが大切です。「スタートが遅れた！どうしよう！」…そんな人は，問題をスキップしても OK！
この本では，使用時期に合わせて 3 つの学習コースをご用意しています。

あなたはどのコース？

① 1学期・夏休みから始めるあなたは
　┗ とことんコース

② 2学期から始めるあなたは
　┗ これからコース

③ 冬休み・3学期から始めるあなたは
　┗ おいそぎコース

見開きの右ページに，🌻🍁⛄のマークをつけてあります。あなたの学習コースに合ったペースで取り組みましょう。計画的に取り組むことで，合格力を身につけることができます。
必ずやり通して，入試本番は自信をもって臨んでください！

	とことん 🌻	これから 🍁	おいそぎ ⛄
Step 1 要点をおさえる！			
ポイント整理	●	●	●
基本問題	●	●	●
トレーニングテスト	●		
ポイントチェック	●		
Step 2 総合力をつける！	●	●	
Step 3 入試にそなえる！	●	●	●

アイコンの一覧

 必ず押さえておきたい問題です。

 少し難しい問題です。マスターすることでライバルに差をつけることができます。

 ミスしやすい問題です。注意して解きましょう。

 各都道府県で公表されている問題ごとの正答率です。青色は 50% 以上（必ず押さえるべき落とせない問題），赤色は 50% 未満（受験生が間違えやすい，差をつけられる問題）を示しています。

 「思考力」「判断力」「表現力」の強化に適した問題です。

も く じ

Step 1 要点をおさえる！

Step 2 総合力をつける！

Step 3 入試にそなえる！

四則計算では，×，÷が，＋，－に優先する。

01

重要度 ★★★

正負の数

ポイント整理

① 素因数分解

● **素数**…１とその数以外に約数をもたない自然数のことで，2，3，5，7，11，13など。（１は素数ではない。）

● **素因数分解**…自然数を素数の積で表すこと。2以上の自然数はただ１通りに素因数分解できる。

② 数直線と絶対値

● **数直線**…直線上に数を並べたもので，0より右側が正の数，0より左側が負の数。右に行くほど数は大きく，左に行くほど数は小さくなる。

● **数直線と絶対値**…数直線上で0からその数までの距離を絶対値という。

③ 正負の数の加減

● **正負の数の加法**

同符号の2数の和⇒絶対値の和に共通の符号をつける。

異符号の2数の和⇒絶対値の差に絶対値の大きい方の符号をつける。

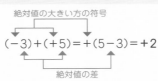

例　共通の符号　$(-3)+(-5)=-(3+5)=-8$　絶対値の和

絶対値の大きい方の符号　$(-3)+(+5)=+(5-3)=+2$　絶対値の差

● **正負の数の減法**…ひく数の符号を変えれば減法は加法に変えられる。

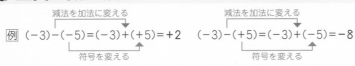

例　減法を加法に変える　$(-3)-(-5)=(-3)+(+5)=+2$　符号を変える

減法を加法に変える　$(-3)-(+5)=(-3)+(-5)=-8$　符号を変える

④ 正負の数の乗除

● **正負の数の乗法と除法**

同符号の2数の積（商）⇒絶対値の積（商）に正の符号をつける。

異符号の2数の積（商）⇒絶対値の積（商）に負の符号をつける。

例　同符号ならプラス　$(-6)\times(-2)=+(6\times2)=+12$　絶対値の積

異符号ならマイナス　$(-6)\times\left(+\dfrac{1}{2}\right)=-\left(6\times\dfrac{1}{2}\right)=-3$　絶対値の積

⑤ 四則の混じった計算

大切　● **四則の混じった計算の優先順位**

① 累乗　② かっこの中　③ 乗法・除法　④ 加法・減法

確認

● **正負の数の大小**

① （負の数）＜0＜（正の数）

② 正の数は絶対値が大きいほど大きい。

③ 負の数は絶対値が大きいほど小さい。

符号は次のように省略できるよ！

$(+3)+(+5)=3+5$
$(+3)-(+5)=3-5$
$(-3)+(-5)=-3-5$
$(-3)-(-5)=-3+5$

確認

● **－の個数と符号**

正負の数の乗除では

　－が偶数個…正

　－が奇数個…負

例　$(-2)\times(-1)=2$

　　偶数個 →正

　$(-2)\times(-1)\times(-3)$

　　奇数個 →負

　$=-6$

注意

● **累乗の指数**

累乗の計算では，指数が（　）の中か外かに注意する。

例　$(-2)^2$ ←2乗は-2にかかる

　$=(-2)\times(-2)$

　$=4$

　-2^2 ←2乗は2にかかる

　$=-2\times2$

　$=-4$

　$-(2^3)$ ←3乗は2にかかる

　$=-(2\times2\times2)$

　$=-(-8)=8$

基本問題

→別冊解答 p.2

HINT

1 素因数分解　次の数を素因数分解しなさい。

(1) 90

(2) 1260

2, 3, 5, 7, … など割り切れる素数で割る。

2 数直線と絶対値　次の問いに答えなさい。

(1) -1, $-\dfrac{3}{2}$, -0.2, -1.45 を小さい順に並べなさい。

数直線上に書いてみる。

(2) 絶対値が $\dfrac{16}{7}$ 以下になる整数は何個ありますか。

絶対値は 0 からの距離。

3 正負の数の加減　次の計算をしなさい。

(1) $(-5)+(+7)$

(2) $-12+(-8)$

同符号か異符号かで計算の仕方は変わる。

(3) $-9-(-11)$

(4) $23-(-6)$

減法は加法になおす。

(5) $-\dfrac{2}{3}-\dfrac{1}{6}$

(6) $9-(2-7)$

(6) （　）の中の計算が先。

4 正負の数の乗除　次の計算をしなさい。

(1) $7\times(-5)$

(2) $(-8)\times(-4)$

－の個数を数えると符号が先に決まる。

(3) $16\times\left(-\dfrac{1}{4}\right)$

(4) $(-36)\div(-9)$

(5) $-9\div\left(-\dfrac{3}{5}\right)$

(6) $10\times(-3)\div6$

(5) $\quad-9\div\left(-\dfrac{3}{5}\right)$
$\quad=-9\times\left(-\dfrac{5}{3}\right)$

5 四則の混じった計算　次の計算をしなさい。

(1) $(-2)\times4-6$

(2) $\{12-(-9)\}\div7$

(3) $18\div(-2)+5$

(4) $11-8\div(-2)$

(5) $-3^2+5\times(-2)^2$

(6) $-2-(14-2^2)\div4$

👍 **大切**

● **計算の順序**
① 累乗の計算
② かっこの中の計算
③ 乗除の計算
④ 加減の計算

トレーニングテスト

→別冊解答 p.2

1 **数の大小** （5点×2＝10点）

次の問いに答えなさい。

(1) 次の3つの数を，数直線上で1からの距離が小さい順に，左から並べて書きなさい。〈秋田県〉

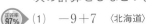

$-2,\ 0,\ 3$

（　　　　　　　　）

(2) 絶対値が2.5より小さい整数はいくつあるか，求めなさい。　　　〈和歌山県〉

（　　　　　　　　）

2 **加法・減法** （4点×6＝24点）

次の計算をしなさい。

正答率97% (1) $-9+7$ 〈北海道〉

（　　　　　　　　）

正答率99% (2) $-3-4$ 〈青森県〉

（　　　　　　　　）

(3) $-14-(-5)$ 〈宮城県〉

（　　　　　　　　）

(4) $-\dfrac{1}{5}+\dfrac{1}{2}$ 〈三重県〉

（　　　　　　　　）

(5) $6-(-3)+(-2)$ 〈香川県〉

（　　　　　　　　）

(6) $\dfrac{8}{9}+\left(-\dfrac{3}{2}\right)-\left(-\dfrac{2}{3}\right)$ 〈愛知県〉

（　　　　　　　　）

3 **乗法・除法** （4点×6＝24点）

次の計算をしなさい。

正答率98% (1) $(-2)\times(-9)$ 〈福島県〉

（　　　　　　　　）

(2) $1.5\times(-3)$ 〈愛媛県〉

（　　　　　　　　）

正答率91% (3) $\dfrac{3}{4}\div\left(-\dfrac{5}{6}\right)$ 〈宮崎県〉

（　　　　　　　　）

(4) $5\times(-3^2)$ 〈長野県〉

（　　　　　　　　）

正答率80% (5) $3^2\div\dfrac{1}{5}$ 〈北海道〉

（　　　　　　　　）

(6) $5\times\left(-\dfrac{1}{15}\right)\div\dfrac{7}{9}$ 〈山梨県〉

（　　　　　　　　）

4 **四則の混じった計算** （4点×6＝24点）

次の計算をしなさい。

(1) $7-3\times9$ 〈富山県〉

（　　　　　　　　）

(2) $18\div(-6)-9$ 〈静岡県〉

（　　　　　　　　）

(3) $(-5)^2+4\times(-3)$ 〈石川県〉

（　　　　　　　　）

(4) $-8\div2-3\times(-2)$ 〈福井県〉

（　　　　　　　　）

(5) $-3^2-4\times(-3)^2$ 〈京都府〉

（　　　　　　　　）

正答率89% (6) $\dfrac{2}{3}\times\left(\dfrac{1}{6}-\dfrac{1}{4}\right)$ 〈山形県〉

（　　　　　　　　）

HINT

2 (6) $\dfrac{8}{9}-\dfrac{3}{2}+\dfrac{2}{3}$ と変えてから通分して計算する。

4 (5) -3^2 と $(-3)^2$ では符号が異なることに注意する。

5 **数の集合と四則** (6点)

次のア〜エのうち，数の集合と四則との関係について述べた文として正しいものをすべて選び，記号で答えなさい。〈群馬県〉

ア　自然数と自然数の加法の結果は，いつでも自然数となる。

イ　自然数と自然数の減法の結果は，いつでも整数となる。

ウ　自然数と自然数の乗法の結果は，いつでも自然数となる。

エ　自然数と自然数の除法の結果は，いつでも整数となる。

（　　　　　　　）

6 **正負の数の利用①** (6点)

正答率50%

下の表には，6人の生徒 A〜F のそれぞれの身長から，160cm をひいた値が示されている。この表をもとに，これら6人の生徒の身長の平均を求めたところ，161.5cm であった。このとき，生徒 F の身長を求めなさい。ただし，表の右端が折れて生徒 F の値が見えなくなっている。〈千葉県〉

生　徒	A	B	C	D	E	F
160cm をひいた値(cm)	+8	−2	+5	0	+2	

（　　　　　　　）

7 **正負の数の利用②** (完答6点)

右の表のマス目には，縦，横，斜めに並ぶ3つの数の和がすべて等しくなるように，それぞれ数字が入る。表中の a，b にあてはまる数を求めなさい。〈群馬県〉

a	−3	4
3	1	
b		

（　　　　，　　　　）

HINT

5　2つの自然数にいろいろな数をあてはめて計算してみるとよい。

6　6人の生徒の身長は，1人あたり 160cm よりも 1.5cm 高いことになる。

02 文字と式

重要度 ★★★

ポイント整理

① 文字式の表し方

● **文字式の積**…①かけ算の記号×ははぶく。
　　　　　　　②数と文字の積は，数を文字の前に書く。
　　　　　　　③同じ文字の積は，累乗の指数を使って表す。

例　$a×b×c=abc$　　$x×(-3)=-3x$　　$x×x×y=x^2y$

● **文字式の商**…割り算の記号÷を使わないで分数の形で表す。

例　$a÷3=\dfrac{a}{3}$　　$(x+y)÷(-2)=-\dfrac{x+y}{2}$　　$p÷\dfrac{2}{3}=p×\dfrac{3}{2}=\dfrac{3}{2}p$

② 式の値

● **代入**…式の中の文字を数におきかえること。

● **式の値**…文字に数を代入して計算した結果のこと。

例　$x=4$ のとき，$3x+2$ の値　➡　$3×4+2=14$
　　$a=-3$，$b=6$ のとき，$5a-b$ の値　➡　$5×(-3)-6=-15-6=-21$

③ 1次式の計算

● **1次式の加法**…かっこをそのままはずす。

● **1次式の減法**…ひく方のかっこの中の各項の符号を変えて，加法にする。

➡ 同類項の加減は，係数の和と差を求めて文字の前におく。

例　（加法）　$(a+2)+\overbrace{(3a-1)}^{そのままかっこをはずす}=a+2+3a-1=4a+1$

　　（減法）　$(a+2)-(3a-1)=a+2+\underbrace{(-3a+1)}_{符号を変える}=a+2-3a+1$
　　　　　　　　　　　　　$=-2a+3$

● **1次式の乗法**…数どうしの積，文字どうしの積を計算。×ははぶく。
　　　　　　　　　必要があれば分配法則も用いる。

● **1次式の除法**…除法は乗法になおして計算する。

例　（乗法）　$5x×(-2y)=-10xy$　　　$-6(a+b)=-6a-6b$

　　（除法）　$(10x-4)÷(-2)=(10x-4)×\left(-\dfrac{1}{2}\right)=-\dfrac{10x-4}{2}$　　除法は乗法にする
　　　　　　　　　$=-5x+2$

④ 不等式

不等号（＜，＞，≦，≧）を使って大小関係を表した式を不等式という。

📖 確認

● 文字式のルールの補足
① 係数が -1 や 1 のときは 1 を書かない。
例　$-1×a=-a$
　　$1×a=a$
② 文字の並びは，サイクリックや公式以外は原則アルファベット順。
例　$q×r×p=pqr$
　　$ab+bc+ca$　アルファベット順
　　サイクリック

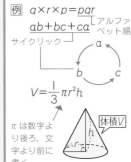

$V=\dfrac{1}{3}πr^2h$

体積V

$π$ は数字より後ろ，文字より前に書く

係数が分数のときは，どちらの書き方でもいいよ。

$p×\dfrac{3}{2}$

$\dfrac{3}{2}p$　　$\dfrac{3p}{2}$

📖 確認

● 分配法則
次の計算規則を分配法則という。

$a(b+c)=ab+ac$

⚠ 注意

● 等式と不等式の違い
例　等式 $2a=b$
　➡ $2a$ と b は等しい。
　不等式 $2a≧b$
　➡ $2a$ は b より大きいか等しい。

● **入試攻略のカギ** ・文字式のルールをしっかり理解する。
・規則性の問題に慣れておく。

基本問題

→別冊解答 p.3

HINT

1 文字式の表し方　次の式を×，÷の記号を使わずに表しなさい。

(1) $5 \times a$

(2) $b \times (-1) \times a$

(3) $-8x \div \left(-\dfrac{12}{7}\right)$

(4) $a \times a \times 3 \times a \times (-2)$

(5) $-3b \div 4$

(6) $1 \div x \div x \times 3$

(7) $2 \times x \times x + 3 \div y \div (-y)$

(8) $-(a-2) \times (a-2) \times (a-2)$

係数 1 の扱いに注意する。

$1a$ は a，$-1a$ は $-a$ です。
でも，$0.1a$ は $0.a$ でないことに注意しよう。

(8) (　)の累乗の形で表しておいてよい。

2 式の値　次の問いに答えなさい。

(1) $x = -3$ のとき，$27 - 5x$ の値を求めなさい。

(2) $a = 4$ のとき，$-2a - 6$ の値を求めなさい。

(3) $a = \dfrac{1}{2}$，$b = -3$ のとき，$4a^2 + 2a - 2b$ の値を求めなさい。

代入して計算するとき，符号の扱いに注意する。

3 1次式の計算　次の計算をしなさい。

(1) $6a \times \left(-\dfrac{2}{3}\right)$

(2) $8(3a-1)$

(3) $5a - (-7a)$

(4) $3a - 6 - (a+2)$

(5) $(24x-6) \div (-4)$

(6) $3(x+2) - 2(2x-5)$

(2) 分配法則を思い出す。

(4) 同類項はまとめる。

4 不等式　次の数量の関係を等号（＝）や不等号（＞，＜，≧，≦）を用いて表しなさい。

(1) 1冊 a 円のノート5冊と1本 b 円の鉛筆6本を買ったときの代金は，1000円でおつりがもらえる額だった。

(2) 色紙が x 枚ある。生徒15人に1人 y 枚ずつ配ると10枚以上余る。

(3) 3%の食塩水 ag と7%の食塩水 bg を混ぜると c%の食塩水ができた。

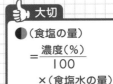

👍 **大切**

●（食塩の量）
$= \dfrac{濃度（\%）}{100}$
　×（食塩水の量）

(3) 溶けている食塩の量で式をつくる。

Step 1

要点をおさえる！

02 文字と式

11

トレーニングテスト

→別冊解答 p.4

1 **数量を表す式** （5点×4＝20点）

次の問いに答えなさい。

正答率85% (1) y 個のみかんを，x 人に 6 個ずつ配ったら 3 個余った。このとき，y を x の式で表しなさい。

〈秋田県〉

(　　　　　　　)

正答率62% (2) 毎分 6 L ずつ水を入れると，30 分間でいっぱいになる水そうがある。この水そうに，毎分 x L ずつ水を入れるとき，いっぱいになるまでに y 分間かかるとして，y を x の式で表しなさい。

〈岩手県〉

(　　　　　　　)

(3) 1 個 x kg の品物 5 個と 1 個 y kg の品物 3 個の重さの合計は，40kg 未満である。このときの数量の間の関係を，不等式で表しなさい。

〈福島県〉

(　　　　　　　)

(4) 500 円出して，a 円の鉛筆 5 本と b 円の消しゴム 1 個を買うと，おつりがあった。この数量の関係を不等式で表しなさい。

〈愛知県〉

(　　　　　　　)

2 **1 次式の計算** （4点×10＝40点）

次の計算をしなさい。

(1) $4 \times \dfrac{3a-1}{2}$ 〈岩手県〉

(　　　　　)

(2) $(6a-15b) \div 3$ 〈群馬県〉

(　　　　　)

(3) $3(x-7)+2(2x-5)$ 〈和歌山県〉

(　　　　　)

(4) $3(x-1)-(3-2x)$ 〈佐賀県〉

(　　　　　)

正答率94% (5) $3(2a+1)-4(a+2)$ 〈福岡県〉

(　　　　　)

正答率81% (6) $\dfrac{7}{4}a - \dfrac{3}{5}a$ 〈滋賀県〉

(　　　　　)

(7) $\dfrac{2a+5}{3} - \dfrac{a}{2}$ 〈島根県〉

(　　　　　)

(8) $\dfrac{3x-2}{2} - \dfrac{x-3}{4}$ 〈福井県〉

(　　　　　)

(9) $\dfrac{1}{5}(7x-4) - \dfrac{1}{2}(x-3)$ 〈静岡県〉

(　　　　　)

(10) $\dfrac{6x-2}{3} - (2x-5)$ 〈愛知県〉

(　　　　　)

HINT

1 (3) 40kg 未満には，40kg ちょうどはふくまれない。

2 (6)～(10) 係数に分母の違う分数がふくまれるので，通分してから同類項をまとめる。

3 式の値 (5点×4＝20点)

次の問いに答えなさい。

(1) $a=-3$ のとき，a^2-4 の値を求めなさい。 〈香川県〉

(　　　　　　　　　　)

正答率 89% (2) $a=-6$，$b=3$ のとき，$2a+8b$ の値を求めなさい。 〈栃木県〉

(　　　　　　　　　　)

(3) $x=8$，$y=-6$ のとき，$5x-7y-4(x-2y)$ の値を求めなさい。 〈京都府〉

(　　　　　　　　　　)

(4) $a=-3$，$b=5$ のとき，$a^2+2ab+b^2$ の値を求めなさい。 〈長崎県〉

(　　　　　　　　　　)

4 不等号の利用 (5点)

ある数 a の小数第 1 位を四捨五入したら，14 になった。このとき，a の範囲を不等号を使って表しなさい。 〈和歌山県〉

(　　　　　　　　　　)

5 規則性を表す式 (5点×3＝15点)

差がつく 正方形のタイルに，順に 1，2，3，… と番号をつけたものを，右の図のように一定の規則にしたがって，1 番目，2 番目，3 番目，… と並べていく。

次の ① ～ ③ に適する数または式を入れなさい。

〈群馬県〉

| | 4 | 3 |
|1|1|2|

1番目　　2番目　　3番目

※ □ は,新たに加えるタイルを示している。

この規則で並べていくと，3 番目に加えるタイルの数は 5 個で，4 番目に加えるタイルの数は ① 個となる。したがって，n 番目に加えるタイルの数は ② 個となる。また，n 番目のタイルの総数は ③ 個だから，$1+3+5+\cdots+$ ② ＝ ③ が成り立つ。

① (　　　　　　) ② (　　　　　　) ③ (　　　　　　)

 HINT

4 四捨五入では，5 未満は切り捨て，5 以上は切り上げる。

5 加えるタイルの数は 1，3，5，… と奇数の列をなしている。

03 1次方程式

わからないものを x とおいて等式をつくろう。

重要度 ★★★

ポイント整理

① 1次方程式の解き方

● 等式の性質

大切
- $A=B$ ならば　（ただし④においては $C \neq 0$）
  - ① $A+C=B+C$
  - ② $A-C=B-C$
  - ③ $A \times C=B \times C$
  - ④ $A \div C=B \div C$

参考

●割り算においては，0 で割ることはできない。

$0 \div 6 = 0$
$6 \div 0$ は…ムリ。

● 1次方程式の解法

例 ● $4x-3=2x-7$

$4x-2x=-7+3$

$2x=-4$

$x=-2$

> 文字の項は左辺，数の項は右辺に移項
> $x=\cdots$ の形にする

● $2(x-1)=3(2x+1)$

$2x-2=6x+3$

$2x-6x=3+2$

$-4x=5$

$x=-\dfrac{5}{4}$

> かっこをはずす
> 文字の項は左辺，数の項は右辺に移項

● $\dfrac{2}{3}x-4=\dfrac{1}{6}x-2$

$6 \times \left(\dfrac{2}{3}x-4\right)=6 \times \left(\dfrac{1}{6}x-2\right)$

$4x-24=x-12$

$4x-x=-12+24$

$3x=12 \quad x=4$

> 3と6の最小公倍数 6 を両辺にかけ，分母をはらう

● $0.1x+2=0.3x-0.2$

$x+20=3x-2$

$x-3x=-2-20$

$-2x=-22$

$x=11$

> 両辺を 10 倍し，小数点を消す

確認

●**分数をふくむ方程式**では，両辺にふくまれる分数の分母の最小公倍数をかけて分母をはらう。

例 $\dfrac{3x-1}{2}=\dfrac{1}{3}$

$6 \times \dfrac{3x-1}{2}=6 \times \dfrac{1}{3}$

$3(3x-1)=2$

確認

●**小数をふくむ方程式**では，両辺を10倍，100倍，… して小数点を消す。

例 $0.1x=3$

$10 \times 0.1x=10 \times 3$

$x=30$

② 1次方程式の利用

● 個数と代金

例 150 円のノートと 200 円のノートを合わせて 10 冊買い，代金 1700 円を払った。150 円のノートを何冊買ったか求めなさい。

➡ 150 円のノートを x 冊買ったと考えると，次の等式が成り立つ。

$150x+200(10-x)=1700$

これを解いて　$x=6$　よって，150 円のノートを 6 冊買った。

注意

●表や線分図を使うと式が立てやすくなる。

家　x km　公園　x km　家
時速12km　　時速10km

● 道のりと時間

例 家から公園まで自転車で往復するのに，行きは時速 12km，帰りは時速 10km で走って 55 分かかった。家から公園までの道のりを求めなさい。

➡ 家から公園まで x km と考えると，次の等式が成り立つ。

$\dfrac{x}{12}+\dfrac{x}{10}=\dfrac{55}{60}$　← 55 分は $\dfrac{55}{60}$ 時間，単位に注意！

これを解いて　$x=5$　よって，家から公園までは 5km

キョリ
キ
ハジ
ハヤサ　ジカン
と覚えよう。

● 入試攻略のカギ
・符号のとりちがえに注意。
・等式と文字式の区別をつける。
・何を x とおくか考える。　・単位に注意する。

基本問題

→別冊解答 p.5

HINT

1 【１次方程式の解き方】　次の１次方程式や比例式を解きなさい。

(1) $x+8=10$

(2) $3x+4=x+10$

(3) $7-(x-6)=10$

(4) $5(x-2)-2(3x-4)=0$

↻ かっこのはずし方は文字式のルールにしたがう。

(5) $0.5x+0.7=4.2-1.25x$

(6) $0.3(0.7x-0.4)=0.2x$

両辺に何をかければ,分母や小数点が消えるか考えよう。

(7) $\dfrac{x}{5}+6=\dfrac{3}{4}x-5$

(8) $\dfrac{2x-5}{3}-\dfrac{x-3}{2}=\dfrac{1}{4}$

(9) $10:x=5:4$

(10) $(x-3):2=x:1$

↻

👍 **大切**

●比例式の性質
　　　　外項の積
$a:b=c:d$
　　　　内項の積
内項の積と外項の積は等しいので
$ad=bc$

2 【１次方程式の利用】　次の問いに答えなさい。

(1) １個 130 円のりんごと１個 110 円のなしを合わせて 8 個買ったら, 代金はちょうど 1000 円であった。りんごを何個買ったか求めなさい。

(2) 何人かの子どもに鉛筆を分けるのに, １人に 6 本ずつ分けると 4 本足りないので, 5 本ずつ分けたところ 28 本余った。子どもの人数を求めなさい。

↻ 子どもの人数を x 人とおいて, 鉛筆の本数を 2 通りの式で表す。

(3) 家から 1650m 離れた学校まで行くのに, 途中の郵便局までは分速 50m で進み, 残りは分速 45m で進んだら 34 分かかった。家から郵便局までの道のりは何 m か求めなさい。

(4) 家から公園まで行くのに時速 4km で歩いて行くのと, 時速 15km の自転車で行くのとでは, 自転車で行く方が 22 分早く着く。家から公園までの道のりは何 km か求めなさい。

↻ (歩いて行くのにかかる時間)=(自転車でかかる時間)+22 分。単位に注意。

(5) 7％の食塩水と 15％の食塩水を混ぜて, 10％の食塩水を 400g 作りたい。7％と 15％の食塩水をそれぞれ何 g ずつ混ぜればよいか求めなさい。

↻

👍 **大切**

●(食塩の量)
$=\dfrac{濃度（\%）}{100}$
$×(食塩水の量)$

要点をおさえる！

03 １次方程式

1 1次方程式の解き方 （5点×8＝40点）

次の1次方程式や比例式を解きなさい。

正答率88% (1) $5x+3=2x+6$ 〈20 埼玉県〉

（　　　　　　）

正答率89% (2) $x-9=3(x-1)$ 〈福岡県〉

（　　　　　　）

正答率93% (3) $9x+4=5(x+8)$ 〈東京都〉

（　　　　　　）

正答率68% (4) $0.2(x-2)=x+1.2$ 〈千葉県〉

（　　　　　　）

正答率69% (5) $x-6=\dfrac{x}{4}$ 〈新潟県〉

（　　　　　　）

正答率83% (6) $4:3=(x-8):18$ 〈秋田県〉

（　　　　　　）

正答率65% (7) $\dfrac{3x+9}{4}=-x-10$ 〈大阪府〉

（　　　　　　）

(8) $\dfrac{7}{600}x+\dfrac{1}{3000}=0$ 〈神奈川 湘南高〉

（　　　　　　）

2 解を代入して係数を求める （6点）

x についての1次方程式 $\dfrac{x+a}{3}=2a+1$ の解が -7 であるとき，a の値を求めなさい。 〈茨城県〉

（　　　　　　）

3 平均に関する文章題 （9点）

朝子さんのクラス（男子 18 人，女子 22 人，合計 40 人）で行われた数学のテストの点数の平均値について，クラス全体の平均値は 70.7 点，男子全員の平均値は 68.5 点であった。このとき，女子全員の平均値を求めなさい。 〈岡山朝日高〉

（　　　　　　）

4 規則性に関する文章題 （9点）

図1のような横の長さが 15cm の長方形の紙がたくさんある。これらを使って，図2のように，のりしろ（はり合わせる部分）の幅を 3cm として横一列につないだところ，全体の長さが 135cm になった。このときに使った長方形の紙の枚数を求めなさい。 〈岐阜県〉

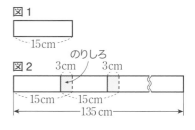

（　　　　　　）

2 x についての1次方程式の解が -7 であるので，x に -7 を代入したとき，等式は成り立つ。

5 **定価を求める文章題** (9点)

正答率 32% あるセーターを，ゆきさんは定価の 35% 引きで，あきさんは定価の 500 円引きで買ったところ，ゆきさんはあきさんより 270 円安く買うことができた。このセーターの定価を求めなさい。〈青森県〉

(   )

6 **比例式の文章題** (9点)

 2 つの容器 A，B に牛乳が入っており，容器 B に入っている牛乳の量は，容器 A に入っている牛乳の量の 2 倍である。容器 A に 140mL の牛乳を加えたところ，容器 A の牛乳の量と容器 B の牛乳の量の比が 5：3 となった。はじめに容器 A に入っていた牛乳の量は何 mL であったか，求めなさい。

〈群馬県〉

(   )

7 **出会い算の文章題** (9点)

湖のまわりに 1 周 3300m の遊歩道がある。この遊歩道の地点 P に A 君と B 君がいる。A 君が分速 60m で歩き始めてから 10 分後に，B 君が A 君と反対回りに歩き始めた。B 君が歩き始めてから 20 分後に 2 人は初めて出会った。このとき，B 君の歩いた速さは分速何 m か求めなさい。

〈茨城県〉

(   )

8 **料金表に関する文章題** (完答9点)

 県内のある店では，商品を S サイズまたは M サイズの箱につめて発送している。箱の規格は**表 1** のとおりで，送料は**表 2** のとおりである。

先月，S サイズと M サイズの箱を合わせて 25 個発送した。このうち，S サイズの箱すべてと M サイズの箱の個数の半分は関東の店へ，残りの M サイズの箱は九州の店へ発送して，送料の合計は 25500 円であった。

このとき，発送した 25 個の箱のうち，S サイズ，M サイズの箱はそれぞれ何個であったか，方程式をつくって求めなさい。〈石川県〉

表1　箱の規格(cm)

サイズ	縦	横	高さ
S	30	20	10
M	30	40	20

表2　送料一覧(円)

縦, 横, 高さの合計	送り先		
	県内	関東	九州
60cmまで	600	700	900
80cmまで	800	900	1100
100cmまで	1000	1100	1300
120cmまで	1200	1300	1500

(,   )

HINT

5 定価の 35% 引きの値段は，定価に $\left(1-\dfrac{35}{100}\right)$ をかけて求める。

7 出会うまでに 2 人の歩いた距離の和が湖のまわりの長さである。

8 S サイズの箱の個数を x 個として方程式を立ててみる。

04 式の計算

重要度 ★★★

ポイント整理

① 単項式と多項式

● **単項式**…数や文字について，乗法だけでできた式。

$$5x, \quad -2, \quad abc, \quad -\frac{3}{2}x^2y^3 \text{ など。}$$

● **多項式**…単項式の和の形で表された式。

$$5x-8, \quad 2x^2-y+1, \quad -a^2b^2c^2+\frac{1}{3}abc \text{ など。}$$

② 単項式の乗除

● **単項式の乗法**…係数の積と文字の積をかけ合わせる。

例
$$-2x^2y \times 3xy^2 = (-2\times 3)\times(x^2y\times xy^2) = -6x^3y^3$$
$$(-2a^3)^2 = (-2a^3)\times(-2a^3) = (-2)^2\times(a^3)^2 = 4a^6$$

● **単項式の除法**…係数に分数がなければ，全体を分数の形にする。係数に分数があれば，逆数をとって積の形にする。

例
$$4a^3 \div 2a^2 = \frac{4a^3}{2a^2} = 2a \qquad 12x^2y^2 \div \frac{6}{5}xy = 12x^2y^2 \times \frac{5}{6xy} = 10xy$$

逆数をかける

● **単項式の乗除が混じった計算**…分数の形にして約分する。

例
$$2a^2b^3 \times 5ab^2 \div (-4a^2b^3)$$
$$= 2a^2b^3 \times 5ab^2 \times \left(-\frac{1}{4a^2b^3}\right) = -\frac{10a^3b^5}{4a^2b^3} = -\frac{5}{2}ab^2$$

③ 多項式の加減

● **多項式の加減**…たすときはそのまま，ひくときはひく方のかっこの中の各項の符号を変えて加法にする。

例
$$(2x-y)+(3x+2y)$$
$$=2x-y+3x+2y$$
そのままかっこをはずす
$$=5x+y$$

$$(-3x^2+x-1)-(4x^2-x+3)$$
$$=-3x^2+x-1-4x^2+x-3$$
符号をすべて変える
$$=-7x^2+2x-4$$

● **分数の係数をふくむ多項式の加減**
…通分して分子の同類項をまとめる。

例
$$\frac{2x-y}{2}-\frac{3x+y}{8} = \frac{4(2x-y)}{4\times 2}-\frac{3x+y}{8} = \frac{8x-4y-(3x+y)}{8}$$
$$=\frac{8x-4y-3x-y}{8} = \frac{5x-5y}{8}$$
$-y$ になる

④ 等式の変形…数量の関係を表した等式を（特定の文字）＝（他の数量）の形にすることを，**特定の文字について解く**という。

例 $2a+3b=1$ を b について解く。　➡　$3b=-2a+1$ より　$b=\dfrac{-2a+1}{3}$

参考

● **指数法則**
$$a^2\times a^3 = a^{2+3} = a^5$$
$$(a^2)^3 = a^{2\times 3} = a^6$$
$$a^3 \div a^2 = a^{3-2} = a$$
知っておくと便利である。

確認

● $A\times B\div C = \dfrac{AB}{C}$
$(C\neq 0)$

$A\div B\times C = \dfrac{AC}{B}$
$(B\neq 0)$

$A\div B\div C = \dfrac{A}{BC}$
$(B\neq 0, \ C\neq 0)$

多項式どうしの乗除は3年生の「多項式」で扱います。

注意

● x^2 と x は同類項でないことに注意。また，
$$2x = 2\times x$$
$$x^2 = x\times x$$
の違いにも注意。

参考

● **約分についてかん違いしないことが大切。**

例 $\dfrac{5x+1}{5}$ ←約分できない

$$\frac{\overset{1}{5}x+\overset{2}{10}}{\underset{1}{5}} = x+2$$

分母は両方と約分する

$$\frac{\overset{1}{5}(x+1)}{\underset{2}{10}} = \frac{x+1}{2}$$

基本問題

→別冊解答 p.8

1 〔単項式と多項式〕 次の(ア)〜(ク)の中から，単項式と多項式をそれぞれすべて選びなさい。

(ア) -0.3 (イ) a^2 (ウ) $80-x$ (エ) $\dfrac{xyz}{6}$

(オ) 2π (カ) $\dfrac{2}{3}x^2+3x$ (キ) $\dfrac{4a+b}{3}$ (ク) $ab-bc$

2 〔単項式の乗除〕 次の計算をしなさい。

(1) $(-6x)^2$

(2) $5ab^3 \times 7a^2b$

(3) $-8ab \div (-ab)$

(4) $-9x^2y^3 \div 3y^2$

(5) $x^5 \div x^2 \div x^4 \times x^3$

(6) $8a^2 \times (-3a^3) \div 6a^4$

(7) $-2a^3b \div (-2a^2b)^2 \times 4ab^2$

(8) $\dfrac{2}{5}xy \times \dfrac{1}{2}xy^2 \div \dfrac{3}{10}x^2y$

3 〔多項式の加減〕 次の計算をしなさい。

(1) $6x+3(2x-y)$

(2) $3(a-3b)-2(a-b)$

(3) $-4(x-2y)-2(5y-3x)$

(4) $(3x^2+2x+1)-(4x^2+3x-2)$

(5) $\dfrac{3x+2y}{4}+\dfrac{x+2y}{3}$

(6) $x-\dfrac{2x-y}{3}$

(7) $\dfrac{x-2y}{6}-\dfrac{y-3x}{4}$

(8) $\dfrac{3}{4}(2x-y)-\dfrac{1}{8}(3x+y)$

4 〔等式の変形〕 次の等式を〔 〕の中の文字について解きなさい。

(1) $3x-6y=24$ 〔y〕

(2) $S=\dfrac{1}{2}ah$ 〔h〕

(3) $m=\dfrac{a+b+c}{3}$ 〔b〕

(4) $S=\pi r^2+\pi Rr$ 〔R〕

(5) $ax+b=c$ 〔x〕

(6) $\dfrac{1}{a}=\dfrac{1}{b}+1$ 〔a〕

HINT

Step 1
要点をおさえる！

04 式の計算

👍 **大切**

●×A…Aは分子に
÷B…Bは分母に

例 $3\times A \div B$

$=\dfrac{3\times A}{B}$

← 指数法則を利用してもよい。

 注意

● $\dfrac{3}{10}x^2y=\dfrac{3x^2y}{10}$

より

$\div\dfrac{3}{10}x^2y$ は

$\times\dfrac{10}{3x^2y}$ となる。

← 入試でねらわれるのはほとんど，ひき算。しかも分数の係数である。

注意

● 分数全体にかかるマイナスに注意しよう。

例 $-\dfrac{2x-1}{2}$

両方にかける

$=\dfrac{-(2x-1)}{2}$

$=\dfrac{-2x+1}{2}$

← (6) まずは，右辺を分母が b である分数で表す。

1 **単項式の乗除** （3点×8＝24点）

次の計算をしなさい。

(1) $16ab \times \dfrac{3}{4}a$ 〈岡山県〉

(2) $-6a^3b^2 \div (-4ab)$ 〈群馬県〉

（　　　　　）　　　　　　　　　（　　　　　）

正答率85% (3) $12xy^2 \div (-2y)^2$ 〈滋賀県〉

(4) $(-3a)^3 \div (3a)^2$ 〈沖縄県〉

（　　　　　）　　　　　　　　　（　　　　　）

正答率69% (5) $9x^3y \div \left(-\dfrac{3}{2}x\right)^2$ 〈大阪府〉

(6) $ab^2 \times 8a^2 \div 2ab$ 〈奈良県〉

（　　　　　）　　　　　　　　　（　　　　　）

正答率57% (7) $24a^2b^2 \div (-6b^3) \div 2ab$ 〈高知県〉

正答率72% (8) $\dfrac{5}{2}x^2y \times (-3x) \div 15xy$ 〈秋田県〉

（　　　　　）　　　　　　　　　（　　　　　）

2 **単項式の加減乗除** （3点×2＝6点）

次の計算をしなさい。

(1) $6a^2b - ab \times 2a$ 〈愛媛県〉

(2) $\dfrac{7}{5}a + \left(-\dfrac{3}{4}ab^2\right) \div \left(-\dfrac{5}{4}b^2\right)$ 〈愛知県〉

（　　　　　）　　　　　　　　　（　　　　　）

3 **多項式の加減** （3点×6＝18点）

次の計算をしなさい。

(1) $2(2a-3b)+(a-5b)$ 〈北海道〉

正答率91% (2) $3(4x-y)-2(5x-2y)$ 〈山梨県〉

（　　　　　）　　　　　　　　　（　　　　　）

正答率78% (3) $2(x+4y)-3\left(\dfrac{1}{2}x-\dfrac{1}{3}y\right)$ 〈千葉県〉

(4) $\dfrac{2x-y}{3}+\dfrac{x+y}{4}$ 〈大分県〉

（　　　　　）　　　　　　　　　（　　　　　）

(5) $\dfrac{2a+b}{6}-\dfrac{a-b}{4}$ 〈石川県〉

(6) $2(2a-b+4)-(a-2b+3)$ 〈愛媛県〉

（　　　　　）　　　　　　　　　（　　　　　）

HINT

1　(3)　2乗の位置に注意して符号を決定する。　　(7)　指数法則を利用してもよい。

3　(3)～(5)　分母は等式のように消せないことに注意する。通分する。

4 **等式の変形** （4点×4＝16点）

次の等式を〔　〕の中の文字について解きなさい。

正答率66% (1) $\dfrac{b}{5}-2=a$ 〔b〕 〈秋田県〉

（　　　　　　　　）

正答率75% (2) $4x+2y=6$ 〔y〕 〈岐阜県〉

（　　　　　　　　）

正答率55% (3) $V=\dfrac{1}{3}\pi r^2 h$ 〔h〕 〈鳥取県〉

（　　　　　　　　）

(4) $a=\dfrac{2b-c}{5}$ 〔c〕 〈栃木県〉

（　　　　　　　　）

5 **式の証明** （4点×4＝16点）

3けたの正の整数から，その数の各位の数の和をひくと，9の倍数になることを次のように証明

した。　ア　〜　エ　にあてはまる数や式を入れなさい。 〈青森県〉

（証明）　3けたの正の整数の百の位の数を a，十の位の数を b，一の位の数を c とすると，こ

の整数は $100a+10b+c$ と表される。また，この整数の各位の数の和は，　ア　と表

される。3けたの正の整数から，その数の各位の数の和をひくと，

$$(100a+10b+c)-(\boxed{\text{ア}})=\boxed{\text{イ}}=\boxed{\text{ウ}}(\boxed{\text{エ}})$$

　エ　は整数だから，　ウ　（　エ　）は9の倍数である。

したがって，3けたの正の整数から，その数の各位の数の和をひくと，9の倍数になる。

ア（　　　　　　） イ（　　　　　　） ウ（　　　　　　） エ（　　　　　　）

6 **式の利用** （(1)5点，(2)式5点，考え方10点，計20点）

差がつく

右の図のように，赤，青，黄，緑，白の5色の色紙をこの順に，1

行目のA列からD列へ4枚，2行目のA列からD列へ4枚，…

とはっていく。このとき，次の(1)，(2)に答えなさい。 〈石川県〉

(1)　6行目のC列にはった色紙は何色か，答えなさい。

（　　　　　　　　）

	A列	B列	C列	D列
1行目	赤	青	黄	緑
2行目	白	赤	青	黄
3行目	緑	白	赤	青
4行目	黄	- - - →		

(2)　D列にはった青色の色紙が n 枚になったところではり終えた。

このとき，1行目のA列からはった色紙すべての枚数を n を用

いた式で表しなさい。また，その考え方を説明しなさい。説明においては，図や表，式など

を用いてよい。ただし，n は自然数とする。

（考え方）

（　　　　　　　　）

HINT

5　題意より　ウ　に入る整数は明らかか。

6　(1)　C列の色紙はどのような順番ではられるかを考える。

05 連立方程式

重要度 ★★★

学習日　　月　　日

ポイント整理

① 連立方程式の解き方

● 加減法…x か y の係数の絶対値をそろえ，**同符号なら 2 式の差，異符号なら 2 式の和**を求めることで，1 元 1 次方程式にする。

例
$$\begin{cases} 3x+2y=8 & \cdots① \\ 2x-3y=1 & \cdots② \end{cases}$$
①×2−②×3

x の係数をそろえる

$$\begin{array}{r} 6x+4y=16 \\ -)\ 6x-9y=3 \\ \hline 13y=13 \\ y=1 \end{array}$$
ひく

$y=1$ を②に代入して
$$2x-3=1$$
$$2x=4 \quad x=2$$
よって　$x=2,\ y=1$

例
$$\begin{cases} 3x+2y=8 & \cdots① \\ 2x-3y=1 & \cdots② \end{cases}$$
①×3+②×2

たせば y の項が消えるようにする

$$\begin{array}{r} 9x+6y=24 \\ +)\ 4x-6y=2 \\ \hline 13x=26 \\ x=2 \end{array}$$
たす

$x=2$ を②に代入して
$$4-3y=1$$
$$-3y=-3 \quad y=1$$
よって　$x=2,\ y=1$

● 代入法…一方の式を $x=\sim$，または，$y=\sim$ の形の等式に変形し，もう一方の式に多項式ごと代入する。

例
$$\begin{cases} 2x+y=4 & \cdots① \\ x-4y=11 & \cdots② \end{cases}$$
①より　$y=-2x+4$　…①′
①′ を②に代入して

y について解く

$$x-4(-2x+4)=11$$

( )に入れて代入する

$$x+8x-16=11$$
$$9x=27$$
$$x=3$$
$x=3$ を①′ に代入して
$$y=-2\times3+4 \quad y=-2$$
よって　$x=3,\ y=-2$

例
$$\begin{cases} 2x+y=4 & \cdots① \\ x-4y=11 & \cdots② \end{cases}$$
②より　$x=4y+11$　…②′
②′ を①に代入して

x について解く

$$2(4y+11)+y=4$$

( )に入れて代入する

$$8y+22+y=4$$
$$9y=-18$$
$$y=-2$$
$y=-2$ を②′ に代入して
$$x=4\times(-2)+11 \quad x=3$$
よって　$x=3,\ y=-2$

② いろいろな連立方程式の解法

● 係数が分数や小数である連立方程式

…両辺に分母の最小公倍数をかけたり，両辺を 10 倍，100 倍，…して係数を整数にする。

例
$$\begin{cases} \dfrac{1}{2}x+\dfrac{y}{3}=\dfrac{4}{3} & \cdots① \\ 0.2x-0.3y=0.1 & \cdots② \end{cases}$$

①の両辺に 6 をかけて分母をはらい，②の両辺に 10 をかけて小数点を消します。

①×6 と ②×10 より
$$\begin{cases} 3x+2y=8 \\ 2x-3y=1 \end{cases}$$
➡ 以下は加減法の 例 の問題と同じ。
$$x=2,\ y=1$$

📖 確認

● 加減法を使って一方の文字を消去するとき，係数が符号ごとそろっているときは「ひき」，符号が逆のときは「たす」。

連立方程式の答えの書き方には次のような方法もあります。
$$\begin{cases} x=2 \\ y=1 \end{cases}$$
$$(x,\ y)=(2,\ 1)$$

📖 確認

● $x=4y+11$ を $2x+y=4$ に代入するとき

$$\boxed{x=4y+11}$$
$$2x+y=4$$
↓
$$2(4y+11)+y=4$$

のように $4y+11$ は ( ) の中に入れて代入する。

⚠ 注意

● 小数点を消すのに $0.3(0.1x+y)=0.5$ の両辺に 10 をかけただけでは $3(0.1x+y)=5$ となって，( ) の中に小数点が残る。両辺に 100 をかけて
$$0.3(0.1x+y)=0.5$$
×10　×10　　×100
$$3(x+10y)=50$$ とすると消える。

入試攻略のカギ

・加減法と代入法をしっかりマスターする。
・得られた答えをもとの式に代入して成り立つかどうかも確認する。

基本問題

→別冊解答 p.10

1 連立方程式の解き方　次の連立方程式を解きなさい。

(1) $\begin{cases} 2x-y=-4 \\ x+2y=3 \end{cases}$

(2) $\begin{cases} 2x+3y=7 \\ 3x+7y=13 \end{cases}$

(3) $\begin{cases} x=2y-1 \\ x-y=-2 \end{cases}$

(4) $\begin{cases} 11x-4y=-3 \\ y=7x-12 \end{cases}$

2 いろいろな連立方程式の解法①　次の連立方程式を解きなさい。

(1) $\begin{cases} \dfrac{1}{4}x+\dfrac{1}{3}y=-\dfrac{1}{4} \\ 6x+5y=12 \end{cases}$

(2) $\begin{cases} 0.2x+0.6y=1.4 \\ 5x+3y=27 \end{cases}$

(3) $\begin{cases} \dfrac{x}{3}-\dfrac{y}{2}=2 \\ \dfrac{x}{5}+\dfrac{y}{3}=5 \end{cases}$

(4) $\begin{cases} 0.01x+0.08y=0.14 \\ 0.3x-0.5y=1.3 \end{cases}$

(5) $\begin{cases} 3(x-y)+2y=22 \\ 6x-5(y+2)=37 \end{cases}$

(6) $\begin{cases} x:(y+3)=3:5 \\ (x+4):(y-1)=7:1 \end{cases}$

(7) $3x-2y=2x+5y=19$

(8) $\dfrac{3x-1}{2}=\dfrac{2y+5}{3}=\dfrac{3x-y}{4}$

3 いろいろな連立方程式の解法②　次の2つの連立方程式が同じ解になるように，a，b の値を定めなさい。

$\begin{cases} 2x-5y=4 \\ ax+by=1 \end{cases}$ $\qquad$ $\begin{cases} 3x+y=-11 \\ ax-by=17 \end{cases}$

HINT

加減法で解く。

代入法で解く。

式を見て，加減法と代入法のどちらが楽に解けるか考えよう。

両辺に何をかければ2式のどちらかの文字の係数の絶対値がそろうか考える。

比例式の性質
$a:b=c:d$
$\Rightarrow ad=bc$

！ 注意

●$A=B=C$ の形の連立方程式は
$\begin{cases} A=B \\ B=C \\ C=A \end{cases}$
という意味で，これら3式のうち2式を選べば解が求められる。どれとどれを使うかで，解くスピードが違ってくる。

$\begin{cases} 2x-5y=4 \\ 3x+y=-11 \end{cases}$ を解くと x と y の値が求められる。残りの2式にこの x と y の値を代入すれば，a，b についての連立方程式となる。

1 **連立方程式の解き方** （6点×8＝48点）

次の連立方程式を解きなさい。

(1) $\begin{cases} -3x+y=5 \\ x+2y=3 \end{cases}$ 〈岩手県〉

(2) $\begin{cases} x-y=-3 \\ 5x-2y=3 \end{cases}$ 〈香川県〉

(　　　　　　) 　　　　　　 (　　　　　　)

(3) $\begin{cases} 2x-3y=1 \\ 3x+2y=8 \end{cases}$ 〈滋賀県〉

(4) $\begin{cases} 2x+y=11 \\ y=3x+1 \end{cases}$ 〈北海道〉

(　　　　　　) 　　　　　　 (　　　　　　)

(5) $\begin{cases} \dfrac{x}{2}-\dfrac{y+1}{4}=-2 \\ x+4y=10 \end{cases}$ 〈長崎県〉

(6) $\begin{cases} \dfrac{x}{4}-\dfrac{y}{3}=1 \\ \dfrac{x}{5}-\dfrac{y}{6}=2 \end{cases}$ 〈東京 日比谷高〉

(　　　　　　) 　　　　　　 (　　　　　　)

(7) $\begin{cases} x-3y=1 \\ 0.7(x+y)-y=1.3 \end{cases}$ 〈東京 西高〉

(8) $4x+y=x-5y=14$ 〈大阪府〉

(　　　　　　) 　　　　　　 (　　　　　　)

2 **解から連立方程式をつくる** （6点）

2つの2元1次方程式を組み合わせて，$x=3$，$y=-2$ が解となる連立方程式をつくる。このとき，組み合わせる2元1次方程式はどれとどれか。次のア～エから2つ選び，その記号を書きなさい。 〈高知県〉

ア $x+y=-1$ 　イ $2x-y=8$ 　ウ $3x-2y=5$ 　エ $x+3y=-3$

(　　　，　　　)

3 **連立方程式を工夫して解く** （完答6点）

連立方程式 $\begin{cases} x-y=6 \\ 2x+y=3a \end{cases}$ の解 x，y が，$x:y=3:1$ であるとき，a の値とこの連立方程式の解を求めなさい。 〈栃木県〉

(　　　，　　　，　　　)

1 (7) 下の式の両辺に 10 をかけて小数点を消す。$-y$ にも 10 をかけるのを忘れないように。

3 $x:y=3:1 \Rightarrow x=3y$ より $\begin{cases} x-y=6 \\ x=3y \end{cases}$ を解くと x，y が求められる。

4 入館料を求める文章題 （完答10点）

ある水族館の入館料は，大人 2 人と中学生 1 人で 3800 円，大人 1 人と中学生 2 人で 3100 円である。大人 1 人と中学生 1 人の入館料はそれぞれいくらか。ただし，大人 1 人の入館料を x 円，中学生 1 人の入館料を y 円として，その方程式も書くこと。 〈鹿児島県〉

（ ， ， ）

5 昨年対比の文章題 （10点）

ある中学校の昨年度の生徒数は 360 人であった。今年度は男子が 5% 減り，女子が 10% 増えたため，全体として昨年度より 12 人増えた。昨年度の男子の生徒数を求めなさい。 〈茨城県〉

（ ）

6 割合に関する文章題 （10点）

ある中学校の生徒全員が，○か×のどちらかで答える 1 つの質問に回答し，58% が○と答えた。また，男女別に調べたところ，○と答えたのは男子では 70%，女子では 45% であり，○と答えた人数は，男子が女子より 37 人多かった。この中学校の男子と女子の生徒数をそれぞれ求めなさい。〈福島県〉

（ ， ）

7 道のりを求める文章題 （10点）

正答率 33%

A さんの家から B さんの家までの道は 1 通りで，この道の途中には C 商店があり，A さんの家から C 商店までは上り坂，C 商店から B さんの家までは下り坂であり，これら 2 つの坂の斜面の傾きの角度は等しく，A さんの家から B さんの家までの道のりは 1200m である。また，A さんはこの道の坂を上るときは分速 50m で歩き，この道の坂を下るときは分速 60m で歩く。

ある日，A さんは午前 8 時に自宅を出発して，C 商店を通って B さんの家までこの道を歩いて行った。A さんは，B さんの家で B さんと一緒に 1 時間勉強していたところ，ノートが足りなくなったので C 商店までこの道を歩いて買いに行った。A さんは，C 商店で 5 分間買い物をした後，B さんの家までこの道を歩き，午前 9 時 39 分に B さんの家に着いた。

このとき，A さんの家から C 商店までの道のりと，C 商店から B さんの家までの道のりを求めなさい。 〈神奈川県〉

（ ， ）

5 昨年度の男子の生徒数を x 人，女子の生徒数を y 人として連立方程式をつくる。

7 （道のり）÷（速さ）＝（時間）の関係式をつくる。

両方２倍，３倍，… となれば比例，片方が $\frac{1}{2}$, $\frac{1}{3}$, … となれば反比例。

06 比例と反比例

重要度 ★★★

ポイント整理

① 関数

● **関数の定義**…ともなって変わる２つの量 x, y があり，x の値を１つ決めると，それに対応して y の値がただ１つ決まるとき，y は x の関数であるという。比例，反比例も関数である。

② 比例の式

● **比例**…y が x の関数で，定数 a を用いて $y=ax$ と表されるとき，y は x に比例するといい，a を比例定数という。x の値を２倍，３倍，… すると y の値はそれぞれ２倍，３倍，… となる。

例　１m が 120g の棒 x m の重さを y g とすると
　　$y=120x$

x	1	2	3	…
y	120	240	360	…

（２倍　３倍）

③ 反比例の式

● **反比例**…y が x の関数で，定数 a を用いて $y=\frac{a}{x}$ と表されるとき，y は x に反比例するといい，a を比例定数という。x の値を２倍，３倍，… すると y の値はそれぞれ $\frac{1}{2}$, $\frac{1}{3}$, … となる。

例　60m³ の水の入ったタンクから毎分 x m³ の割合で水を抜くと空になるのに y 分かかるとすると　$y=\frac{60}{x}$

x	1	2	3	…
y	60	30	20	…

（２倍　３倍）（$\frac{1}{2}$　$\frac{1}{3}$）

④ 比例・反比例のグラフ

● **比例のグラフ** …➡ 原点 O を通る直線で $a>0$ のとき右上がり，$a<0$ のとき右下がり。

● **反比例のグラフ**…➡ 原点 O に関して対称な双曲線で $a>0$ のときは座標平面の右上と左下にあり，$a<0$ のときは座標平面の左上と右下にある。

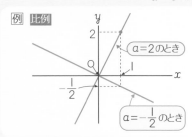

例　比例

（$a=2$ のとき）（$a=-\frac{1}{2}$ のとき）

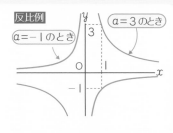

反比例

（$a=-1$ のとき）（$a=3$ のとき）

📖 確認

● 中学で習う関数

・比例：$y=ax$

・反比例：$y=\frac{a}{x}$

・１次関数：$y=ax+b$

・x の２乗に比例する関数：$y=ax^2$

（ただし，a, b は定数）

比例は１次関数の特別な形なんだ。

⚠ 注意

● $y=\frac{a}{x}$ の式の a も比例定数といい，**反比例定数とはいわない。**

📖 確認

● $y=ax$, $y=\frac{a}{x}$ に $x=1$ を代入すると，それぞれ $y=a$ となる。$x=1$ のときの y の値は比例定数 a に**一致する。**

座標平面に関する名前も覚えておこう。

y軸　原点　x軸

入試攻略のカギ

・比例と反比例を混同しない。
・つねにグラフをイメージする。　・変域に要注意。

基本問題

→別冊解答 p.14

1 [関数]　次の変数 x, y について，y が x の関数であるものには〇，関数でないものには×をつけなさい。

(1) 周の長さが x cm の正方形の面積を y cm^2 とする。

(2) 周の長さが x cm の長方形の面積を y cm^2 とする。

(3) 長さ 20m のリボンを 1 人 x m ずつ 5 人に分けた残りを y m とする。ただし，$0 \leqq x \leqq 4$ とする。

2 [比例の式]　次の問いに答えなさい。

(1) y は x に比例し，$x = 3$ のとき $y = 12$ である。y を x の式で表しなさい。

(2) y は x に比例し，$x = 4$ のとき $y = -2$ である。$x = -6$ のときの y の値を求めなさい。

3 [反比例の式]　次の問いに答えなさい。

(1) y は x に反比例し，$x = 2$ のとき $y = 6$ である。y を x の式で表しなさい。

(2) y は x に反比例し，$x = \dfrac{3}{4}$ のとき $y = -4$ である。$x = 2$ のときの y の値を求めなさい。

4 [比例・反比例のグラフ]　下の①は比例のグラフ，②は反比例のグラフである。①と②のグラフの交点 A の座標が (6，3) のとき，①と②のグラフの式をそれぞれ求めなさい。

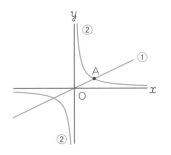

HINT

👍 **大切**

● いろいろな値をとる x や y を変数といい，比例定数 a のような決まった値を定数という。

⬅ 20m のリボンは $x=4$ のとき $y=0$ となるから，$x>4$ のときは $y<0$ となって意味をなさない。意味をなす x, y の値の範囲 $0 \leqq x \leqq 4$，$0 \leqq y \leqq 20$ をそれぞれ x の変域，y の変域という。その範囲でのみ，式は成立する。

反比例の式 $y = \dfrac{a}{x}$ は $a = xy$ と変形できるよ。これを使って比例定数 a を求めてもよいよ〜！

⬅ 比例の式を $y = ax$，反比例の式を $y = \dfrac{b}{x}$ として，A(6，3) の座標を代入し，それぞれの比例定数を求める。

Step 1

要点をおさえる！

06 比例と反比例

1 **比例と反比例を見分ける** (完答6点)

次の**ア**～**エ**について，y が x に比例するものと，y が x に反比例するものをそれぞれ 1 つずつ選び，その記号を書きなさい。 〈岩手県〉

ア 1辺の長さが $x\,\mathrm{cm}$ の正方形の面積は $y\,\mathrm{cm}^2$ である。

イ 高速道路を時速 90km で走っている自動車は，x 時間で $y\,\mathrm{km}$ 進む。

ウ 200 ページの本を x ページまで読んだとき，残りのページ数は y ページである。

エ 20L 入る容器に毎分 $x\,\mathrm{L}$ ずつ水を入れるとき，空の状態からいっぱいになるまでに y 分間かかる。

比例 （　　　　　）　　反比例 （　　　　　）

2 **比例の式を求める** (8点×3＝24点)

次の問いに答えなさい。

(1) y は x に比例し，$x=6$ のとき $y=-9$ である。y を x の式で表しなさい。 〈山口県〉

（　　　　　）

 (2) y は x に比例し，$x=2$ のとき $y=-6$ である。$x=-1$ のときの y の値を求めなさい。

〈奈良県〉

（　　　　　）

 (3) y は x に比例し，$x=5$ のとき $y=3$ である。$x=-35$ のときの y の値を求めなさい。〈青森県〉

（　　　　　）

3 **反比例の式を求める** (8点×3＝24点)

次の問いに答えなさい。

(1) y は x に反比例し，$x=4$ のとき $y=-8$ である。y を x の式で表しなさい。 〈富山県〉

（　　　　　）

(2) y は x に反比例し，$x=3$ のとき $y=-4$ である。$x=-2$ のときの y の値を求めなさい。

〈島根県〉

（　　　　　）

(3) y は x に反比例し，$x=4$ のとき $y=\dfrac{3}{2}$ である。$x=-6$ のときの y の値を求めなさい。

〈東京 青山高〉

（　　　　　）

2 $y=ax$ と式をおいて，$x,\ y$ の値を代入し，比例定数 a を求める。

3 $y=\dfrac{a}{x}$ と式をおいて，$x,\ y$ の値を代入し，比例定数 a を求める。

4 **グラフの形を推定する** (6点)

次の⑦～⑤は，比例または反比例のグラフである。⑦～⑤のうち，関数 $3x-2y=0$ のグラフは
どれか。1つ選んで，その記号を書きなさい。　　　〈香川県〉

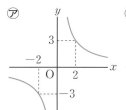 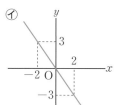 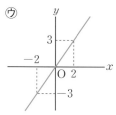 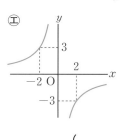

（　　　　　）

5 **グラフを読みとる** (10点)

 右の図で，原点を通る直線が，双曲線 $y=\dfrac{a}{x}$ のグラフと，2点A，Bで
交わっている。点Aの x 座標は -2，点Bの y 座標が -3 のとき，
a の値を求めなさい。　　　〈埼玉県〉

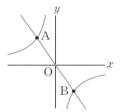

（　　　　　　　　）

6 **格子点の個数** (10点)

y が x に反比例し，$x=\dfrac{4}{5}$ のとき $y=15$ である関数のグラフ上の点で，x 座標と y 座標がともに
正の整数となる点は何個あるか，求めなさい。　　　〈愛知県〉

（　　　　　　　　）

7 **変域を求める** ((1)10点，(2)5点×2，計20点)

次の問いに答えなさい。

(1) 関数 $y=\dfrac{6}{x}$ で，x の変域を $3\leqq x\leqq 8$ とするとき，y の変域を求めなさい。　　　〈茨城県〉

（　　　　　　　　）

(2) y は x に反比例し，x の変域が $1\leqq x\leqq 3$ のとき，y の変域は $-18\leqq y\leqq$ である。また
$x=-2$ のとき，$y=$ □(イ) である。　　　〈岡山朝日高〉

(ア)（　　　　　　　）　(イ)（　　　　　　　）

 ────────────────────────────────────

5 双曲線上の点Aと点Bは原点Oに関して対称である。

7 (2) グラフが原点の右下にあるから，比例定数は負である。グラフは点 $(1,-18)$ を通る双曲線。

1次関数とは，つまりは直線の式のことである。

07 1次関数

重要度 ★★★

ポイント整理

① 1次関数の式

● **1次関数の定義**…y が x の1次式で表される関数。

● **1次関数の式**…$y=ax+b$ で表され，グラフでは a が傾き，b が切片を表す。$b=0$ のとき，比例の関係となる。すなわち，比例は1次関数の特別な場合である。

> 例 1分間に 2cm の割合で燃える 20cm のろうそくに火をつけてから，x 分後のろうそくの長さを y cm とすると　$y=-2x+20\,(0\leqq x\leqq 10)$

② 変化の割合

● **変化の割合**…$\dfrac{y \text{の増加量}}{x \text{の増加量}}$

➡ 1次関数の変化の割合は，**傾き a の値に等しい。**

③ 1次関数のグラフ

1次関数 $y=ax+b$ のグラフは，$a>0$ のときは右上がりの直線，$a<0$ のときは右下がりの直線となる。
b は y 軸との交点の y 座標となる。$b=0$ のとき，グラフは原点 O を通る直線となる。

> 例
>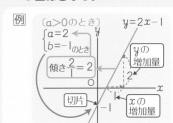
>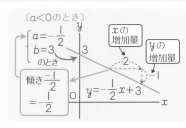

④ 1次関数の式（直線の式）の求め方

● **傾きと1点の座標が与えられたとき**

➡ $y=ax+b$ に代入して，b の値を求める。

> 例 傾きが3で点(1，2)を通る直線の式を求めなさい。
> ➡ $a=3$ だから $y=3x+b$ とおける。$x=1$，$y=2$ を代入すると
> 　$2=3+b$　　$b=-1$　　よって，求める直線の式は　$y=3x-1$

● **2点の座標が与えられたとき**

➡ 2点の座標から a の値を求める。

> 例 2点(-2，3)，(1，-3)を通る直線の式を求めなさい。
> ➡ (傾き)=(変化の割合)=$\dfrac{(y \text{の増加量})}{(x \text{の増加量})}$ より　$a=\dfrac{-3-3}{1-(-2)}=-2$
> $y=-2x+b$ とおいて，$x=-2$，$y=3$ を代入すると　$b=-1$
> よって，求める直線の式は　$y=-2x-1$

📖 確認

● 1次関数 $y=ax+b$ において，傾き a は x が1増えると y が a 増えることを表し，切片 b は $x=0$ のときの y の値が b であることを表す。

🔍 参考

● 変化の割合は1次関数 $y=ax+b$ ではつねに a の値に一致するが，$y=\dfrac{a}{x}$ や $y=ax^2$ となる関数では，つねに一定でなく，とる x の区間によって変わる。

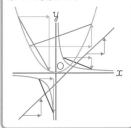

🔍 参考

● 直線の決まる条件として「切片と他の1点の座標」が与えられる場合もある。この場合，切片 b がわかるので，他の1点の座標を代入して傾き a の値を求める。

⚠ 注意

● 2点を通る直線の式は，$y=ax+b$ とおく。
$(-2，3)$，$(1，-3)$ を通るから $\begin{cases} 3=-2a+b \\ -3=a+b \end{cases}$
これより a，b の値を求めてもよい。

●入試攻略のカギ ・１次関数のグラフの傾きは変化の割合に等しい。
・直線の式の求め方を完全にマスターする。

基本問題

→別冊解答 p.16

1 〔１次関数の式〕 次の文の x，y の関係を式に表し，y が x の１次関数であるものには〇を，１次関数でないものには×をつけなさい。

(1) 底辺が x cm，高さが 6cm の三角形の面積を y cm² とする。

(2) 歯数 24 で毎秒 5 回転する歯車にかみ合って回転する歯数 x の歯車は，毎秒 y 回転する。

(3) 半径 3cm，高さ x cm の円柱の表面積を y cm² とする。

2 〔変化の割合〕 １次関数 $y=2x+5$ において，x の値が -2 から 3 まで増加するとき，次のものを求めなさい。

(1) x の増加量　　　(2) y の増加量　　　(3) 変化の割合

3 〔１次関数のグラフ〕 右の図のように１次関数のグラフ①，②，③がある。それぞれのグラフの式を求めなさい。

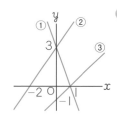

4 〔１次関数の式（直線の式）の求め方〕 次の直線の式を求めなさい。

(1) 傾きが 2 で，点(3，3)を通る直線

(2) 切片が 5 で，点(2，0)を通る直線

(3) 直線 $y=3x-1$ に平行で，点(4，2)を通る直線

(4) 点(-3，5)を通り，直線 $y=2x+2$ と y 軸上で交わる直線

(5) 2 点(-4，2)，(2，4)を通る直線

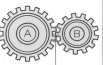

HINT

!注意

● 歯車の問題は比例のときと反比例のときがある。
それぞれの歯車の
　歯数×回転数
が等しくなる。

かみ合う場所にきた歯の数（または凹の部分）に注目。（歯と凹の部分は同じ数）

切片はグラフから読みとれる。傾きは変化の割合から求める。

👍 大切

● １次関数
　$y=ax+b$
a：傾き←変化の割合に一致
b：切片←y 軸との交点の y 座標

(5)の解法は 2 通りある。
①傾き（変化の割合）を求め，a の値が求められたら，どちらか 1 点の座標を代入する。
➡１次方程式を解いて b の値を求める。
②$y=ax+b$ に 2 点の座標を代入する。
➡連立方程式を解いて，a，b の値を求める。

1 **1次関数を見分ける** (5点)

次の①～④の中から，y が x の1次関数であるものをすべて選び，その番号を書きなさい。〈佐賀県〉

① 1辺が $x\,\mathrm{cm}$ の正三角形の周の長さ $y\,\mathrm{cm}$

② 面積 $30\,\mathrm{cm}^2$ の長方形の縦の長さ $x\,\mathrm{cm}$ と横の長さ $y\,\mathrm{cm}$

③ 底面の半径が $x\,\mathrm{cm}$，高さが $5\,\mathrm{cm}$ の円錐の体積 $y\,\mathrm{cm}^3$

④ 水が $10\mathrm{L}$ 入っている水そうに，毎分 $2\mathrm{L}$ の割合で x 分間水を入れるときの水そうの水の量 $y\,\mathrm{L}$

( )

2 **1次関数の式** (5点×4=20点)

次の問いに答えなさい。

(1) 1次関数 $y=-3x+a$ は，$x=2$ のとき $y=5$ である。このとき，a の値を求めなさい。〈山口県〉

( )

正答率73% (2) y は x の1次関数で，そのグラフが点 $(1,\ 3)$ を通り，傾き 2 の直線であるとき，この1次関数の式を求めなさい。〈鳥取県〉

( )

正答率68% (3) 2点 $(3,\ 2)$，$(5,\ 6)$ を通る直線の式を求めなさい。〈兵庫県〉

( )

(4) 図のように，反比例の関係 $y=-\dfrac{6}{x}$ のグラフと直線 $y=ax+2$ が，

2点 P，Q で交わっている。P の x 座標が -2 であるとき，

a の値を求めなさい。〈和歌山県〉

( )

3 **変化の割合** (10点)

1次関数 $y=3x+1$ について，x の増加量が 2 のときの y の増加量を求めなさい。〈徳島県〉

( )

4 **変域** (10点)

関数 $y=-2x+1$ について，x の変域が $-1\leqq x\leqq 3$ のときの y の変域を求めなさい。〈栃木県〉

( )

1 $y=ax$（比例）は1次関数である。$y=ax^2$ は x の2乗に比例する関数で，1次関数ではない。

2 (3) 2点を通る直線の式は，2点の座標から傾きを求めるか，連立方程式を立てるかのいずれかで求めるとよい。

5 **1次関数のグラフ** （10点）

1次関数 $y=-\dfrac{4}{5}x+4$ のグラフを右の図にかき入れなさい。 〈京都府〉

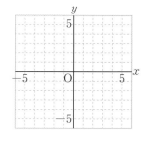

6 **グラフを読みとる** （15点×2＝30点）

2本のろうそくA，Bがあり，それぞれ一定の割合で燃える。右の表は，それぞれのろうそくの最初の長さと1分間に短くなる長さを表している。ろうそくA，Bに同時に火をつける。〈岩手県〉

	最初の長さ	1分間に短くなる長さ
A	9cm	$\dfrac{2}{3}$cm
B	20cm	2cm

(1) 右の図は，ろうそくAの長さが変化するようすをグラフに表したものである。ろうそくBの長さが変化するようすを表すグラフを図にかき入れなさい。

(2) ろうそくA，Bが両方とも燃えている間で，A，Bの長さが同じになるのは，火をつけてから何分何秒後か。その時間を答えなさい。

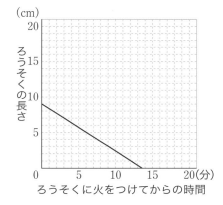

（　　　　　　　　）

7 **文字を使って説明する** （15点）

右の図のように，方程式 $y=\dfrac{1}{2}x+3$ のグラフ上に x 座標が正の数である点A，x 軸上に点Bがあり，線分ABは y 軸に平行である。点Aを通り x 軸に平行な直線上に，AC＝ABになるように点Cをとると，点Cは方程式 $y=\dfrac{1}{3}x+2$ のグラフ上の点となる。このわけを，点Aの x 座標を a として，a を使った式を用いて説明しなさい。ただし，点Cの x 座標は点Aの x 座標より大きいものとする。 〈広島県〉

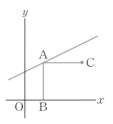

 HINT

6 (2) グラフから交点が読みとれないときは，連立方程式を解く。

7 Aの y 座標は $\dfrac{1}{2}a+3$ と表せる。Cの y 座標はAの y 座標に等しい。

08 1次関数の利用

重要度 ★★★

ポイント整理

① 2元1次方程式

● **2元1次方程式**…すべての直線の式は $ax+by+c=0$ の形で表される。

1次関数も $y=ax+b \Rightarrow ax-y+b=0$ と変形できる。$y=1$，$x=3$ などの，x 軸，y 軸に平行な直線の式もこの形にふくむことができる。

例 2元1次方程式 $2x+3y-1=0$ は等式の変形をして，

$$3y=-2x+1 \Rightarrow y=-\frac{2}{3}x+\frac{1}{3}$$ と1次関数の形にできる。

② 2直線の交点の求め方

● **2直線の交点**…2直線の式を連立方程式で解いた解は交点の座標を表している。

例 2直線 $y=x-7$ と $2x+y-2=0$ の交点の座標を求めなさい。

➡ $\begin{cases} y=x-7 & \cdots① \\ 2x+y-2=0 & \cdots② \end{cases}$

①を②に代入して　$2x+\underline{(x-7)}-2=0$　　$3x=9$　　$x=3$

（　）を用いて代入すると，ミスを防ぎやすい

①に $x=3$ を代入して　$y=3-7=-4$

よって，交点の座標は（3，−4）

③ 1次関数の利用

● **水量に関する問題**

例 水を入れるA管と，排水するB管のついた水そうがある。水そうに10Lの水が入っている状態から，まずA管から毎分3Lの割合で水を入れ，5分後に，A管から水を入れ続けたままB管から毎分4Lの水を排水するとき，A管から水を入れ始めて x 分後の水そうの水の量を y Lとする。$5 \leqq x \leqq 30$ のときの y を x の式で表しなさい。

➡ 5分後には水そうに $10+3×5=25$ より25Lの水がたまっているので　$x=5$ のとき $y=25$

➡ 5分後以降，1分間に $3-4=-1$ より1Lずつ水量は減っていく。これより傾きは−1とわかる。$y=-x+b$ とおき，これが点（5，25）を通るから，$25=-5+b$　　$b=30$

よって，$y=-x+30$

確認

● y 軸の式は　$x=0$
　x 軸の式は　$y=0$
である。

参考

● たとえば2直線の式が $2x+y+1=0$ と $y=-2x+3$ のとき，連立方程式

$\begin{cases} 2x+y+1=0 \\ y=-2x+3 \end{cases}$

には解がない。これは

$2x+y+1=0$
$\Rightarrow y=-2x-1$

であるから，これらの2直線が平行になっていて，交点がないことからもわかる。

注意

● 「1次関数の利用」でよく出題されるのは
①水量に関する問題
②ダイヤグラムの問題
③点の移動の問題
④料金表に関する問題
などである。どれも大切な問題なのでしっかり学習をしておこう。

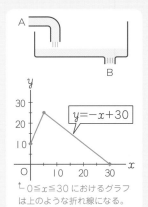

$y=-x+30$

┗ $0 \leqq x \leqq 30$ におけるグラフは上のような折れ線になる。

● 入試攻略のカギ
- ・2直線の交点の座標は連立方程式で求める。
- ・変域に注意して式を扱う。

基本問題

→別冊解答 p.18

1 〔2元1次方程式〕 次の方程式のグラフを右の図にかき入れなさい。

(1) $x+3y=0$

(2) $2x-3y+6=0$

(3) $-3y-9=0$

(4) $\dfrac{x}{6}=\dfrac{2}{3}$

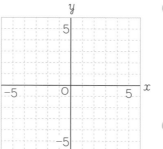

HINT

(1), (2) $y=ax+b$ の形になおしてグラフをかく。
(2)は, $x=0$, $y=0$ として軸との交点をとってグラフをかいてもよい。

(3) $y=$（定数）のグラフは x 軸に平行な直線。

(4) $x=$（定数）のグラフは y 軸に平行な直線。

2 〔2直線の交点の求め方〕 次の2直線の交点の座標を求めなさい。

(1) $y=-2x+3$ と $y=x-6$

(2) $2x-y+2=0$ と x 軸

(3) $x+y=-8$ と $4x-y=3$

(4) $y=-2x+6$ と $y=\dfrac{1}{2}x+11$

x 軸そのものを表す式は $y=0$ である。

3 〔1次関数の利用〕 深さ 50cm の直方体の空の水そうに水道管で水を入れる。水道管を1本使うと水面の高さは毎分 2cm の割合で上昇する。はじめに水道管を2本同時に使って8分間水を入れたあと, 水道管を1本にして満水になるまで水を入れた。水を入れ始めてから x 分後の水そうの水の深さを $y$cm として, 次の問いに答えなさい。

(1) 水道管を1本にしてから満水になるまでの y を x の式で表し, x, y の変域も求めなさい。

(2) 水面の高さが 40cm になるのは水を入れ始めてから何分後か求めなさい。

(1) 8分後の水面の高さをまず考えよう。
そこからあと何分で満水になるか考える。

グラフにすると折れ線になるよ。折れ目の座標を求めよう。

Step 1

要点をおさえる！

08 1次関数の利用

35

1 **三角形の面積を2等分する直線** （10点×2＝20点）

右の図のように，直線 $y=\frac{1}{2}x+2$ と直線 $y=-x+5$ が点 A で交わっ

ている。直線 $y=\frac{1}{2}x+2$ 上に x 座標が 10 である点 B をとり，点 B を

通り y 軸と平行な直線と直線 $y=-x+5$ との交点を C とする。また，

直線 $y=-x+5$ と x 軸との交点を D とする。 〈京都府〉

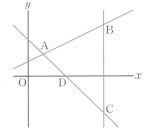

(1) 2点 B，C の間の距離を求めなさい。また，点 A と直線 BC との
距離を求めなさい。

（　　　　　　　　　，　　　　　　　　　）

(2) 点 D を通り△ACB の面積を2等分する直線の式を求めなさい。

（　　　　　　　　　）

2 **水量に関する問題** （10点×2＝20点）

内側が直方体の形をしている深さ 60cm の浴そうが水平な床に設置してある。下の**図1**は，この
浴そうに途中まで水を入れたときのようすである。この浴そうに給水口から一定の割合で水を入
れると，水面の高さが1分間で 5cm 上昇する。毎日，空の浴そうに給水口から 10 分間水を入れ
ている。

昨日，空の浴そうに水を入れ始めたが，途中で排水口に栓をするのを忘れたことに気づき，水を
入れ始めてから 10 分後に栓をした。さらに，そのまま水を入れ続けると栓をしてから8分後に
毎日入れている水面の高さと等しくなった。水を入れ始めてから x 分後の底面から水面までの高
さを y cm とする。ただし，底面と水面はつねに平行になっているものとする。 〈茨城県〉

(1) 毎日の水面の高さの変化のようすについ
て，x の変域が $0\leqq x\leqq 10$ のとき，x と y
の関係を表すグラフを，**図2**にかきなさ
い。ただし図2の O は原点とする。

(2) 昨日の水面の高さの変化のようすについ
て，x の変域が $10\leqq x\leqq 18$ のとき，y を
x の式で表しなさい。

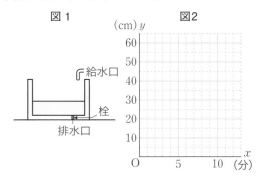

（　　　　　　　　　）

1 (2) 求める直線と線分 BC の交点を E とするとき，$\triangle DCE=\frac{1}{2}\triangle ABC$ となればよい。

2 (2) $y=5x+b$ とおいて，$x=18$ のときの y の値を代入する。

3 ダイヤグラムの問題 （10点×3＝30点）

Aさんの家から駅までの道のりは2000mある。ある日，Aさんは午前7時に駅に向けて家を出発し，途中，コンビニの前でBさんと待ち合わせをして，2人で駅に向かった。

右のグラフは，午前7時 x 分におけるAさんと家との道のりを y m としたときの x と y の関係を表したものである。　〈沖縄県〉

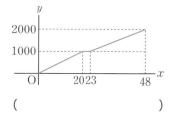

(1) Aさんがコンビニに着いてから再び駅に向けて出発するまでに何分かかったか答えなさい。

（　　　　　　　　　）

(2) AさんとBさんがコンビニを出発して駅に到着するまでの x と y の関係を表す式を求めなさい。

（　　　　　　　　　）

(3) Aさんの忘れ物に気づいた母が，午前7時23分に自転車で家を出発し，同じ道を分速240mでAさんを追いかけた。母は家から何mのところでAさんに追いつくか答えなさい。

（　　　　　　　　　）

4 点の移動 （10点×3＝30点）

差がつく

右の図Iのように，AB＝6cm，BC＝4cmの長方形ABCDの辺AD上に点Eがあり，AE＝2cmとなっている。点PはAを出発して，この長方形の辺上をB，Cを通ってDまで動く。 ▭ は，点Pが辺上を動いたときの，線分EPが通った部分を表している。点PがAから x cm 動いたときの，線分EPが通った部分の面積を y cm² とする。　〈岩手県〉

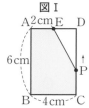

図I

(1) 点Pが辺AB上を動くとき，y を x の式で表しなさい。

（　　　　　　　　　）

(2) 点Pが辺BC上を動くとき，y を x の式で表しなさい。

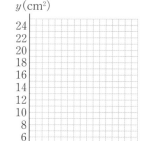

図II

（　　　　　　　　　）

(3) 線分EPが通った部分の面積の変化のようすを表すグラフを，図IIにかき入れなさい。

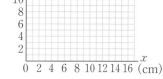

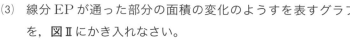

3 ダイヤグラムのグラフの傾きは速さに等しい。

4 点Pが辺を移るごとに式が変わることに注意しよう。点Pが1つの辺にある間がその式の変域である。

ポイントチェック①　01~08

→ 別冊解答 p.20

実力がついたか
さらっと
チェック！

学習日　　　　月　　　日

● 1年・正負の数 >>> 01

❶ 150 を素因数分解しなさい。　〈青森県〉（　　　　　　　　　　）

❷ 次の計算をしなさい。

正答率88% ㋐ $3-(-6)$　〈北海道〉　　　　　㋑ $-4\times(-3)^2$　〈長野県〉

（　　　　　　　　）　　　　　　　　　　　　　　（　　　　　　　　）

㋒ $-4^2+2\times5$　〈沖縄県〉　　　　　㋓ $\dfrac{1}{2}-\dfrac{4}{5}\times\left(-\dfrac{5}{6}\right)$　〈山形県〉

（　　　　　　　　）　　　　　　　　　　　　　　（　　　　　　　　）

㋔ $(-9)+(-2)^3\times\dfrac{1}{4}$　〈千葉県〉　　　　　㋕ $\dfrac{4^2\times(-3)^2}{11^2-(-13)^2}$　〈東京 青山高〉

（　　　　　　　　）　　　　　　　　　　　　　　（　　　　　　　　）

● 1年・文字と式 >>> 02

❸ 次の計算をしなさい。

正答率88% ㋐ $4(2x-y)-(7x-3y)$　〈広島県〉（　　　　　　　　　　）

㋑ $\dfrac{3a-b}{4}-\dfrac{2a-b}{3}$　〈石川県〉（　　　　　　　　　　）

❹ 1 個 23kg の荷物 x 個と，1 個 15kg の荷物 y 個をトラックに積んだところ，荷物全体の重さは 300kg より軽かった。このとき，数量の関係を不等式で表しなさい。　〈大分県〉

（　　　　　　　　　　）

● 1年・1次方程式 >>> 03

❺ 次の 1 次方程式を解きなさい。

$\dfrac{1}{2}x-1=\dfrac{x-2}{5}$　〈島根県〉（　　　　　　　　　　）

❻ 今日は太郎の父の誕生日である。今日で，父は太郎の年齢の 4 倍に 4 歳足りない年齢となった。20 年後の父の誕生日には，父の年齢が太郎の年齢のちょうど 2 倍となる。太郎の父は，今日何歳になったか。　〈愛知県〉（　　　　　　　　　　）

● 2年・式の計算 >>> 04

❼ 次の計算をしなさい。$6ab^2\times(3b)^2\div(-3ab^3)$　〈大分県〉（　　　　　　　　　　）

❽ 等式 $S=\dfrac{3(a+b)}{2}$ を a について解きなさい。　〈千葉県〉（　　　　　　　　　　）

● 2年・連立方程式 >>> 05

❾ 次の連立方程式を解きなさい。　〈千葉県〉

$\begin{cases} 2x+3y=7 \\ 3x-y=-17 \end{cases}$　　　　（　　　　　　　　　　）

正答率61% ❿ くだもの屋さんで，みかんと桃を買うことにした。みかん 10 個と桃 6 個の代金の合計は 1710 円，みかん 6 個と桃 10 個の代金の合計は 1890 円である。みかん 1 個と桃 1 個の値段はそれぞれいくらですか。　〈北海道〉（　　　　　，　　　　　）

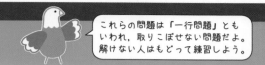

●1年●比例と反比例 >>> 06

⓫ 次の x と y の関係を式で表しなさい。

　㋐ y は x に比例し，$x＝2$ のとき，$y＝8$ である。　　〈長崎県〉（　　　　　　　）

　㋑ y は x に反比例し，$x＝5$ のとき，$y＝-1$ である。　〈栃木県〉（　　　　　　　）

⓬ 右の図のように，関数 $y＝\dfrac{24}{x}$ とそのグラフ上の点 A を通る関数

$y＝ax$ のグラフがある。

点 A の x 座標が 6 のとき，a の値を求めなさい。　〈青森県〉

（　　　　　　　　　　）

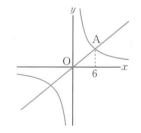

●2年●1次関数 >>> 07

⓭ 次の 1 次関数(直線)の式を求めなさい。

 ㋐ 変化の割合が 4 で，そのグラフが点 (5，13) を通る 1 次関数の式　〈高知県〉

（　　　　　　　　　　）

　㋑ x の値が 1 増加するとき y の値が 3 増加し，$x＝6$ のとき $y＝12$ となる 1 次関数の式〈千葉県・改〉

（　　　　　　　　　　）

　㋒ 2 点 (-4，8)，(2，2) を通る直線の式　〈徳島県・改〉（　　　　　　　）

●2年●1次関数の利用 >>> 08

⓮ 水平に置かれた横幅 60cm，奥行 30cm，高さ 36cm の直方体の水そうがあり，はじめにいくらか水が入っている。この水そうに一定の割合で給水する。図 1 のように，水を入れ始めてから x 分後の水の深さを y cm とする。図 2 は x と y の関係をグラフに表したものである。

　このとき，はじめに水そうに入っていた水の量は ┃ ㋐ ┃ L であり，水そうが満水になるのは水を入れ始めてから ┃ ㋑ ┃ 分後である。ただし，水そうの厚みは考えないものとする。　〈岡山県〉

　　㋐（　　　　　　　）　㋑（　　　　　　　）

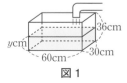

図 1

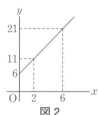

図 2

答え ❶ $2×3×5^2$　❷ ㋐ 9　㋑ -36　㋒ -6　㋓ $\dfrac{7}{6}$　㋔ -11　㋕ -3　❸ ㋐ $x-y$　㋑ $\dfrac{a+b}{12}$
❹ $23x+15y<300$　❺ $x=2$　❻ 44歳　❼ $-18b$　❽ $a=\dfrac{2}{3}S-b$　❾ $x=-4$，$y=5$
❿ みかん1個…90円，桃1個…135円　⓫ ㋐ $y=4x$　㋑ $y=-\dfrac{5}{x}$　⓬ $a=\dfrac{2}{3}$
⓭ ㋐ $y=4x-7$　㋑ $y=3x-6$　㋒ $y=-x+4$　⓮ ㋐ 10.8　㋑ 12　　くわしい解説は → 別冊解答 p.20

09 図形の移動と作図

重要度 ★★★

ポイント整理

① 図形の移動

● **図形の移動**…平面上で，図形の形を変えずに図形を動かすこと。移動には次の3つがある。

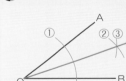

大切

① 平行移動　　② 回転移動　　③ 対称移動

回転の中心 O　　対称の軸 ℓ

② 基本の作図

● **作図**…目盛のない直線定規とコンパスだけを使って図をかくこと。

● 垂直二等分線の作図

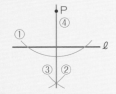

● 角の二等分線の作図

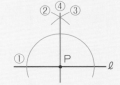

● 垂線をひく作図

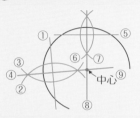

● 直線上の1点を通る垂線をひく作図

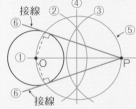

● 円の復元（円の中心の作図）

● 接線の作図（Pから円Oに接線をひく）

接線

中心

接線

円の復元や接線の作図で必要な知識は，3年の「円」で登場する右の3つなんだよ。

中心から弦にひいた垂線は弦を垂直に2等分する

接点を通る半径は接線と垂直に交わる

半円の弧に対する円周角は90°

確認

● 点対称
回転移動の中で，とくに180°の回転移動を点対称移動という。

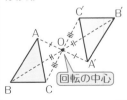

回転の中心

確認

● 線分ABの垂直二等分線…2点A，Bからの距離が等しい点の集まり

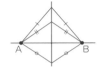

● ∠AOBの二等分線…2辺OA，OBからの距離が等しい点の集まり

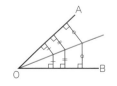

注意

● この作図は，下の「半円の弧に対する円周角は90°」の性質を用いている。

確認

● どの三角形にも外接円と内接円が1つずつ存在する。
外接円の中心…各辺の垂直二等分線の交点
内接円の中心…3つの内角の二等分線の交点

基本問題

→別冊解答 p.22

1 図形の移動　右の図は，合同なひし形8枚を組み合わせたものである。アの位置のひし形を次の[手順]にしたがって移動させたとき，最後はア〜クの中のどの位置にくるか，その記号を書きなさい。

[手順]
① 最初に，点Oを中心として，時計の針の回転と同じ向きに90°回転移動する。
② ①で回転移動したひし形を，他のひし形とぴったりと重なるように平行移動する。
③ ②で平行移動したひし形を，ABを対称軸として対称移動する。

2 基本の作図　作図に関する次の問いに答えなさい。ただし，作図に用いることのできる道具は，定規もしくはコンパスだけとする。作図に使った線は消さないでおくこと。

(1) 右の図において，点Pを通り直線ℓに垂直な直線を作図しなさい。

P•

ℓ ——————————

(2) 右の図のように，線分ABを直径とする円がある。円の中心Oを作図しなさい。ただし，点を表す記号Oも書き入れること。

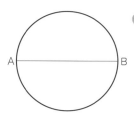

(3) 右の図のように，円Oの周上に4点A，B，C，Dがある。線分ACと線分BDは円Oの直径で，AC⊥BDである。次の条件を満たす正八角形を作図しなさい。

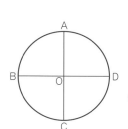

・すべての頂点が円Oの周上にある。
・4点A，B，C，Dすべてを頂点にもつ。

HINT

90°の回転移動については，ひし形の1辺に注目するとわかりやすい。注目した辺がどの辺に重なるか。

作図の問題では，問題文になくても作図に使った線は残しておく。これ，鉄則！

Pを中心にℓと2点で交わる円弧をかき，2つの交点から等しい距離の点をひとつ作図する。その点とPを結ぶ。

中心OはABの中点である。

大切

●作図の問題で，「点Oを作図しなさい。」とあれば，Oの文字も書き入れておくこと。

∠AOBの二等分線とÂBの交点をPとするとAP＝BPである。

1 回転移動と計量 （10点×2＝20点）

半径が 1cm で中心角が 90°のおうぎ形 OAB は，最初に直線 ℓ 上に半径 OB がくるような㋐の位置にあるとする。 〈山梨県〉

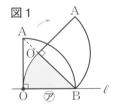

図1

(1) おうぎ形 OAB を，点 B を中心として時計回りに回転移動させる。点 O が㋐の位置にあったおうぎ形 OAB の弦 AB 上にくるまで回転させたとき，半径 OB の動いたあとは**図1**の▢▢で示したおうぎ形になる。この▢▢で表されたおうぎ形の面積を求めなさい。

（   ）

(2) **図2**のように，おうぎ形 OAB を，直線 ℓ 上をすべらないように回転させながら，㋐の位置から㋑の位置まで移動させる。このとき，点 O のえがいた線全体の長さを求めなさい。

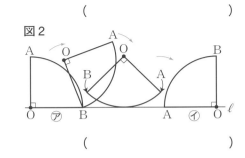

図2

（   ）

2 垂直二等分線の作図 （10点）

右の図のように，直線 ℓ と，直線 ℓ 上にない2点 A，B がある。A を通り，ℓ に垂直な直線上にあって，2点 A，B から等しい距離にある点 P を，定規とコンパスを使って作図しなさい。

〈熊本県〉

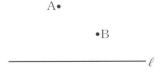

3 垂線をひく作図① （10点）

右の図のような，2直線 ℓ，m と直線 m 上の点 A がある。中心が直線 ℓ 上にあり，点 A で直線 m に接する円を，コンパスと定規を使って作図しなさい。 〈宮崎県〉

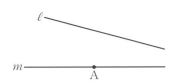

4 角の二等分線の作図 （10点）

右の図において，円 O の周上にあって，2直線 ℓ，m までの距離が等しい点を作図によってすべて求めなさい。そのとき，求めた点を・で表しなさい。 〈山梨県〉

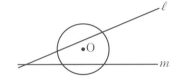

HINT

1 (2) 点 O は，点 B を中心とする半径 BO の円の周上→直線 ℓ に平行な直線上→点 A を中心とする半径 AO の円の周上を動く。

3 点 A で直線 m に接する円の中心は，点 A を通る直線 m の垂線上にある。

5 円の中心の作図 （10点）

図の △ABC の 3 つの頂点を通る円の中心 O の位置を定規とコンパスを用いた作図により求め，中心を示す文字 O を書きなさい。ただし，作図に用いた線は消さないでおくこと。　〈島根県〉

図
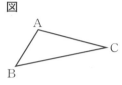

6 垂線をひく作図② （10点）

右の図のように，線分 AB と円 O がある。円 O の周上に点 P をとってできる △PAB について，面積がもっとも大きくなるときの点 P を，定規とコンパスを使って作図しなさい。　〈山口県〉

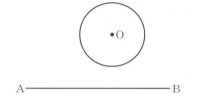

7 正三角形を利用する作図 （10点）

線分 AB を斜辺とする 3 つの角が $30°$，$60°$，$90°$ の直角三角形 ABC を定規とコンパスを利用して作図しなさい。

〈沖縄県〉

8 円の復元 （10点）

右の図1で，線分 AB と線分 CD は互いに交わらない円 O の弦である。図2をもとにして，円 O を定規とコンパスを用いて作図し，中心 O の位置を示す文字 O も書きなさい。　〈東京 墨田川高〉

図1
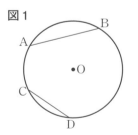

図2
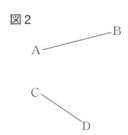

9 接線の作図 （10点）

図のように，円 O とその外部の点 P がある。点 P を通る円 O の接線を定規とコンパスを使って作図しなさい。　〈島根県〉

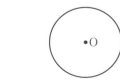

 HINT

7 線分 AB を 1 辺とする正三角形を作図すると，$60°$ の角が作れる。

9 線分 OP を直径とする円を作図し，円 O との交点を Q，R とすると，$∠PQO＝∠PRO＝90°$ となる。

空間図形は図をかき，平面図形になおして計量する。

10 空間図形

重要度 ★★★

ポイント整理

①　直線・平面の位置関係

● **直線と直線の関係**…同一平面上においては，平行か交わる。同一平面上になければ，ねじれの位置。

● **直線と平面の関係**…平行か交わるかまたは直線が平面上にあるのいずれか。

● **平面と平面の関係**…平行か交わるかのいずれか。

②　回転体

１つの直線を軸として平面図形を１回転させてできる立体を回転体という。できる回転体として，**円柱，円錐，球**などがある。

〜これらの図を見取図という〜

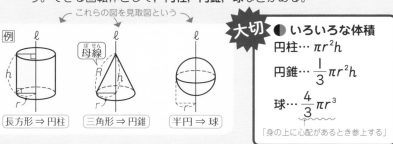

［例］
母線
長方形⇒円柱　　三角形⇒円錐　　半円⇒球

大切 ● いろいろな体積

円柱… $\pi r^2 h$

円錐… $\dfrac{1}{3}\pi r^2 h$

球… $\dfrac{4}{3}\pi r^3$

「身の上に心配があるとき参上する」

③　展開図…立体の表面を１つの平面上に広げてかいた図。

大切

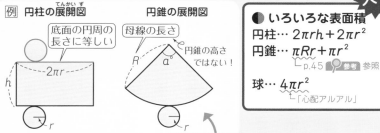

［例］円柱の展開図　　　円錐の展開図
底面の円周の長さに等しい
母線の長さ
円錐の高さではない！
$2\pi r$
h
r

● いろいろな表面積

円柱… $2\pi rh + 2\pi r^2$

円錐… $\pi Rr + \pi r^2$

p.45 参考 参照

球… $4\pi r^2$

「心配アルアル」

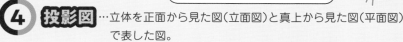

中心角 $a°$ は $360° \times \dfrac{r}{R}$ ←底面の半径／←母線

となります（p.45 参考 参照）。

④　投影図…立体を正面から見た図（立面図）と真上から見た図（平面図）で表した図。

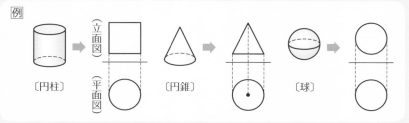

［例］
〔立面図〕
〔平面図〕
〔円柱〕　　〔円錐〕　　〔球〕

！ 注意

● 直線は両方向に限りなくのびている。関係は２直線についていうので，線分（辺）を延長させて直線にし，平行または交わるのどちらにもならなければねじれの位置になる。

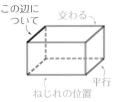

この辺について
交わる
平行
ねじれの位置

📖 確認

● **おうぎ形の弧の長さと面積を求める公式**

半径を r，中心角を $a°$，弧の長さを ℓ，面積を S とすると，

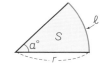

S
ℓ
$a°$
r

$$\ell = 2\pi r \times \dfrac{a}{360}$$

$$S = \pi r^2 \times \dfrac{a}{360}$$

ℓ

$$= \dfrac{1}{2}\ell r$$ ←三角形の面積の公式に似ている

🔍 参考

● 図の３点を通るように立方体を切断すると，次のような切り口になる。

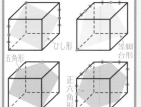

ひし形
等脚台形
五角形
正六角形

基本問題

→別冊解答 p.24

1 （直線・平面の位置関係） 空間内について次のことがらのうち，正しいものには○，そうでないものには×をつけなさい。ただし，P，Q は平面であり，ℓ は P 上にも Q 上にもない直線とする。

(1) $\ell /\!/ P$，$P /\!/ Q$ のとき，$\ell /\!/ Q$ (2) $\ell /\!/ P$，$\ell /\!/ Q$ のとき，$P /\!/ Q$

(3) $\ell /\!/ P$，$\ell \perp Q$ のとき，$P \perp Q$ (4) $\ell /\!/ P$，$P \perp Q$ のとき，$\ell \perp Q$

2 （回転体） 次の図形を直線 ℓ のまわりに 1 回転させてできる回転体の体積を求めなさい。

(1)

(2)

(3)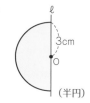

3 （展開図） 次の展開図を組み立てたときにできる立体の表面積を求めなさい。

(1)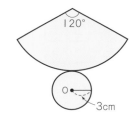

(2)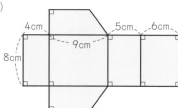

4 （投影図） 次の投影図で表された立体の表面積を求めなさい。

(1)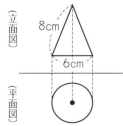

(2)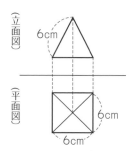

HINT

数学では，反例が 1 つもあれば，そのことがらは正しくない。反例となることがらがないかよく確認してみる。

大切

● **立体の底面積を S，高さを h，体積を V とすると**

柱体
（直方体，円柱など）
$$V = Sh$$
錐体
（三角錐，円錐など）
$$V = \frac{1}{3}Sh$$
球
$$V = \frac{4}{3}\pi r^3$$
（半径を r とする）

(1) 母線の長さを R とおいてみる。

参考

● 円錐の展開図で，側面のおうぎ形の中心角は
$$360° \times \frac{2\pi r}{2\pi R}$$
$$= 360° \times \frac{r}{R}$$

● 側面のおうぎ形の面積は
$$\pi R^2 \times 360°$$
$$\times \frac{r}{R} \times \frac{1}{360°}$$
$$= \pi Rr$$

まずはどんな立体なのか考えてから見取図をかく。

1 直線と平面の位置関係 （9点）

空間内の平面について述べた文として適切でないものを，次のア〜エから１つ選び，その記号を書きなさい。〈青森県〉

　ア　一直線上にある３点をふくむ平面は１つに決まる。

　イ　交わる２直線をふくむ平面は１つに決まる。

　ウ　平行な２直線をふくむ平面は１つに決まる。

　エ　１つの直線とその直線上にない１点をふくむ平面は１つに決まる。　（　　　　　）

2 体積の比較 （9点）

次のア〜ウの立体で，体積がもっとも小さいものを答えなさい。〈沖縄県〉

　ア　底面の半径が３cm，高さが10cm の円錐　　イ　底面の半径が３cm，高さが４cm の円柱

　ウ　半径が３cm の球　　　　　　　　　　　　　　　　　　（　　　　　）

3 表面積の比較 （9点）

正答率 72%

下の①〜④は，それぞれ，同じ大きさの立方体を４つ合わせて作った１つの立体を図に表したものである。①〜④の中で，表面積がもっとも小さいものはどれですか。その番号を答えなさい。

① 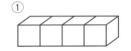　② 　③ 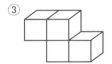　④ 〈広島県〉

（　　　　　）

4 回転体の体積 （9点×2＝18点）

次の問いに答えなさい。

正答率 75%

(1)　図のように，AB＝16cm，BC＝12cm，∠ABC＝90°の△ABC がある。

△ABC を，辺 AB を軸として１回転させてできる立体の体積を求めなさい。〈北海道〉

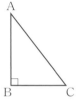

（　　　　　）

正答率 33%

(2)　図のように，半径１cm のおうぎ形 OAB において，半径 OA を通る直線 m を考える。このとき，おうぎ形 OAB を直線 m を軸として１回転させてできる立体の体積を求めなさい。〈山梨県〉

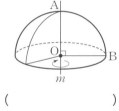

（　　　　　）

1　「つねに」成り立つかどうか考える。反例を１つ見つければ，文としては誤りである。

4　(1)　回転体の形状は円錐である。　　(2)　回転体の形状は半球である。

目標時間 **50**分 ｜ 目標点数 **80**点

／100点

5 展開図からの求積 （10点×2＝20点）

次の問いに答えなさい。

(1) 右の図の直方体の展開図において，四角形 ABCD は，AB＝10cm，BC＝20cm の長方形である。AE＝$a$cm とするとき，この展開図を組み立てて作った直方体の体積を，a を使って表しなさい。〈宮城県〉

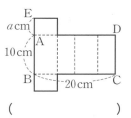

(　　　　　　　　)

(2) **図1**のように，底面の半径がそれぞれ 5cm，3cm である 2 つの円錐 A，B がある。それぞれの円錐の側面の展開図を同じ平面上で重ならないようにして合わせると，**図2**のような円ができた。このとき，円錐 A の側面積を円周率 π を用いて求めなさい。〈山口県〉

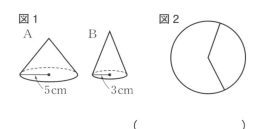

(　　　　　　　　)

6 投影図の読みとり （9点）

図の**ア～ウ**は，高さが等しい立体の投影図である。**ア～ウ**で表される立体の体積を比べ，小さい順に記号で書きなさい。〈青森県〉

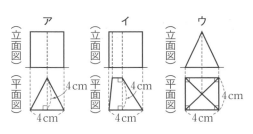

(　　　　　　　　)

7 投影図からの求積 （8点×2＝16点）

次の問いに答えなさい。

(1) 右の図は，円錐の投影図である。この立体の表面積を求めなさい。〈長野県〉

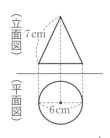

(　　　　　　　　)

(2) 右の図は，円柱の投影図である。この円柱の表面積は何 cm^2 ですか。〈長崎県〉

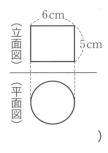

(　　　　　　　　)

8 立方体の切断 （10点）

右の図は，1 辺の長さが 2cm の立方体 ABCD–EFGH である。この立方体を 3 点 A，F，H を通る平面で 2 つに分けるとき，点 C をふくむ側の立体の体積は何 cm^3 ですか。〈鹿児島県〉

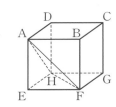

(　　　　　　　　)

5 (2) 円錐 A と円錐 B の母線の長さ R は等しい。図2の円周の長さを考え，R を求める。

6 アとイは底面積によって判断し，アとウは底面積と，柱体と錐体の体積の違いから考える。

11 平行線と角

重要度 ★★★

学習日　　月　日

ポイント整理

① 対頂角・同位角・錯角

● **対頂角**…右の図のように，2直線が交わってできる向かい合った角どうしを対頂角という。対頂角はつねに等しい。
$\angle a = \angle c$, $\angle b = \angle d$

● **同位角と錯角**…2直線に1直線が交わってできる合計8つの角のうちで，同じ「位置」となる角どうしを同位角，内側に向かい合うななめの位置にあたる角どうしを錯角という。

例 右上の図で $\angle a$ と $\angle e$, $\angle b$ と $\angle f$, $\angle c$ と $\angle g$, $\angle d$ と $\angle h$ をそれぞれ同位角という。また，$\angle b$ と $\angle h$，$\angle c$ と $\angle e$ をそれぞれ錯角という。

● **平行線の性質**…平行な2直線に1直線が交わってできる角において，同位角と錯角はそれぞれ等しい。

② 三角形の内角と外角

● 三角形の内角の和は 180°である。

証明 右の図のように，△ABCの頂点Aを通って辺BCに平行な直線 l をひき，l 上に点D，Eをとる。
$\angle BAC = \angle a$，$\angle ABC = \angle b$，
$\angle BCA = \angle c$ とおく。
平行線の錯角は等しいので，$\angle DAB = \angle b$，$\angle EAC = \angle c$
三角形の内角の和は
$\angle a + \angle b + \angle c = \angle DAB + \angle BAC + \angle EAC = 180°$ 終

● 三角形の外角の和は 360°である。

証明 三角形の外角の和は右の図において
$(180° - \angle a) + (180° - \angle b)$
$\quad + (180° - \angle c)$
$= 540° - (\angle a + \angle b + \angle c)$
ここで $\angle a + \angle b + \angle c = 180°$ であるから，
(三角形の外角の和)$= 540° - 180° = 360°$ 終

③ 多角形の内角と外角

● n 角形の内角の和は，$180° \times (n-2)$ である。
└(頂点の数)−2

例 五角形は $5-2=3$ より3つの三角形に分割できる。よって，五角形の内角の和は
$180° \times (5-2) = 540°$

● n 角形の外角の和は，つねに 360°である。

例 五角形の1つの頂点のところにできる内角と外角の和はどこも180°となる。内角の和が540°であるから，五角形の外角の和は，
$180° \times 5 - 180° \times 3 = 180° \times 2 = 360°$

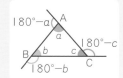

● 入試攻略のカギ

基本問題

→別冊解答 p.26

1 対頂角・同位角・錯角 次の図で∠x の大きさを求めなさい。ただし，(4)〜(6)では，$\ell \parallel m$ とする。

(1)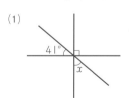

(2)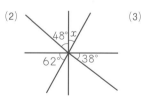

(3)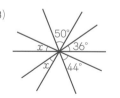

(4)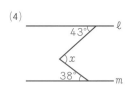

(5)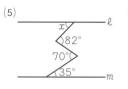

(6)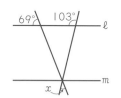

2 三角形の内角と外角 次の図で∠x の大きさを求めなさい。

(1)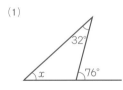

(2)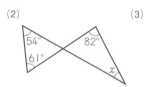

(3)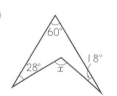

(4)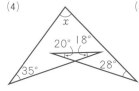

(5)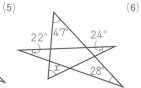

(6)

（同じ印の角は等しい）

3 多角形の内角と外角 次の問いに答えなさい。

(1) 正十角形の１つの内角の大きさを求めなさい。

(2) 正十二角形の１つの外角の大きさを求めなさい。

(3) 内角の和が 2160° となる多角形の名称を答えなさい。

(4) １つの外角の大きさが 15° の正多角形の内角の和を求めなさい。

HINT

➡ 対頂角はつねに等しい。また，一直線の角は 180° であることを利用する。

➡ (4), (5) 下の図のように，角の頂点を通り ℓ と m に平行な直線 n をひくと，錯角が利用できる。

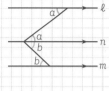

➡ (6) 。を∠a，・を∠b と表すと，三角形の内角の和は 180° より
$2\angle a + 2\angle b + 70° = 180°$

👍 **大切**

● **多角形の内角と外角のまとめ**
① n 角形の内角の和
$180° \times (n-2)$
② 正 n 角形の１つの内角の大きさ
$\dfrac{180° \times (n-2)}{n}$
③ n 角形の外角の和
360°
（n に関係ない）
④ 正 n 角形の１つの外角の大きさ
$\dfrac{360°}{n}$

Step 1

要点をおさえる！

11 平行線と角

---

1 平行線と角 （6点×4＝24点）

次の図で2直線 ℓ と m は平行である。このとき，$\angle x$ の大きさを求めなさい。ただし，(4)の △ABC は正三角形とする。

(1)
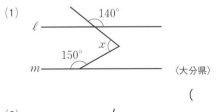
〈大分県〉

( )

正答率 **67%** (2)
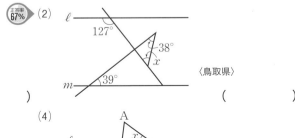
〈鳥取県〉

( )

(3)
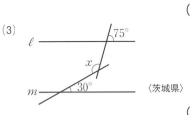
〈茨城県〉

( )

(4)
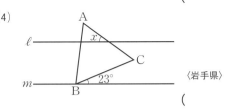
〈岩手県〉

( )

2 三角形の内角と外角 （6点×4＝24点）

次の問いに答えなさい。

(1) 右の図のように，△ABC の頂点 C における外角の大きさが $135°$ であり，辺 BC 上に AB＝AD となる点 D をとると，$\angle BAD＝40°$ となった。このとき，$\angle x$ の大きさを求めなさい。 〈山口県〉

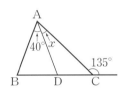

( )

(2) 右の図で，$\angle DAE＝80°$，AD＝BD，AE＝CE のとき，$\angle BAC$ の大きさを求めなさい。 〈青森県〉

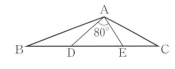

( )

(3) 右の図のように，AB＝AC の二等辺三角形 ABC があり，$\angle BAC$ は鈍角である。直線 AB 上に，点 A と異なる点 D を，CA＝CD となるようにとり，点 D と点 C を結ぶ。$\angle ADC＝70°$ であるとき，$\angle ABC$ の大きさは何度ですか。 〈香川県〉

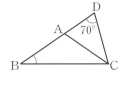

( )

(4) 右の図において，△ABC は，AB＝AC，$\angle BAC＝30°$ の二等辺三角形である。また，△PQC は，PC∥AB となるように，△ABC を，点 C を中心として回転移動させたものである。$\angle x$ の大きさを求めなさい。 〈大分県〉

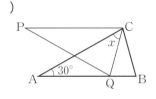

( )

---

1 (4) 頂点 C を通る，ℓ と m に平行な直線をひく。
2 二等辺三角形の底角は等しい性質を利用する。

3 **凹型四角形の内角の和** (7点×2＝14点)

次の図において，∠x の大きさを求めなさい。

(1)
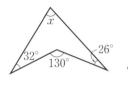
〈島根県〉

（　　　　　）

正答率 **68%** (2)
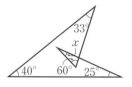
〈宮崎県〉

（　　　　　）

4 **角の二等分線のある三角形** (7点×2＝14点)

 右の図について，次の問いに答えなさい。

(1) △ABC において，∠A の二等分線と∠C の二等分線の交点を D とする。∠ABC＝40°のとき，∠x の大きさを求めなさい。〈沖縄県〉

（　　　　　）

(2) 右の図で，同じ印をつけた角の大きさが等しいとき，∠x の大きさを求めなさい。　〈宮崎県〉 （　　　　　）

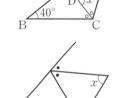

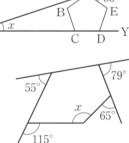

5 **多角形の内角と外角** (8点×2＝16点)

右の図について，次の問いに答えなさい。

(1) 正五角形 ABCDE の頂点 A が線分 OX 上にあり，頂点 C，D が線分 OY 上にある。∠XAE＝55°のとき，∠x の大きさを求めなさい。　〈和歌山県〉

（　　　　　）

(2) ∠x の大きさを求めなさい。　〈秋田県〉

（　　　　　）

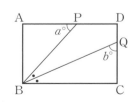

6 **角度を文字で表す** (8点)

正答率 **33%** 四角形 ABCD は長方形である。点 P は辺 AD 上の点であり，∠PBC の二等分線と辺 CD の交点を Q とする。∠APB＝a°，∠BQC＝b°とするとき，b を a を用いた式で表しなさい。〈秋田県〉

（　　　　　）

HINT

4 (1) ・を a，。を b とおいて，三角形の内角の和についての式を2つ作る。

6 ・の大きさを a で表し，△BCQ の内角の和に注目する。

51

12 三角形

重要度 ★★★

ポイント整理

① 三角形の合同条件

● **合同**…2つの図形があり，片方を①平行移動②回転移動③対称移動のいずれか，またはこれらを繰り返して，もう一方に重ね合わせられるとき，2つの図形は合同であるという。

次の3つの条件のいずれかが成り立つとき，2つの三角形は合同であるといえる。

対応順に書きます

① 3組の辺がそれぞれ等しい。

AB＝DE, BC＝EF, CA＝FD
　⇒△ABC≡△DEF

② 2組の辺とその間の角がそれぞれ等しい。

AB＝DE, BC＝EF, ∠B＝∠E
　⇒△ABC≡△DEF

③ 1組の辺とその両端の角がそれぞれ等しい。

BC＝EF, ∠B＝∠E, ∠C＝∠F
　⇒△ABC≡△DEF

② 二等辺三角形の性質

● **定義**…2辺が等しい三角形を二等辺三角形という。

● **性質**…① 2つの底角が等しい。
　　　　　　② 頂角の二等分線は底辺を垂直に2等分する。

③ 直角三角形の合同条件

直角三角形の場合，① の3つの合同条件以外にも，下の2つの条件を満たせば，2つの三角形は合同になる。

① 斜辺と1つの鋭角がそれぞれ等しい。

∠C＝∠F＝90°, AB＝DE, ∠B＝∠E
　　⇒△ABC≡△DEF

斜辺

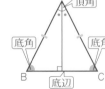

② 斜辺と他の1辺がそれぞれ等しい。

∠C＝∠F＝90°, AB＝DE, BC＝EF
　　⇒△ABC≡△DEF

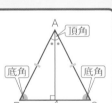

● △ABC と △DEF が合同であるとき
△ABC≡△DEF と書く。

● 形が異なっていても面積が等しいときは
△ABC＝△DEF と書く。

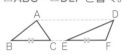

!注意

● 一般の三角形では
①角の二等分線
②頂点から対辺の中点にひいた中線
③頂点から対辺にひいた垂線
は異なるが，二等辺三角形ではすべて一致する。

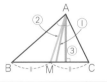

!注意

● 直角三角形でも一般の三角形の合同条件はあてはまるので注意しよう。

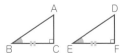

BC＝EF, ∠B＝∠E,
∠C＝∠F＝90°
　⇒△ABC≡△DEF

入試攻略のカギ　・合同条件は何かを見抜く。
　　　　　　　　　　・基本的な書き方をしっかり覚える。

基本問題

→別冊解答 p.29

HINT

1 三角形の合同条件　右の図のように，△ABC の辺 BC の中点を M とし，AM の延長と，B を通り AC に平行な直線との交点を D とする。このとき，AM＝DM となることを証明しなさい。

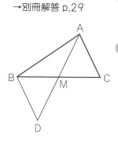

△AMC と△DMB が合同であることを証明する。M が BC の中点，AC∥BD であることを利用する。

2 二等辺三角形の性質　右の図のように，AB＝AC の二等辺三角形 ABC の辺 AB，AC 上に 2 点 D，E を DB＝EC となるようにとり，線分 DC と EB の交点を F とする。このとき △FBC が二等辺三角形となることを証明しなさい。

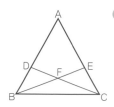

△FBC が二等辺三角形であることをいうためには，FB＝FC または∠FBC＝∠FCB のいずれかをいう。

3 直角三角形の合同条件　次の問いに答えなさい。

(1) 右の図のように，△ABC の辺 BC の中点を M とし，頂点 B，C から直線 AM にそれぞれ垂線 BD，CE をひく。このとき，BD＝CE となることを証明しなさい。

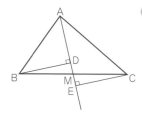

直角三角形が合同であることの証明において，斜辺が等しいことがいえたら，あとは，1 つの鋭角か他の 1 辺が等しいことをいう。

(2) 右の図のように，∠A＝90° の直角二等辺三角形 ABC の頂点 A を通る直線に，頂点 B，C からそれぞれ垂線 BH，CI をひく。このとき HI＝BH＋CI となることを証明しなさい。

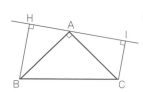

BH，CI と等しい辺をさがす。HI＝HA＋AI に注意。

1 **三角形の合同条件** （15点）

図1のような∠C＝90°の直角三角形 ABC がある。△ABC と合同な △DEF を用意し，図2のように，∠C と∠F が重なるようにおき，辺 BC と DF を重ねておく。辺 AB と DE の交点を P とするとき，BP＝EP を証明しなさい。　〈和歌山県〉

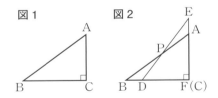

2 **二等辺三角形の性質** （20点）

正答率10%

右の図のように，AB＝AC である二等辺三角形 ABC の辺 AC 上に点 D がある。辺 BC 上に∠BDE＝∠CDE となるように点 E をとる。また，線分 DE の延長上に∠DBF＝∠ABC となるように点 F をとる。△BFE は二等辺三角形であることを証明しなさい。　〈広島県〉

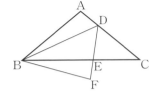

3 **直角三角形の合同条件** （15点）

右の図のような正方形 ABCD がある。辺 CD 上に点 E をとり，頂点 A，C から線分 BE にひいた垂線と線分 BE との交点をそれぞれ F，G とする。このとき，△ABF≡△BCG であることを証明しなさい。　〈新潟県〉

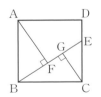

4 **折り返し図形の証明問題** （15点）

右の図1のような長方形 ABCD を，図2のように，頂点 B が頂点 D に重なるように折ったとき，折り目の線分を EF，頂点 A が移った点を G とする。このとき，△CDF≡△GDE であることを証明しなさい。　〈愛媛県〉

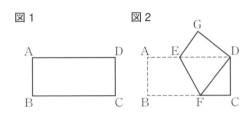

HINT

2　三角形の合同ではなく，三角形の内角の和が 180°になることを利用する。2 つの三角形において，3 つの内角のうち 2 つの角が等しいことがいえれば，残りの角は等しいことになる。

4　「1 組の辺とその両端の角」や「直角三角形の合同条件」など証明方法はいくつもある。

5 空欄補充の証明問題 (5点×3＝15点)

図で，正方形 AEFG は，正方形 ABCD を，頂点 A を回転の中心とし
て，時計の針の回転と同じ向きに回転移動したものである。また，P，Q
はそれぞれ線分 DE と辺 AG，AB との交点である。

このとき，AP＝AQ となることを次のように証明したい。　Ⅰ ，　Ⅱ
にあてはまるもっとも適当なものを，下の**ア**から**カ**までの中からそれぞ
れ選んで，そのかな符号を書きなさい。また，　a　にあてはまる数を
書きなさい。ただし，回転する角度は $90°$ よりも小さいものとする。

なお，2 か所の　a　には，同じ数があてはまる。

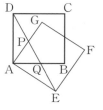

〈愛知県〉

（証明）　△ADP と △AEQ で，

AD と AE は同じ大きさの正方形の辺なので，

AD＝AE　　　…①

①から，△AED は二等辺三角形なので，

∠ADP＝　Ⅰ 　…②

また，∠PAD＝　a 　°－∠PAQ，

∠QAE＝　a 　°－∠PAQ より，

∠PAD＝∠QAE …③

①，②，③から　Ⅱ のので，△ADP≡△AEQ

よって，AP＝AQ

ア　∠AQE

イ　∠AEQ

ウ　∠EAQ

エ　1 組の辺とその両端の角
が，それぞれ等しい

オ　2 組の辺とその間の角が，
それぞれ等しい

カ　2 組の角が，それぞれ等
しい

Ⅰ （　　　　　）　a （　　　　　）　Ⅱ （　　　　　）

6 頻出タイプの証明問題 (20点)

正答率40%　右の図のように，∠A が鋭角の △ABC の 2 辺 AB，AC をそれぞ
れ 1 辺とする正方形 ADEB，ACFG を △ABC の外側につくる。
このとき，△ABG≡△ADC であることを証明しなさい。〈鹿児島県〉

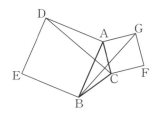

6　5 の証明の書き方を参考にする。∠BAG＝ □ °＋∠BAC，∠DAC＝ □ °＋∠BAC となることを，しっかり確認
しよう。

13 平行四辺形

学習日

月　　日

ポイント整理

① 平行四辺形の性質

大切
● 平行四辺形の定義… 2 組の対辺がそれぞれ平行な四角形。
　平行四辺形の性質…① 2 組の対辺はそれぞれ等しい。
　　　　　　　　　　②2 組の対角はそれぞれ等しい。
　　　　　　　　　　③対角線はそれぞれの中点で交わる。

（定義）　　　　（性質①）　　　　（性質②）　　　　（性質③）

② 平行四辺形になるための条件

大切
● 平行四辺形になるための条件
① 2 組の対辺がそれぞれ平行である。（定義）
② 2 組の対辺がそれぞれ等しい。
③ 2 組の対角がそれぞれ等しい。
④対角線がそれぞれの中点で交わる。
⑤ 1 組の対辺が平行でその長さが等しい。

③ 特別な平行四辺形

定義と性質，混乱しないで。

● **長方形の定義**… 4 つの角がすべて等しい四角形。
　長方形の性質…平行四辺形の性質をもち，かつ**対角線の長さが等しい。**

● **ひし形の定義**… 4 つの辺がすべて等しい四角形。
　ひし形の性質…平行四辺形の性質をもち，かつ**対角線が垂直に交わる。**

● **正方形の定義**… 4 つの角がすべて等しく，4 つの辺がすべて等しい四角形。
　正方形の性質…**長方形とひし形の性質をすべて合わせもつ四角形。**

④ 平行線と面積

● **等積変形**…右の図で，$\ell /\!/ m$ のとき，
　　　　　　　△ABC＝△DCB
　　　　　　　△ABE＝△DCE

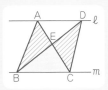

◆**五角形を三角形に変える**
　右の図で，AC∥BF，AD∥EG のとき，五角形 ABCDE の面積は，△AFG の面積と等しくなり，等積変形できる。

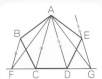

確認

● **対辺と対角**
対辺…四角形の向かい合う 2 辺のこと。
対角…四角形の向かい合う 2 つの内角のこと。

※△も対辺，▲も対角

参考

● **逆とその真偽**
○○○ ならば △△△
ということがらについて，
○○○を「仮定」といい，
△△△を「結論」という。
● 仮定と結論を入れかえたことがらを「逆」という。
あることがらが正しくても，その逆が正しいとは限らない。

注意

● 下の図のように，長方形，ひし形，正方形は，平行四辺形の特殊な形といえる。

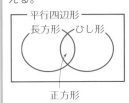

平行四辺形
長方形　ひし形
正方形

● 入試攻略のカギ
・平行四辺形の性質，平行四辺形になるための条件を暗記する。
・基本は三角形の合同の証明である。

Step 1

要点をおさえる！

13 平行四辺形

基本問題

→別冊解答 p.31

1 〔平行四辺形の性質〕 右の図のように，平行四辺形 ABCD の対角線の交点 O を通る直線と辺 AD，BC との交点をそれぞれ P，Q とする。このとき，AP＝CQ であることを証明しなさい。

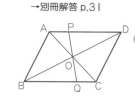

HINT

△AOP と △COQ が合同であることを示す。

2 〔平行四辺形になるための条件〕 右の図の四角形 ABCD，四角形 BEFC は，辺 BC を共有する平行四辺形である。A と E，D と F を結ぶと，四角形 AEFD は平行四辺形であることを証明しなさい。

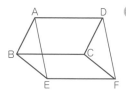

AD∥BC∥EF と AD＝BC＝EF は，平行四辺形の性質から導かれる。平行四辺形になるための条件のどれを使えばよいか考える。

3 〔特別な平行四辺形〕 右の図のように，長方形 ABCD の対角線 AC の中点を M とし，M を通り AC に垂直な直線が辺 BC，AD と交わる点をそれぞれ E，F とする。このとき，四角形 AECF はひし形であることを証明しなさい。

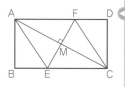

M は AC の中点とはいえるが，EF の中点だとはすぐにはいえない。

● 大切

●高さの等しい三角形の面積

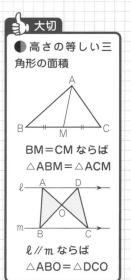

BM＝CM ならば
△ABM＝△ACM

ℓ∥m ならば
△ABO＝△DCO

4 〔平行線と面積〕 右の図のように，1 辺の長さが 12cm の正方形 ABCD で，対角線の交点を O とし，AO の中点を M とする。また，BM の延長が AD と交わる点を E とする。このとき，△EMC の面積を求めなさい。

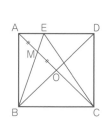

1 **長方形になるための条件** (10点)

次の文の(   )にあてはまる条件としてもっとも適切なものを，ア，イ，ウ，エのうちから１つ選んで，記号で答えなさい。 〈栃木県〉

> 平行四辺形 ABCD に，(   )の条件が加わると，平行四辺形 ABCD は長方形になる。

ア AB＝BC   イ AC⊥BD
ウ AC＝BD   エ ∠ABD＝∠CBD   (   )

2 **平行線と面積** (完答10点)

右の図の五角形 ABCDE は，AB∥EC，AD∥BC，AE∥BD の関係がある。5 点 A，B，C，D，E のうちの 3 点を頂点とする三角形の中で，三角形 ABE と面積の等しい三角形は，他に 3 つある。それらをすべて書きなさい。 〈群馬県〉

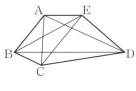

(,   ,   )

3 **平行四辺形になるための条件の基本証明** (ア〜ウ4点×3，証明18点，計30点)

四角形 ABCD において，∠A＝∠C，∠B＝∠D ならば，四角形 ABCD は平行四辺形であることを次のように証明した。 ア 〜 ウ に適する数値または記号をそれぞれ入れなさい。また， には証明の続きを書き，証明を完成させなさい。 〈群馬県〉

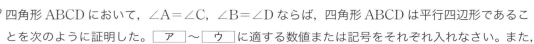

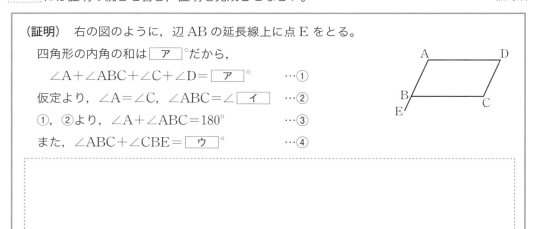

（証明） 右の図のように，辺 AB の延長線上に点 E をとる。

四角形の内角の和は ア °だから，

∠A＋∠ABC＋∠C＋∠D＝ ア °   …①

仮定より，∠A＝∠C，∠ABC＝∠ イ   …②

①，②より，∠A＋∠ABC＝180°   …③

また，∠ABC＋∠CBE＝ ウ °   …④

したがって，∠A＝∠C，∠B＝∠D ならば，四角形 ABCD は平行四辺形である。

ア (   ) イ (   ) ウ (   )

3 この証明は，「2 組の対角が等しい四角形は平行四辺形である」ことを導くための証明である。この証明が終わってはじめて「平行四辺形になるための条件」の 1 つが定理になる。

4 平行四辺形になるための条件 （18点）

右の図のように，平行四辺形 ABCD の頂点 A，C から対角線 BD に垂線をひき，対角線との交点をそれぞれ E，F とする。

このとき，四角形 AECF は平行四辺形であることを証明しなさい。

〈20 埼玉県〉

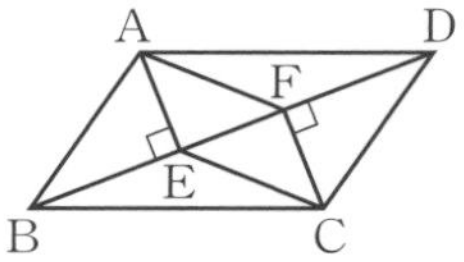

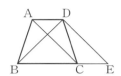

5 空欄補充の証明問題 （(1)6点×2，(2)20点，計32点）

 右の図のように，AD∥BC，AC＝DB である四角形 ABCD がある。

辺 BC を C の方向に延長した直線上に AC∥DE となる点 E をとる。

このとき，AB＝DC であることを次のように証明した。　〈茨城県〉

（証明） 仮定から，　　AC∥DE　…①

　　AD∥BC だから，　AD∥CE　…②

　　①，②から，2 組の ┌ ア ┐ がそれぞれ平行だから，四角形 ACED は平行四辺形である。

　　よって，　　　　　AC＝DE　…③

　　仮定から，　　　　AC＝DB　…④

　　③，④から，　　　DB＝DE

　　したがって，2 つの辺が等しくなるので△DBE は二等辺三角形である。

　　よって，┌ イ ┐＝∠DEB…⑤

　ウ

(1) ┌ ア ┐ には適切なことばを，┌ イ ┐ にはあてはまる適切な角をそれぞれ書きなさい。

　　ア（　　　　　　　　）　イ（　　　　　　　　）

(2) ┌ ウ ┐ には証明の続きを書き，AB＝DC であることの証明を完成させなさい。

　　ただし，（証明）の中の①〜⑤で示されている関係を使う場合は，①〜⑤の番号を用いてもよい。また，新たな関係に番号をつける場合は，⑥以降の番号を用いなさい。

5 (2)　△ABC と △DCB の合同が証明できれば結論である AB＝DC が導ける。

14 データの整理と分析

重要度 ★★★

ポイント整理

① 度数分布

● **度数分布表**…データを幅のあるいくつかの区間（階級）に分け、そこに入るデータの個数（度数）を整理した表。

● **階級の幅**…区間の幅。

● **範囲**…データの最大値と最小値の差。

● **階級値**…階級の中央の値。たとえば、20点以上30点未満の階級値は25点となる。

● **相対度数**…各階級の度数の、全体に対する割合。その階級の度数を度数の合計で割ったもの。ふつう小数で表記する。

● **累積度数**…最初の階級からその階級までの度数を合計したもの。

● **累積相対度数**…最初の階級からその階級までの相対度数を合計したもの。

● **ヒストグラム**…階級の幅を底辺、度数を高さとする長方形をすき間なく並べてかき、度数の分布を表したグラフ。柱状グラフともいう。

② 代表値

● **代表値**…データの分布の特徴を表す1つの数値で、**平均値**、**中央値**、**最頻値**などがある。

● **平均値**…データの個々の値の総和をデータの個数で割った値。

● **中央値**…メジアンともいう。データの値を大きさの順に並べたときの中央の値。データの個数が偶数のときは、中央の2つの値の平均をとる。

● **最頻値**…モードともいう。データの値の中でもっとも多く現れる値のことで、度数分布表では度数がもっとも多い階級の階級値。

③ 四分位数と箱ひげ図

正しく用語を覚えていれば、わりに点のとりやすいところだよ。

● **四分位数**…データの値を大きさの順に並べたとき、全体を4等分する位置にある値のこと。四分位数は小さい順に、第1四分位数、第2四分位数（中央値）、第3四分位数という。また、第3四分位数から第1四分位数をひいた差を、四分位範囲という。

● **箱ひげ図**…最小値、第1四分位数、第2四分位数（中央値）、第3四分位数、最大値の5つの値を使って、データの分布の様子を表した右のような図のこと。

例 ある運動部男子40人のハンドボール投げの結果を度数分布表にすると次のようになった。

階級(m) 以上　未満	度数(人)
5〜15	3
15〜25	16
25〜35	14
35〜45	5
45〜55	2
計	40

ヒストグラムにすると…

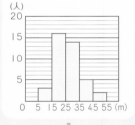

上の例の結果で説明すると

平均値

$$10×3+20×16+30×14$$
階級値　度数
$$+40×5+50×2$$
$$=1070$$

$$1070÷40=26.75(m)$$

最頻値 **20m** ←度数のもっとも多い階級の階級値

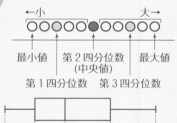

最小値　第2四分位数（中央値）　最大値
第1四分位数　第3四分位数

最小値　　　　　　　　最大値
第1四分位数　第3四分位数
第2四分位数（中央値）

・用語を正確に理解する。
・四分位数の求め方を確実に身につける。

基本問題

→別冊解答 p.32

1 【度数分布】 次の問いに答えなさい。

(1) 右の表は，ある中学校の生徒10名のボール投げの記録である。この記録を右の度数分布表に整理するとき，度数がもっとも多い階級とその度数を答えなさい。

ボール投げの記録

出席番号	記録(m)
1	22.9
2	20.0
3	25.2
4	14.6
5	26.4
6	21.7
7	18.3
8	17.1
9	23.5
10	24.8

度数分布表

階級(m)	度数(人)
以上 未満 10.0～15.0	
15.0～20.0	
20.0～25.0	
25.0～30.0	
計	10

HINT

⇦ データを整理して度数分布表を完成させる。

⇦ 階級は○○.○ m 以上○○.○ m 未満と答える。

⇦ 人数，個数などはすべて度数という用語で表す。

(2) 下の表は，ある中学校の生徒25人の50m走の記録を調べ，度数分布表にまとめたものである。ア～エにあてはまる数を答えなさい。

階級(秒)	度数(人)	累積度数(人)	累積相対度数
以上 未満 7.5～ 8.0	4	4	0.16
8.0～ 8.5	10	ア	ウ
8.5～ 9.0	7	21	0.84
9.0～ 9.5	3	イ	エ
9.5～10.0	1	25	1.00
計	25		

⇦ ウは 7.5 秒～8.0 秒，8.0 秒～8.5 秒までの相対度数をたして求める。

2 【代表値】 右の図は，ある中学校の生徒20人が，1か月間に読んだ本の冊数と人数の関係を表したものである。中央値（メジアン）と最頻値（モード）と平均値を，それぞれ求めなさい。

⇦ メジアンとモードの意味のとりちがえに注意しよう。
メジアン…順位が真ん中。
モード…もっとも度数が多い。

3 【四分位数と箱ひげ図】 下のデータは，ある中学校の生徒11人の数学の小テスト（20点満点）の得点である。これについて，次の問いに答えなさい。

| 8 | 12 | 7 | 14 | 17 | 9 | 15 | 12 | 18 | 20 | 10 |

(1) 四分位数を求めなさい。

(2) 四分位範囲を求めなさい。

(3) 下の図に箱ひげ図をかき入れなさい。

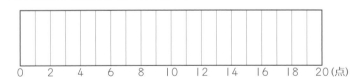

⇦ データの値を大きさの順に並べたとき中央値を境に，小さいほうの半分のデータの中央値を第1四分位数，大きいほうの半分のデータの中央値を第3四分位数とする。

⇦ （四分位範囲）＝（第3四分位数）－（第1四分位数）

⇦ 最小値，最大値，四分位数をもとに箱ひげ図をかく。

1 データを整理する （5点×4＝20点）

次のデータは，ある中学校における1年生男子15人の50m走の記録である。 〈和歌山県・改〉

番　号	1	2	3	4	5	6	7	8	9	10	11	12	13	14	15
記録(秒)	8.8	7.4	8.4	8.1	7.5	8.9	8.0	7.1	7.7	7.8	8.2	9.3	8.6	8.0	8.3

(1) 右の表は，上のデータの記録を度数分布表に表したものである。表中の　ア　〜　ウ　にあてはまる数を求めなさい。

　　　ア（　　　　　） イ（　　　　　） ウ（　　　　　）

(2) 右の表の8.5秒以上9.0秒未満の階級の相対度数を求めなさい。

　　　　　　　　　　　　　　　　　　　　（　　　　　　　）

階級(秒)	度数(人)
以上　　未満 7.0〜7.5	ア
7.5〜8.0	イ
8.0〜8.5	ウ
8.5〜9.0	3
9.0〜9.5	1
計	15

2 代表値を求める （10点×2＝20点）

右の表は，10人の図書委員A〜Jに対して，1か月間に読んだ本の冊数を調べてまとめたものである。㋐，㋑を求めなさい。 〈岡山県〉

　　㋐　平均値　　㋑　中央値

　　　　　　　㋐（　　　　　　　） ㋑（　　　　　　　）

図書委員	冊数(冊)
A	1
B	3
C	7
D	2
E	4
F	0
G	5
H	5
I	2
J	4

3 ヒストグラムを読みとる （10点）

あるクラスの生徒40人に対して，読書週間に読んだ本の冊数を調査した。右の図は，このクラスの生徒のうち，調査日に調べることができた38人分の本の冊数と人数の関係を表したヒストグラムである。

後日，残りの生徒2人が読んだ本の冊数を調査し，このクラスの生徒40人が読んだ本の冊数の平均値を計算したところ，3.5冊となった。このとき，残りの生徒2人が読んだ本の冊数の合計を求めなさい。

平均値は正確な値であり，四捨五入などはされていないものとする。 〈長崎県〉

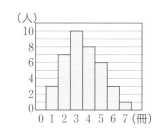

　　　　　　　　　　　　　　　　　　　　（　　　　　　　）

HINT

2 ㋑ 中央値は，少ないほう(多いほう)から数えて，5番目と6番目の平均値である。
3 (38人の読んだ本の冊数)＋(残り2人の読んだ本の冊数)＝(40人の平均値)×(40人) という等式が成り立っている。

4 **相対度数を求める** （10点×2＝20点）

右の図は，ある中学校の女子のハンドボール投げの記録をヒストグラムに表したものである。**表**は，図の各階級の相対度数をまとめたものである。このとき，**表**の x，y の値を，小数第 3 位を四捨五入して，小数第 2 位まで求めなさい。 〈徳島県〉

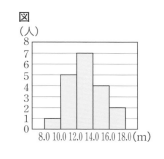

図
(人)

表

距離(m)	相対度数
以上　　未満 8.0～10.0	0.05
10.0～12.0	x
12.0～14.0	y
14.0～16.0	0.21
16.0～18.0	0.11
計	1.00

（　　　　，　　　　）

 5 **累積度数，累積相対度数を求める** （(1)(2)5点×2，(3)完答10点，計20点）

次の表は，ある中学校の生徒 40 人の 1 日の睡眠時間を調べ，度数分布表にまとめたものである。次の問いに答えなさい。

階級(時間)	度数(人)	累積度数(人)	相対度数	累積相対度数
以上　　未満 6.5～7.0	6			
7.0～7.5	10			
7.5～8.0	12			
8.0～8.5	8			
8.5～9.0	2			
9.0～9.5	2			
計	40		1.00	

(1) 階級の幅を答えなさい。

（　　　　）

(2) 睡眠時間が 8.0 時間の生徒はどの階級にふくまれるか答えなさい。

（　　　　）

(3) 累積度数，相対度数，累積相対度数を求め，表を完成させなさい。

6 **箱ひげ図を読みとる** （10点）

次のデータの箱ひげ図を，右のア～ウの中から 1 つ選びなさい。

27	16	25	12	14	16	30	36	25	21

（　　　　）

HINT

4 （相対度数）＝（その階級の度数）÷（全体の度数）である。正確に計算すること。

6 データを大きさの順に並べ，四分位数を求めてくらべる。

15 確率

重要度 ★★★

ポイント整理

① 場合の数

● **場合の数**…あることがらが起こるすべての場合を数え上げた総数。樹形図や表などを使って数え上げる。

② 確率

● **確率**…起こりうる場合が全部で n 通りあり，どの場合が起こることも同様に確からしいとする。そのうちことがら A の起こる場合が a 通りあるとき，ことがら A の起こる確率 p は

$p=\dfrac{a}{n}$ である。

ここで，$0\leqq p\leqq 1$ であり，A の起こらない確率は $1-\dfrac{a}{n}$ で表される。

「A，B，C の 3 人が横 1 列に並ぶとき，並び方は全部で何通りあるか」という問題では樹形図をかいて 6 通りになります。

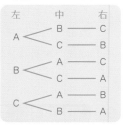

例 さいころを 1 回投げるとき，出る目が素数となる確率を求めなさい。
⇒さいころの出る目は 1〜6 の 6 通り。出る目が素数となるのは，
2，3，5 の 3 通り。　よって，求める確率は $\dfrac{3}{6}=\dfrac{1}{2}$

※同様に確からしい
…ことがらの起こる可能性が同じ程度に期待できること。

③ 確率の求め方

● **コインを投げる**
…表○と裏●で樹形図をかく。

例 3 枚のコインを同時に投げるとき，表が 3 枚出る確率を求めなさい。
⇒表と裏の出方は全部で 8 通りあり，そのうち表が 3 枚出るのは 1 通りだけであるから，求める確率は $\dfrac{1}{8}$

| | 1枚目 | 2枚目 | 3枚目 |

● **さいころ 2 個を投げる**
… 6 マス×6 マスの表を使う。

例 大小 2 つのさいころを 1 回投げ，出た目の数の和が 6 になる確率を求めなさい。
⇒全部で 6×6=36 より 36 通りの目の出方があり，出た目の数の和が 6 となるのは表より 5 通りであるから，求める確率は $\dfrac{5}{36}$

● **袋から玉を取り出す**
…玉に番号をつけ，組み合わせをすべてあげる。

例 袋の中に白玉 3 個と赤玉 2 個が入っている。同時に 2 個の玉を取り出すとき，白玉が 2 個となる確率を求めなさい。
⇒玉の取り出し方は右の図より 10 通り，そのうち白玉が 2 個となるのは 3 通り。よって，求める確率は $\dfrac{3}{10}$

((1),(2))　((1),(3))
(1),(1)　　(1),(2)
((2),(3))　(2),(1)
(2),(2)　　(3),(1)
(3),(2)　　(1),(2)

● **くじをひく**
…くじに番号をつけ，樹形図か表にして数え上げる。

例 あたりくじが 2 本入った 5 本のくじがあり，A，B がこの順に 1 本ずつひくことにする。A も B もあたりくじをひく確率を求めなさい。
⇒あたりくじを①，②，はずれくじを 3，4，5 とすると，くじのひき方の総数は 20 通り。2 人ともあたるのは 2 通りより，$\dfrac{2}{20}=\dfrac{1}{10}$

・樹形図や表を使って確実に数え上げる。

・さいころと玉出しとカードのパターンを覚える。
入試攻略のカギ

基本問題

→別冊解答 p.33

1 場合の数　右の図のように，1，2，3，4，5
の数字を1つずつ書いた5枚のカードがある。
この5枚のカードの中から2枚を同時に取り出
すとき，その2枚のカードに書かれた数の和が偶数になる取り出し方は何通
りあるか，答えなさい。

1 2 3 4 5

HINT

樹形図をかいてもよい。
組み合わせなので，順序
は関係しないことに注意
する。

2 確率　1個のさいころを1回投げるとき，出る目の数が3の倍数である
確率を求めなさい。

3 確率の求め方　次の問いに答えなさい。

(1) 3枚の硬貨を同時に投げるとき，2枚は表で1枚は裏となる確率を求めな
さい。ただし，それぞれの硬貨の表裏の出方は同様に確からしいものとする。

表○と裏●で樹形図をか
いてみる。○2個と●
1個の場合が何通りある
か考える。

(2) 右の図のような，正しく作られた大小2つのさいころを
同時に投げるとき，出る目の数の和が10以上となる確
率を求めなさい。

縦6マス，横6マスの
表に和を書き込んでみる。

(3) 赤玉3個，白玉2個が入っている袋がある。この袋の中から1個ずつ2
回玉を取り出すとき，1回目と2回目に取り出した玉の色が異なる確率を
求めなさい。ただし，取り出した玉はもとにもどさないものとする。

1回目と2回目で玉の
色が異なるというとき，
(赤，白)と(白，赤)
は違う場合として数える。
また，同じ色でも玉は複
数あることに注意する。

(4) 6本のうち，あたりが2本入っているくじがある。このくじを，1本ずつ
2回ひくとき，少なくとも1本があたりである確率を求めなさい。ただし，
どのくじをひくことも同様に確からしいものとし，ひいたくじはもとにも
どさないものとする。

「少なくとも1本があた
りくじ」というのは
①1本あたり，1本は
　はずれる確率
②2本ともあたる確率
の合計である。これは
1−(2本ともはずれる
確率)として求めるのが
近道。

Step
1

要点をおさえる！

15
確率

→別冊解答 p.34

15 トレーニングテスト

1 じゃんけん （10点）

ゆりさんとたくみさんの2人が，1回だけ手を出してじゃんけんをするとき，勝ち負けが決まる確率を求めなさい。ただし，じゃんけんの出し方はどれも同様に確からしいとする。　〈長野県〉

じゃんけんの出し方

（　　　　　　）

2 袋から玉を取り出す （10点×2＝20点）

右の図のように袋の中に1，2，3，4，5の数字がそれぞれ書かれた同じ大きさの玉が1個ずつ入っている。この袋から玉を1個取り出すとき，取り出した玉に書かれた数をaとし，その玉を袋にもどしてかき混ぜ，また1個取り出すとき，取り出した玉に書かれた数をbとする。

このとき，次の各問いに答えなさい。　〈三重県〉

(1) aとbの積が12以上になる確率を求めなさい。

（　　　　　　）

(2) aとbのうち，少なくとも一方は奇数である確率を求めなさい。

（　　　　　　）

3 箱から棒を取り出す （10点）

先端の色がそれぞれ赤，白，青である3本の棒があり，先端が見えない状態で箱の中に入っている。この3本の棒をよく混ぜて1本取り出し，先端の色を確認してからもとにもどす。このことを2回行うとき，確認した色が2回とも赤か，2回とも白になる確率を求めなさい。　〈宮城県〉

（　　　　　　）

4 さいころとカード① （10点）

正答率20%　さいころ1個と，$\frac{1}{2}$，$\frac{2}{3}$，$\frac{3}{4}$，$\frac{4}{5}$，$\frac{5}{6}$の数が1つずつ書かれた $\boxed{\frac{1}{2}}$，$\boxed{\frac{2}{3}}$，$\boxed{\frac{3}{4}}$，$\boxed{\frac{4}{5}}$，$\boxed{\frac{5}{6}}$ の5枚のカードがある。この5枚のカードを裏返して，よく混ぜてからカードを1枚ひき，その後に，さいころを1回投げる。このとき，ひいたカードに書かれた数と，さいころの出た目の数の積が3以上となる確率を求めなさい。ただし，どのカードがひかれることも同様に確からしいものとし，さいころのどの目が出ることも同様に確からしいものとする。　〈高知県〉

（　　　　　　）

1 グー，チョキ，パーを樹形図か表にしてみて，あいこにならないところを数える。
4 縦がカード，横がさいころとして（5マス）×（6マス）の表をつくり，計算結果を書き込む。

5 **さいころとカード②** （(1)5点，(2)10点，計15点）

下の図は ●，▲，➕，★ の4種類のカードを，左から順に ● が4枚，▲ が3枚，➕ が3枚，★ が3枚となるように，1列に並べたものである。正しく作られた大小2つのさいころを同時に1回投げる。大きいほうのさいころの出た目の数を x として，左から x 番目のカードとそれより左にあるすべてのカードを列から取り除く。また，小さいほうのさいころの出た目の数を y として，右から y 番目のカードとそれより右にあるすべてのカードを列から取り除く。

(左) ● ● ● ● ▲ ▲ ▲ ➕ ➕ ➕ ★ ★ ★ (右)

これについて，次の(1)，(2)に答えなさい。　　　　　　　　　〈広島県〉

 (1) 取り除かれずに残っているカードが5枚のとき，y を x の式で表しなさい。

（　　　　　　　　　）

 (2) 取り除かれずに残っているカードの種類が，3種類となる確率を求めなさい。

（　　　　　　　　　）

6 **さいころと座標** （(1)5点，(2)〜(4)10点×3，計35点）

差がつく さいころを2回投げて，1回目に出た目の数を a，2回目に出た目の数を b とし，P(a, b) を右の図にかき入れる。点 A$(2, 0)$，点 B$(6, 2)$ とするとき，(1)〜(4)の各問いに答えなさい。　　　　〈佐賀県〉

(1) $a=2$，$b=2$ のとき，△PAB の面積を求めなさい。

（　　　　　　　　　）

(2) △PAB の面積が4となる確率を求めなさい。

（　　　　　　　　　）

(3) △PAB の面積が8以上となる確率を求めなさい。

（　　　　　　　　　）

(4) △PAB が直角二等辺三角形となる確率を求めなさい。

（　　　　　　　　　）

 HINT

5 (2) カードが3種類となるのは，（●，▲，➕）と（▲，➕，★）だが，カードの枚数に関しては何通りかある。ミスなく数えることが重要。

6 (2)は(1)を，(3)は(2)をヒントにする。等積変形と1次関数の知識を活かそう。

実力がついたか
さらっと
チェック！

学習日　　　　月　　　日

●1年・図形の移動と作図 >>> 09

❶ 次の問いに答えなさい。

(1) 右の図において，点 P を直線 ℓ について対称移動させた点 Q を，作図によって求めなさい。Q の文字も入れること。　〈岩手県〉

ℓ

P•

(2) 右の図において，△ABC を，頂点 A を中心として反時計回りに 90°回転移動させてできる △ADE を作図しなさい。ただし，D，E の文字を対応する頂点の場所に書いておくこと。　〈東京都〉

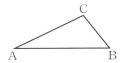

●1年・空間図形 >>> 10

❷ 右の図のような立方体がある。線分 BF とねじれの位置にある線分を，次のア〜エから１つ選び，記号を書きなさい。　〈長野県〉

　ア 線分 BD　　イ 線分 DF　　ウ 線分 AD　　エ 線分 DH

（　　　　　）

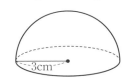

❸ 図のような半径 3cm の半球の表面積と体積を求めなさい。ただし，円周率は π とする。　〈兵庫県〉

　　表面積（　　　　　　　）　体積（　　　　　　　）

❹ 右の図は，三角錐の展開図である。△ABC は，AB＝16cm，BC＝8cm，∠ABC＝90°の直角三角形である。また点 D，E は，それぞれ辺 AB，AC の中点，点 F は，線分 DB の中点である。
DE＝$\frac{1}{2}$BC，DE∥BC であるとき，線分 DE，EF，FC を折り曲げてできる三角錐の体積を求めなさい。　〈埼玉県・改〉（　　　　　　）

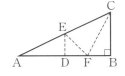

●2年・平行線と角 >>> 11

❺ 右の図のように，AB＝AC である二等辺三角形 ABC と，頂点 A，C をそれぞれ通る２本の平行な直線 ℓ，m がある。このとき，∠x の大きさは何度か求めなさい。　〈鹿児島県〉

（　　　　　　　）

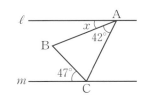

●2年・三角形 >>> 12

❻ 右の図のように，△ABC の辺 BC 上に点 D がある。∠ABD の二等分線と線分 AD，辺 AC との交点をそれぞれ E，F とする。∠BAE＝∠BCF のとき，AE＝AF を証明しなさい。　〈北海道〉

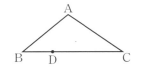

一見簡単だけど落とせないのが
一行問題。心してかかろう！

● **2年・平行四辺形** >>> **13**

正答率24% ❼ 右の図のように，平行四辺形 ABCD の対角線の交点 O を通る
直線と辺 AD，BC との交点をそれぞれ P，Q とする。このとき，
△AOP≡△COQ となることを証明しなさい。　〈秋田県〉

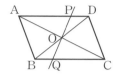

● **1・2年・データの整理と分析** >>> **14**

正答率21% ❽ 右の図は，K さんが所属するサッカーチームの選手 31 人の年齢
別人数を表したものである。次の**ア〜エ**のうち，選手 31 人の年
齢の中央値と最頻値の正しい組み合わせを 1 つ選び，記号を書き
なさい。　〈大阪府〉

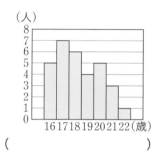

　ア 中央値 18　最頻値 17　　**イ** 中央値 18　最頻値 19
　ウ 中央値 19　最頻値 17　　**エ** 中央値 19　最頻値 18

（　　　　　）

❾ 下の図は，生徒 100 人の数学のテストの得点の箱ひげ図である。この箱ひげ図から読みとれる
ことを，次の**ア〜カ**の中からすべて選びなさい。

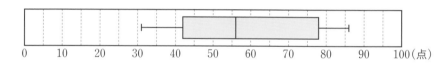

　ア データの範囲は 50 点より大きく，60 点未満である。
　イ 60 点未満の生徒は 50 人以上いる。
　ウ 60 点以上の生徒は 50 人以上いる。
　エ 最頻値（モード）は 55 点である。
　オ 平均値は 55 点である。
　カ データの四分位範囲は 30 点より大きく，40 点未満である。　（　　　　　）

● **2年・確率** >>> **15**

正答率48% ❿ 右の図のように，袋の中に，数字の 1，1，2，3，3，4 をそれぞれ 1 つず
つ書いた 6 枚のカードが入っている。この袋からカードを 1 枚取り出し，そ
れを袋にもどしてかき混ぜ，また 1 枚取り出す。このとき，少なくとも 1
回は，偶数を書いたカードが出る確率を求めなさい。ただし，どのカード
が取り出されることも同様に確からしいものとする。　〈山形県〉

（　　　　　）

答え ❶ 別冊参照　❷ ウ　❸ 表面積…$27\pi\,\mathrm{cm}^2$　体積…$18\pi\,\mathrm{cm}^3$　❹ $\dfrac{64}{3}$ cm³　❺ $\angle x=22°$

❻ 別冊参照　❼ 別冊参照　❽ ア　❾ ア，イ，カ　❿ $\dfrac{5}{9}$　　くわしい解説は → 別冊解答 p.36

Step 1 要点をおさえる！ ポイントチェック② 09〜15

乗法公式は，文字でも数でもつねに成り立つ。

16 重要度 ★★★
多項式

ポイント整理

① 多項式と単項式の乗除

● **乗法**…➡ 分配法則を用いて（　　）をはずす。

例 $2a(3a-1)=2a\times3a+2a\times(-1)=6a^2-2a$

● **除法**…➡ 逆数にして乗法になおす。

例 $(6x^2-9x)\div3x=\dfrac{6x^2}{3x}-\dfrac{9x}{3x}=2x-3$

$(16ab+8a^2)\div\dfrac{4}{3}a=(16ab+8a^2)\times\dfrac{3}{4a}$ ← $\dfrac{4}{3}a=\dfrac{4a}{3}$，逆数は $\dfrac{3}{4a}$

$=\dfrac{16ab\times3}{4a}+\dfrac{8a^2\times3}{4a}=12b+6a=6a+12b$

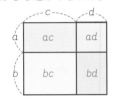

参考
● **展開公式**
$(a+b)(c+d)$
$=ac+ad+bc+bd$
は，下のような縦の長さが $(a+b)$，横の長さが $(c+d)$ の長方形の面積からも確かめられる。

	c	d
a	ac	ad
b	bc	bd

② 式の展開

● **多項式と多項式の乗法** ➡ $(a+b)(c+d)=ac+ad+bc+bd$

例 $(2a+b)(3a-b)=6a^2-2ab+3ab-b^2=6a^2+ab-b^2$
同類項

積の形をした式を1つの多項式の形に変形することを，式を展開するというよ。

③ 乗法公式

● **乗法公式**…多項式に展開する際に利用する公式で，次の4つがある。

大切
① $(x+a)(x+b)=x^2+(a+b)x+ab$
② $(a+b)^2=a^2+2ab+b^2$
③ $(a-b)^2=a^2-2ab+b^2$
④ $(a+b)(a-b)=a^2-b^2$

確認
● **因数分解の方法**
たとえば x^2-x-6 を因数分解するとき
　かけて -6，たして -1 になる2数
2と -3 を見つけて
　　因数分解
　　$\longrightarrow$
$x^2-x-6=(x+2)(x-3)$
　　$\longleftarrow$
　　展開

④ 因数分解

● **因数分解**…共通因数でくくったり，乗法公式を逆に利用したりして，多項式として展開されている式を多項式や単項式の積の形にすること。
　因数分解の公式は乗法公式の左辺と右辺を入れかえたもの。

大切
①′ $x^2+(a+b)x+ab=(x+a)(x+b)$
②′ $a^2+2ab+b^2=(a+b)^2$
③′ $x^2-2ab+b^2=(a-b)^2$
④′ $a^2-b^2=(a+b)(a-b)$

共通因数でくくるとは，分配法則を逆に使うことなのよ。

入試攻略のカギ
- ・展開と因数分解は逆方向。しっかり確認。
- ・乗法公式の暗記。　・まず，共通因数でくくる。

基本問題

→別冊解答 p.37

1 多項式と単項式の乗除　次の計算をしなさい。

(1) $(12ab^2+6ab)\div 2ab$

(2) $(-12xy^2+3xy)\div(-3xy)$

(3) $\left(\dfrac{x^3}{4}+\dfrac{x}{2}\right)\div\dfrac{x}{4}$

(4) $\left(xy^2-\dfrac{1}{4}y\right)\div\dfrac{1}{2}y$

2 式の展開　次の計算をしなさい。

(1) $(4x+3)(x-5)$

(2) $(2x+1)(3x-1)$

(3) $(a-2)(a^2+4a-1)$

(4) $a(a+1)(2a-1)$

3 乗法公式　次の計算をしなさい。

(1) $(x+5)(x-2)$

(2) $(ab-1)(ab+2)$

(3) $(3a+2)^2$

(4) $(x-2y)^2$

(5) $(ab-4)(ab+4)$

(6) $(-3+x^2)(3+x^2)$

(7) $(x+2)(x-1)-x(x+3)$

(8) $(a+b)^2-(a-b)^2$

(9) $(x+y-3)^2$

(10) $(a-b+2)(a-b-2)$

4 因数分解　次の式を因数分解しなさい。

(1) $8xy^2-6xy$

(2) $6a^2b+3ab^2-9ab$

(3) $x^2+5x-24$

(4) $x^2-2x-15$

(5) $a^2+14a+49$

(6) x^2-6x+9

(7) x^2-25

(8) $25a^2-16b^2$

(9) $ax^2+2ax+a$

(10) $2x^2y-14xy+24y$

HINT

👍 **大切**

●文字の式を「計算する」というのは，式を「簡単にする」，式を「展開して整理する」というのと同じ意味である。

🔍 **参考**

●乗法公式の文字は，x や y，a や b が使われるが，実は文字は何でもよい。p.70 の乗法公式①は次のようにも書ける。
$(\bigcirc+\square)(\bigcirc+\triangle)$
$=\bigcirc^2+(\square+\triangle)\bigcirc$
$+\square\times\triangle$

(8) $a+b=A$，$a-b=B$ とおきかえてもよい。

👍 **大切**

●因数分解の手順
①共通因数でくくる。
②乗法公式をあてはめる。

❗ **注意**

●次のミスに注意！
例 $4a^2-16$
$=(2a+4)(2a-4)\times$
←まだ因数分解できる
正しくは
$4a^2-16=4(a^2-4)$
←まずは共通因数でくくる
$=4(a+2)(a-2)$ ○
←乗法公式をあてはめる

1 **多項式と単項式の乗除** (3点×2=6点)

次の計算をしなさい。

(1) $\dfrac{1}{3}xy(x-2y)$ 〈北海道〉

(2) $(45a^2-18ab)\div 9a$ 〈静岡県〉

( ) ( )

2 **式の展開と乗法公式** (3点×4=12点)

次の式を展開しなさい。

(1) $(2x-1)(x+3)$ 〈群馬県〉

(2) $(x+8)(x-8)$ 〈栃木県〉

( ) ( )

(3) $(3x+y)^2$ 〈大阪府〉

(4) $(x+4y)(x-4y)$ 〈広島県〉

( ) ( )

3 **乗法公式の利用** (3点×6=18点)

次の計算をしなさい。

(1) $(x-3)(x+5)-(x-2)^2$ 〈神奈川県〉

(2) $(x+4)^2+(x-1)(x-7)$ 〈高知県〉

( ) ( )

(3) $(2x+1)^2-(2x-1)(2x+3)$ 〈愛知県〉

(4) $(x+y)(x-3y)-9xy$ 〈奈良県〉

( ) ( )

(5) $(2x+y)(2x-y)+2y^2$ 〈秋田県〉

(6) $(a+2b)^2-(a-2b)^2$ 〈和歌山県〉

( ) ( )

4 **因数分解** (3点×8=24点)

次の式を因数分解しなさい。

(1) $x^2+7x+10$ 〈佐賀県〉

(2) $x^2-4x-21$ 〈鳥取県〉

( ) ( )

(3) $x^2-18x+72$ 〈青森県〉

(4) $3a^2-24a+48$ 〈京都府〉

( ) ( )

(5) x^2-36 〈三重県〉

(6) $3x^2-27$ 〈山形県〉

( ) ( )

(7) $(x-2)(x-5)+2(x-8)$ 〈長野県〉

(8) $(x-5)^2+2(x-5)-63$ 〈京都府〉

( ) ( )

HINT

2 乗法公式を利用する。
4 (4) まずは共通因数でくくる。 (7) 一度展開して整理する。 (8) $x-5=A$ と文字でおきかえてもよい。

5 因数分解の利用 (4点×2=8点)

次の計算をしなさい。

(1) 66^2-34^2 〈鹿児島県〉

(2) $\dfrac{208^2}{105^2-103^2}$ 〈神奈川 湘南高〉

( ) ( )

6 式の利用 (8点×4=32点)

次の問いに答えなさい。

(1) m と n は連続する正の整数である。次のア～エのうちから，式の値が偶数となるものを１つ選び，記号で答えなさい。ただし，$m<n$ とする。 〈千葉県〉

ア $m+n$ イ $n-m$ ウ $m+n+2$ エ mn

( )

(2) 連続する５つの整数がある。もっとも大きい数と２番目に大きい数の積から，もっとも小さい数と２番目に小さい数の積をひくと，中央の数の６倍になる。このことを，中央の数を n として証明しなさい。 〈栃木県〉

(3) ２けたの正の整数 M がある。この整数の十の位の数と一の位の数との和を N とする。このとき，M^2-N^2 は９の倍数であることを，文字式を使って証明しなさい。 〈香川県〉

(4) 2，4 や 6，8 のような，２つの続いた正の偶数の平方の和から２をひくと，奇数の平方の２倍になる。このことを，文字 n を使って証明しなさい。ただし，証明は「n を２以上の整数とし，２つの続いた正の偶数のうち，大きいほうを $2n$ とする。」に続けて完成させなさい。 〈長崎県〉

HINT

5 $a^2-b^2=(a+b)(a-b)$ の形に因数分解する。

6 (2) 中央の数を n とすると，連続する５つの整数は，$n-2$，$n-1$，n，$n+1$，$n+2$ と表せる。

17 平方根

重要度 ★★★

ポイント整理

① 平方根

● **平方根**…2乗すると a になる数を a の平方根という。
　➡ $x^2=a \Rightarrow x$ を a の平方根という。$a>0$, $x=\pm\sqrt{a}$

● **平方根の大小**
　➡ $0<a<b$ のとき，$0<\sqrt{a}<\sqrt{b}$，$-\sqrt{b}<-\sqrt{a}<0$

> 4 の平方根は
> $\pm\sqrt{4}=\pm 2$
> コレが最終形
> 最終形まで求めておくようにしよう！

② 近似値と有効数字

● **近似値**…測定値などのように真の値に近い値。

● **有効数字**…近似値を表す数字のうち，信頼できる数字のこと。近似値は，有効数字の整数部分が1けたの数 a を用いて
　　　　$a\times 10^n$ または $a\times\dfrac{1}{10^n}$ で表す。

> 📖 **確認**
> ● 根号 $\sqrt{\ }$ を「ルート」と読む。
> ● 有理数と無理数を合わせて実数という。

③ 有理数と無理数

● **有理数** ➡ 0, -1, $\dfrac{1}{7}$ など，$\dfrac{整数}{整数}$ で表すことのできる数を有理数という。

● **無理数** ➡ π, $\sqrt{2}$ など，$\dfrac{整数}{整数}$ で表せない数を無理数という。循環しない無限小数になる。

> ❗**注意**
> ● 循環小数は分数にできるので，有理数。
> $\dfrac{1}{11}=0.0909090\cdots$
> これを $0.\dot{0}\dot{9}$ と表す。

④ 平方根の計算

● **平方根の乗除** ➡ $\sqrt{a}\times\sqrt{b}=\sqrt{ab}$，$\dfrac{\sqrt{a}}{\sqrt{b}}=\sqrt{\dfrac{a}{b}}$ $(a>0, b>0)$

> 例 $\sqrt{2}\times\sqrt{6}=\sqrt{2\times 6}=\sqrt{12}=\sqrt{2^2\times 3}=2\sqrt{3}$
> $\sqrt{14}\div\sqrt{7}=\dfrac{\sqrt{14}}{\sqrt{7}}=\sqrt{\dfrac{14}{7}}=\sqrt{2}$

> ❗**注意**
> ● $a>0$, $b>0$ のとき $\sqrt{a^2b}=a\sqrt{b}$ である。このとき，根号内はできるだけ小さい自然数にする。
> 例 $\sqrt{8}=\sqrt{4\times 2}=2\sqrt{2}$
> $\sqrt{12}=\sqrt{4\times 3}=2\sqrt{3}$
> $\sqrt{180}=3\sqrt{20}$
> 　　まだ小さくできる
> 　　$=6\sqrt{5}$

● **分母の有理化** ➡ 分母と分子に同じ数をかけて，分母に無理数をふくまない形にする。

> 例 $\dfrac{4}{\sqrt{3}}=\dfrac{4\times\sqrt{3}}{\sqrt{3}\times\sqrt{3}}=\dfrac{4\sqrt{3}}{3}$
> 　　同じ数を分母と分子にかける
>
> $\sqrt{\dfrac{2}{5}}=\dfrac{\sqrt{2}}{\sqrt{5}}=\dfrac{\sqrt{2}\times\sqrt{5}}{\sqrt{5}\times\sqrt{5}}=\dfrac{\sqrt{10}}{5}$
> 　　有理化できる　　1をかけても分数の大きさは変わらない

> 🔍 **参考**
> ● 2けたの平方数も20までと25については覚えておくと便利。
> $11^2=121$, $12^2=144$
> $13^2=169$, $14^2=196$
> $15^2=225$, $16^2=256$
> $17^2=289$, $18^2=324$
> $19^2=361$, $20^2=400$
> $25^2=625$

● **平方根をふくむ数の加減**
　➡ 根号内の数が同じとき，文字式の同類項のように計算できる。

> 例 $2\sqrt{3}-\sqrt{2}+4\sqrt{3}-2\sqrt{2}=2\sqrt{3}+4\sqrt{3}-\sqrt{2}-2\sqrt{2}$
> $=(2+4)\sqrt{3}+(-1-2)\sqrt{2}=6\sqrt{3}-3\sqrt{2}$

| 入試攻略のカギ | ・平方根の計算規則をしっかりマスターする。
・平方数（自然数の2乗で表すことができる数）は覚えておくと便利。 |

基本問題

→別冊解答 p.40

1 平方根 次の問いに答えなさい。

(1) 右の数直線上の4つの点 A，B，C，D のうち，1つは $\sqrt{53}$ を表している。その点の記号を書きなさい。

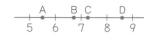

(2) $3\sqrt{2}$，4，$\sqrt{17}$ の3つの数を，左から小さい順に書きなさい。

(3) $\sqrt{3}$ より大きく $\sqrt{17}$ より小さい整数をすべて求めなさい。

2 近似値と有効数字 ある書物の重さを，10g 未満は四捨五入してはかったところ，測定値 570g を得た。これについて，次の問いに答えなさい。

(1) 真の値を ag とするとき，a の値の範囲を不等号を使って表しなさい。

(2) 測定値 570g を，有効数字をはっきりさせるため，整数部分が1けたの小数と 10 の累乗の積の形で表しなさい。

3 有理数と無理数 次の問いに答えなさい。

(1) 次のア～オのうち，無理数であるものをすべて選び，記号で答えなさい。

ア －1.6   イ $\dfrac{4}{11}$ ウ $\sqrt{3}$ エ $\sqrt{0.04}$ オ π（円周率）

(2) $\sqrt{6}=2.449$ として，$\sqrt{0.06}$ の値を求めなさい。

4 平方根の計算 次の計算をしなさい。

(1) $\sqrt{30} \div \sqrt{6} \times \sqrt{5}$

(2) $\dfrac{1}{\sqrt{3}} \times \sqrt{\dfrac{15}{4}}$

(3) $\sqrt{45} + 2\sqrt{5}$

(4) $\sqrt{27} - \sqrt{48} + \sqrt{75}$

(5) $2\sqrt{24} - \sqrt{54} + \dfrac{12}{\sqrt{6}}$

(6) $\dfrac{\sqrt{18}}{3} - \dfrac{8}{\sqrt{2}} + \sqrt{50}$

(7) $(5\sqrt{3} - 1)^2$

(8) $(\sqrt{3} + 2)(\sqrt{3} - 3)$

HINT

$5=\sqrt{25}$，$6=\sqrt{36}$，…
と考えてみる。

確認

● 平方数の大小比較
すべて2乗して $\sqrt{}$
をはずす。
　または
すべての数を $\sqrt{}$
の中に入れる。

10g 未満を四捨五入して 570g だから

　564.9 …満たさない
┌─────────┐
│ 565.0 …満たす │
│ 　⋮ 　　　　　│
│ 574.9 …満たす │
└─────────┘
　575.0 …満たさない

10g 以上は信頼できるので，有効数字を上から2けたとして表す。

(2)　$\sqrt{100}=10$，
$\sqrt{10000}=100$，
$\sqrt{\dfrac{1}{100}}=\dfrac{1}{10}$，
$\sqrt{\dfrac{1}{10000}}=\dfrac{1}{100}$
を利用する。

(2)　$\dfrac{1}{\sqrt{3}} \times \sqrt{\dfrac{15}{4}}$
$=\sqrt{\dfrac{1 \times 15}{3 \times 4}}$
と変形できる。

(7)，(8) 乗法公式を利用する。
$(5\sqrt{3})^2=5^2 \times (\sqrt{3})^2$
$=25 \times 3 = 75$

Step 1

要点をおさえる！

17 平方根

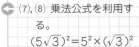

75

17 トレーニングテスト

→別冊解答 p.40

1 ｜**平方根**｜（完答2点）

次のアからエまでの文の中から誤っているものを 1 つ選んでその記号を書き, 正しい文にするために下線部を正しい整数に書き直しなさい。　〈愛知県〉

ア　$-\sqrt{81}$ は $\underline{-9}$ である。　　　イ　$\sqrt{(-9)^2}$ は $\underline{-9}$ である。

ウ　81 の平方根は $\underline{\pm 9}$ である。　　エ　$(\sqrt{9})^2$ は $\underline{9}$ である。

（　　　，　　　）

2 ｜**有効数字を求める**｜（2点）

正答率13% 光が 1 秒間に進む距離の測定値 300000km を, 有効数字を 2 けたとして, 整数部分が 1 けたの小数と 10 の累乗との積の形で表しなさい。　〈岐阜県〉

（　　　　　　　）

3 ｜**平方根の大小関係**｜（(1)2点, (2)(3)3点×2, 計8点）

次の問いに答えなさい。

正答率60% (1)　$\dfrac{2}{5}$, -0.9, -3, $\sqrt{6}$ の中で, 絶対値がもっとも大きい数を選びなさい。　〈鹿児島県〉

（　　　　　　　）

正答率37% (2)　$\sqrt{5}<n<\sqrt{13}$ となるような自然数 n を求めなさい。　〈高知県〉

（　　　　　　　）

(3)　$5<\sqrt{n}<6$ を満たす自然数 n の個数を求めなさい。　〈京都府〉

（　　　　　　　）

4 ｜**平方根に関する問題**｜（4点×4＝16点）

次の問いに答えなさい。

(1)　$\sqrt{90n}$ の値が自然数となるような自然数 n のうち, もっとも小さいものを求めなさい。〈福井県〉

（　　　　　　　）

正答率38% (2)　$\sqrt{3n}$ が自然数となる 2 けたの自然数 n のうち, もっとも小さい n の値を求めなさい。〈栃木県〉

（　　　　　　　）

(3)　$\sqrt{10-n}$ の値が自然数となるような自然数 n を, すべて求めなさい。　〈和歌山県〉

（　　　　　　　）

正答率43% (4)　$\dfrac{\sqrt{50-2n}}{3}$ が自然数になるとき, 自然数 n の値を求めなさい。　〈千葉県〉

（　　　　　　　）

3　(3)　$5<\sqrt{n}<6$ の大小関係は 2 乗しても変わらない。$5^2<n<6^2$ から求める。
4　(1)　$\sqrt{90n}=\sqrt{3^2\times2\times5\times n}=3\sqrt{10n}$　　n が 10×（平方数）のとき, $\sqrt{90n}$ は自然数となる。

5 平方根の計算 （4点×14＝56点）

次の計算をしなさい。

(1) $3\sqrt{2} \times \sqrt{8}$ 〈北海道〉

( )

正答率80% (2) $\sqrt{21} \times \sqrt{7}$ 〈福島県〉

( )

正答率80% (3) $\sqrt{18} \times \sqrt{8} \div \sqrt{2}$ 〈宮崎県〉

( )

(4) $\sqrt{56} \div (-\sqrt{2}) \div \sqrt{14}$ 〈福井県〉

( )

(5) $\sqrt{27} - 2\sqrt{3}$ 〈岩手県〉

( )

正答率80% (6) $\dfrac{10}{\sqrt{5}} + \sqrt{45}$ 〈滋賀県〉

( )

(7) $8\sqrt{3} - \dfrac{45}{\sqrt{3}} + \sqrt{75}$ 〈青森県〉

( )

正答率90% (8) $\sqrt{48} - \sqrt{27} + 5\sqrt{3}$ 〈千葉県〉

( )

正答率81% (9) $\sqrt{6}(\sqrt{3} - 4) + \sqrt{24}$ 〈山形県〉

( )

正答率78% (10) $\sqrt{27} - 12 \div \sqrt{3}$ 〈東京都〉

( )

正答率69% (11) $(2\sqrt{10} - 5)(\sqrt{10} + 4)$ 〈新潟県〉

( )

(12) $(\sqrt{5} + 7\sqrt{2})(\sqrt{5} - \sqrt{2})$ 〈三重県〉

( )

(13) $\left(\dfrac{\sqrt{7} - \sqrt{12}}{\sqrt{2}}\right)\left(\dfrac{\sqrt{7}}{2} + \sqrt{3}\right) + \sqrt{18}$

〈東京 日比谷高〉

( )

(14) $\dfrac{(\sqrt{10} - 1)^2}{5} - \dfrac{(\sqrt{2} - \sqrt{6})(\sqrt{2} + \sqrt{6})}{\sqrt{10}}$

〈東京 西高〉

( )

6 平方根と式の値 （4点×4＝16点）

次の問いに答えなさい。

(1) $x = \sqrt{2} + 1$, $y = \sqrt{2} - 1$ のとき, $x^2 - y^2$ の値を求めなさい。 〈徳島県〉

( )

(2) $x = \sqrt{5} + 3$, $y = 3$ のとき, $x^2 - 2xy + y^2$ の値を求めなさい。 〈茨城県〉

( )

正答率43% (3) $x = \sqrt{6} + 2$, $y = \sqrt{6} - 2$ のとき, $x^2y + xy^2$ の値を求めなさい。 〈神奈川県〉

( )

正答率74% (4) $x = 3\sqrt{2} + 8$, $y = \sqrt{2} + 2$ のとき, $x^2 - 7xy + 12y^2$ の値を求めなさい。 〈大阪府〉

( )

5 (11) $(a+b)(c+d) = ac + ad + bc + bd$ と展開する。 (12) 乗法公式 $(x+a)(x+b) = x^2 + (a+b)x + ab$ を使う。

6 与えられた文字式を因数分解し, $x+y$, $x-y$, xy などの値を代入する。

因数分解できないなら，解の公式にあてはめる。

18 2次方程式

重要度 ★★★

ポイント整理

① 2次方程式

● **2次方程式** ➡ $ax^2+bx+c=0$（$a\neq0$）の形に整理できる方程式を2次方程式といい，解はふつう2つある。

② 2次方程式の解き方（特別な場合）

● **平方根の利用❶** ➡ $ax^2=b$（$a\neq0$）の形の2次方程式の解は，$\dfrac{b}{a}$ の平方根で $x=\pm\sqrt{\dfrac{b}{a}}$ となる。

例 $2x^2=3 \Rightarrow x^2=\dfrac{3}{2} \Rightarrow x=\pm\sqrt{\dfrac{3}{2}} \Rightarrow x=\pm\dfrac{\sqrt{6}}{2}$

● **平方根の利用❷** ➡ $(x+a)^2=b$ の形の2次方程式は，$x+a=\pm\sqrt{b}$ より，$x=-a\pm\sqrt{b}$ として，解を求める。

例 $(x-3)^2=5 \Rightarrow x-3=\pm\sqrt{5} \Rightarrow x=3\pm\sqrt{5}$

● **因数分解の利用** ➡ $(x+a)(x+b)=0$ の形に左辺が因数分解できるときは，$x+a=0$ より $x=-a$，$x+b=0$ より $x=-b$ と解を求める。

例 $x^2-4x=5 \Rightarrow x^2-4x-5=0 \Rightarrow (x-5)(x+1)=0 \Rightarrow x=5,\ -1$

③ 2次方程式の解き方（一般的な解法）

● **平方完成** ➡ $x^2+mx+n=0$ の形から $(x+a)^2=b$ の形に変形して，平方根の利用❷を使えるようにすることで解を求める。

● **解の公式** ➡ $ax^2+bx+c=0$（$a\neq0$）の解は，$x=\dfrac{-b\pm\sqrt{b^2-4ac}}{2a}$ と表される。これを2次方程式の解の公式という。

例 $x^2+8x-3=0$ 　$a=1$, $b=8$, $c=-3$ を解の公式に代入すると

$$x=\dfrac{-8\pm\sqrt{8^2-4\times1\times(-3)}}{2\times1}=\dfrac{-8\pm\sqrt{76}}{2}=\dfrac{-8\pm2\sqrt{19}}{2}$$
$$=-4\pm\sqrt{19}$$

④ 2次方程式の利用

2次方程式を利用して解く文章題としては，整数問題，図形の問題，食塩水の問題，落下の問題などがある。2次方程式の2つの解には，不適当なものがふくまれる場合もあるので，問題で与えられた条件を満たすかどうかの確認が必要である。

参考

● たとえば $(x-1)^2=0$ の解は $x=1$ の1つだけである。このような解を重解という。

注意

● たとえば $x(x-1)=0$ の解は $x=0$，1 である。$x=0$ を忘れないようにしよう。

確認

● 平方完成の方法

$x^2+8x-3=0$

定数項を右辺に移項する

$x^2+8x=3$

x の係数 8 の $\dfrac{1}{2}$ である 4 を2乗して両辺に加える

$x^2+8x+16=3+16$

左辺を因数分解する

$(x+4)^2=19$

両辺の平方根をとる

$x+4=\pm\sqrt{19}$

4 を右辺に移項する

$x=-4\pm\sqrt{19}$

解の公式も，$ax^2+bx+c=0$ を上と同様に変形すると求められます。
やり方は教科書にのっているので確認しておいてね。

確認

● 解の公式

$ax^2+bx+c=0$（$a\neq0$）の解は

$$x=\dfrac{-b\pm\sqrt{b^2-4ac}}{2a}$$

絶対暗記です。

入試攻略のカギ ・2次方程式の解はふつう2つある。
・平方完成や解の公式による解法はどのような2次方程式にも使える。

基本問題

→別冊解答 p.42

HINT

1 （2次方程式） 次の等式から，2次方程式であるものをすべて選びなさい。

ア $x^2=2x$ イ $2x-5=6x$ ウ $(x+5)(x-5)=x^2-25$

エ $x+3=4x^2$ オ $x^2=(x-1)(x+3)$ カ $2x^2=x(x-4)+1$

式を整理して，
$ax^2+bx+c=0$
$(a \neq 0)$
の形になれば2次方程式である。bとcは0でもかまわない。

2 （2次方程式の解き方（特別な場合）） 次の問いに答えなさい。

(1) 次の2次方程式を，p.78の平方根の利用の考え方を使って解きなさい。
① $x^2-3=0$ ② $5x^2=125$

$x^2=a \Rightarrow x=\pm\sqrt{a}$
$(a>0)$とするとき，右辺の±を忘れないように注意しよう。

③ $(x+1)^2=7$ ④ $5(x-4)^2=1$

(2) 次の2次方程式を，因数分解を利用して解きなさい。
① $x(x-6)=0$ ② $(x-8)^2=0$

2次方程式の解法の中で，因数分解できるものがもっとも簡単に解ける。この場合の解は，有理数$\left(\text{整数か}\dfrac{\text{整数}}{\text{整数}}\right)$となる。

③ $x^2+3x-10=0$ ④ $x^2-4x-45=0$

3 （2次方程式の解き方（一般的な解法）） 次の問いに答えなさい。

(1) 次の2次方程式を，平方完成を利用して解きなさい。
① $x^2+6x+1=0$ ② $x^2-5x-3=0$

p.78の平方完成の方法を使う。

(2) 次の2次方程式を解の公式を利用して解きなさい。
① $x^2-3x-3=0$ ② $4x^2-6x+1=0$

参考

●n角形の1つの頂点からは，自身およびその両どなりの3頂点を除いた$(n-3)$個の頂点に対角線がひけるが，同じ対角線を2度ずつ数えているので，対角線の本数は$\dfrac{n(n-3)}{2}$本となる。

4 （2次方程式の利用） 次の問いに答えなさい。

(1) 和が14で，積が−51となる2つの数を求めなさい。

(2) 面積が$48\pi\text{cm}^2$，中心角が$120°$のおうぎ形の半径を求めなさい。

(3) n角形の対角線の本数は$\dfrac{n(n-3)}{2}$本と表される。対角線の本数が54本となるのは何角形か求めなさい。

1 2次方程式を解く (4点×8＝32点)

次の2次方程式を解きなさい。

(1) $x^2+2x-15=0$ 〈宮城県〉

( )

(2) $x^2+15x+36=0$ 〈京都府〉

( )

正答率80% (3) $x^2-5x+2=0$ 〈鳥取県〉

( )

正答率73% (4) $2x^2+7x+1=0$ 〈山梨県〉

( )

(5) $(x+2)^2=7$ 〈愛知県〉

( )

正答率63% (6) $(x-3)^2=x$ 〈滋賀県〉

( )

正答率77% (7) $(3x+4)(x-2)=6x-9$ 〈山形県〉

( )

正答率77% (8) $2(x-2)^2-3(x-2)+1=0$ 〈20 埼玉県〉

( )

2 定数 a, b や他の解を求める (4点×4＝16点)

次の問いに答えなさい。

(1) x についての2次方程式 $x^2-ax+2a=0$ の解の1つが3であるとき，a の値を求めなさい。また，もう1つの解を求めなさい。 〈静岡県〉

(,)

(2) 2次方程式 $x^2-x-2=0$ の2つの解をそれぞれ3倍した数が，2次方程式 $x^2+ax+b=0$ の解であるとき，定数 a, b の値を求めなさい。 〈東京 新宿高〉

(,)

3 数に関する文章題 (8点)

正答率75% ある正の数 x を2乗しなければならないところを，間違えて2倍したため答えが24小さくなった。この正の数 x の値を求めなさい。 〈神奈川県〉

( )

4 道幅に関する文章題 (8点)

 図のように，縦の長さが 18m，横の長さが 22m の長方形の土地がある。この土地に，図のように，幅の等しい道と4つの長方形の花壇をつくる。4つの花壇の面積の合計が 320m^2 になるとき，道の幅を x m として2次方程式をつくり，道の幅を求めなさい。 〈山口県〉

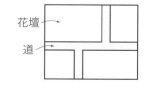

( )

 HINT

2 (2) $x^2-x-2=0$ を解くと，$x=2$，-1 であるから，$x^2+ax+b=0$ の解は，$x=6$，-3 である。

4 道を端に寄せて，4つの花壇を1つの長方形にまとめると式が立てやすい。

5 容器の容積に関する文章題 (8点)

正答率17% 横の長さが縦の長さより 2cm 長い長方形の紙がある。右の図のように，4 すみから 1 辺が 4cm の正方形を切り取って，ふたのない直方体の容器を作ったところ，容積が 96cm³ となった。もとの紙の縦の長さを x cm として方程式をつくり，もとの紙の縦の長さを求めなさい。

〈栃木県〉

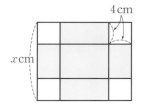

（ 　　　　　　　　　　　 ）

6 落下に関する文章題 ((1)(2)5点×2, (3)6点×3, 計28点)

秒速 35m でボール A を地上から真上に打ち上げた。このとき，ボール A が打ち上げられてから地上に落ちてくるまでの間，ボール A の高さは，打ち上げてから x 秒後に $(35x-5x^2)$m になった。次の(1)～(3)の問いに答えなさい。ただし，ボール A の大きさは考えないものとする。

〈岐阜県〉

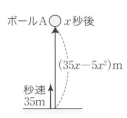

ボールA ○ x 秒後

$(35x-5x^2)$m

秒速35m

正答率68% (1) ボール A の高さは，打ち上げてから 1 秒後に何 m になるかを求めなさい。

（ 　　　　　　　　　　　 ）

正答率61% (2) ボール A の高さが 50m になるのは，打ち上げてから何秒後と何秒後であるかを求めなさい。

（ 　　　　　　　　　　　 ）

(3) 秒速 5m の一定の速さで真上に上昇する風船 B を，地上から放した。その 9 秒後に，秒速 35m でボール A を，風船 B を放した同じ地点から真上に打ち上げた。すると，ボール A は空中で風船 B に当たった。次の文は，ボール A が風船 B に当たったときの高さについて，よし子さんが考察したものである。**ア**には x の 1 次式を，**イ**，**ウ**には数を，それぞれあてはまるように書きなさい。ただし，風船 B の大きさは考えないものとする。

> ボール A を打ち上げてから x 秒後に，ボール A が風船 B に当たったとする。風船 B は秒速 5m の一定の速さで真上に上昇するので，このときの風船 B の高さを，x を使った式で表すと ア m になる。また，このときのボール A の高さは $(35x-5x^2)$m になり，風船 B の高さとボール A の高さが等しいことから，方程式をつくって解くと，$x=$ イ と求めることができる。したがって，ボール A が風船 B に当たったときの高さは ウ m であることがわかる。

正答率ア10%
正答率イ11%
正答率ウ10%

ア（ 　　　　　 ） イ（ 　　　　　 ） ウ（ 　　　　　 ）

HINT
5 直方体の容器の底面積は $(x-8)(x+2-8)$ で計算できる。
6 (1) $x=1$ を代入する。 (2) $35x-5x^2=50$ を解く。

重要度 ★★★

19 関数 $y=ax^2$

ポイント整理

① 2乗に比例する関数

● $y=ax^2$ ➡ y は x の2乗に比例する。$a\,(a\neq0)$ を比例定数という。y は x の2次関数であるともいう。

例　y は x の2乗に比例し，$x=2$ のとき $y=6$ である。y を x の式で表しなさい。

➡ $y=ax^2$ に $x=2$，$y=6$ を代入すると，$6=4a$ ➡ $a=\dfrac{3}{2}$

よって，$y=\dfrac{3}{2}x^2$

② 関数 $y=ax^2$ のグラフ

関数 $y=ax^2$ のグラフは放物線で，原点Oを通り，y 軸に関して対称なグラフとなる。

座標平面上で原点O以外の通る1点を指定すればその点を通る関数 $y=ax^2$ のグラフはただ1通りに決まる。

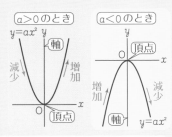

例　関数 $y=ax^2$ のグラフが点 $(-2,\ 8)$ を通っている。このグラフ上で y 座標が24となる x 座標をすべて求めなさい。

➡ $y=ax^2$ のグラフが，点 $(-2,\ 8)$ を通るから，$8=4a \implies a=2$

$y=2x^2$ に $y=24$ を代入すると，

$2x^2=24 \Rightarrow x^2=12 \Rightarrow x=\pm2\sqrt{3}$

③ 変域

● 変域…x のとりうる値の範囲を x の変域といい，それに対応する y のとりうる値の範囲を y の変域という。

$y=ax^2$ の x の変域に0がふくまれるとき，y の最大値または最小値は0となる。

例　$y=2x^2$，$y=-2x^2$ において，x の変域が $-3<x<2$ のとき，y の変域を求めなさい。

 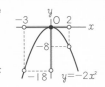

➡ $y=2x^2$ の場合，$0\leqq y<18$，
$y=-2x^2$ の場合，$-18<y\leqq0$

④ 変化の割合

（変化の割合）$=\dfrac{（y\text{ の増加量}）}{（x\text{ の増加量}）}$ で表される。⇒ これはグラフ上の2点を通る直線の傾きのことで，1次関数では比例定数 a に等しい。2乗に比例する関数 $y=ax^2$ においては，とった2点により直線の傾きは異なるので，変化の割合も一定ではない。(→ p.30 参考)

参考

● 2次関数の一般形は，$y=ax^2+bx+c$ $(a\neq0)$ で，$y=ax^2$ は，$b=0$，$c=0$ のときの特別な形をした2次関数である。

参考

● 放物線は双曲線や円とともに円錐曲線と呼ばれる。円錐をある平面で切断したときの交線として現れる曲線である。

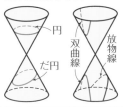

! 注意

● $y=2x^2$ において，x の変域が，$x=0$ をふくまず，たとえば
(i) $-3<x<-1$，
(ii) $2<x<5$ のとき，
y の変域は両端の数を代入して求めればよい。
(i) $2<y<18$
(ii) $8<y<50$　となる。

参考

● $y=ax^2$ において，x の値が，p から q まで増加するときの変化の割合は，

$\dfrac{（y\text{ の増加量}）}{（x\text{ の増加量}）}$

$=\dfrac{aq^2-ap^2}{q-p}$

$=\dfrac{a(q^2-p^2)}{q-p}$

$=\dfrac{a(q+p)(q-p)}{q-p}$

$=a(p+q)$ と表せる。

基本問題

→別冊解答 p.44

1 2乗に比例する関数 　次の問いに答えなさい。

(1) y は x の2乗に比例し，$x=-5$ のとき，$y=10$ である。y を x の式で表しなさい。

(2) y は x の2乗に比例し，$x=2$ のとき，$y=16$ である。$x=-3$ のときの y の値を求めなさい。

2 関数 $y=ax^2$ のグラフ 　右の図のア〜エは，関数 $y=ax^2$ のグラフである。
関数 $y=\dfrac{1}{2}x^2$ のグラフを，右の図のア〜エから選びなさい。

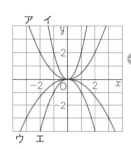

3 変域 　次の問いに答えなさい。

(1) 関数 $y=x^2$ において，x の変域が $-1\leqq x\leqq 4$ のときの y の変域を求めなさい。

(2) 関数 $y=ax^2$ において，x の変域が $-1\leqq x\leqq 6$ のとき，y の変域は $0\leqq y\leqq 12$ である。a の値を求めなさい。

4 変化の割合 　次の問いに答えなさい。

(1) 関数 $y=3x^2$ において，x の値が2から5まで増加するときの変化の割合を求めなさい。

(2) 関数 $y=ax^2$ は，x の値が1から3まで増加するときの変化の割合が6である。この関数について，x の値が3から5まで増加するときの変化の割合を求めなさい。

(3) 関数 $y=2x^2$ について，x の値が a から $a+1$ まで増加するときの変化の割合は10である。a の値を求めなさい。

HINT

👍 大切

● 関数の一般形
① y が x に比例する
　⇒ $y=ax$
② y が x に反比例する
　⇒ $y=\dfrac{a}{x}$
③ y が x の2乗に比例する
　⇒ $y=ax^2$

たとえば $x=2$ のときの y の値は？と具体的に考えてみる。

！注意

● $y=ax^2$ の x の変域に0がふくまれているときは，y の変域の最大値または最小値は必ず $y=0$ になる。

参考

● x の値が p から q まで増加するときの変化の割合は $a(p+q)$ である。
　└ p.82 参考 参照
これは放物線と2点で交わる直線の傾きを表している。

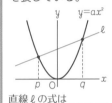

直線 ℓ の式は
$y=a(p+q)x-apq$

1 　2乗に比例する関数のグラフ （5点×2＝10点）

次の問いに答えなさい。　　　　　　　　　　　　　　　　　　　　　〈福井県〉

(1) 関数 $y＝x^2$ について，x の値が 1 から 4 まで増加するときの変化の割合を求めなさい。

（　　　　　　　　　　）

(2) 右の図の a 〜 c は，次のア〜ウで表される 3 つの関数のグラフを，同じ座標軸を使ってかいたものである。

a はどの関数のグラフであるかを，**ア〜ウ**から，1 つ選んで，その記号を書きなさい。

ア $y＝3x^2$　　**イ** $y＝-x^2$　　**ウ** $y＝\dfrac{1}{3}x^2$

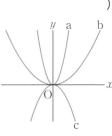

（　　　　　　　　　　）

2 　変域を求める （5点×3＝15点）

右の図において，m は $y＝\dfrac{1}{4}x^2$ のグラフを表す。A は m 上の点であり，その x 座標は -3 である。　　　　　　　　　　　　　　〈大阪府〉

正答率77% (1) A の y 座標を求めなさい。

（　　　　　　　　　　）

正答率47%ア 正答率62%イ (2) 次の文中の ⑦ ，ⓘ に入れるのに適している数をそれぞれ書きなさい。

関数 $y＝\dfrac{1}{4}x^2$ について，x の変域が $-2≦x≦5$ のときの y の変域は ⑦ $≦y≦$ ⓘ である。

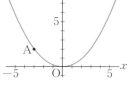

⑦（　　　　　　　）　　ⓘ（　　　　　　　）

3 　比例定数 a を求める （6点）

正答率54% 右の図は，2 つの関数 $y＝ax^2\,(a＞0)$，$y＝-x^2$ のグラフである。それぞれのグラフ上の，x 座標が 2 である点を A，B とする。

AB＝10 となるときの a の値を求めなさい。　　　　　　　　　〈栃木県〉

（　　　　　　　　　　）

4 　放物線と交わる直線の式を求める （6点）

正答率55% 図のように，関数 $y＝x^2$ のグラフ上に，2 点 A，B がある。A，B の x 座標がそれぞれ -3，1 であるとき，2 点 A，B を通る直線の式を求めなさい。　　　　　　　　　　　　　　　　　　　　　〈滋賀県〉

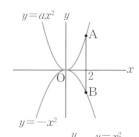

（　　　　　　　　　　）

HINT
----

1 (2) x の 2 乗に比例する関数のグラフは放物線で，比例定数の絶対値が大きいほど開き方が小さい。
3 A$(2,\ 4a)$，B$(2,\ -4)$ である。AB の長さを a を用いて表す。

5 グラフを読みとる （6点×5＝30点）

5つの関数 $y=ax^2$, $y=bx^2$, $y=cx^2$, $y=dx^2$, $y=ex^2$ は，次の条件をみたしている。 〈兵庫県〉

〈条件〉
① 関数 $y=ax^2$ のグラフは点 $(3, 3)$ を通る。
② 関数 $y=bx^2$ のグラフは，x 軸を対称の軸として関数 $y=ax^2$ のグラフと線対称である。
③ 関数 $y=cx^2$ について，x の値が1から3まで増加するときの変化の割合は2である。
④ $c<d$, $e<b$ である。

(1) a の値を求めなさい。　　　　　　（　　　　　　）

(2) b の値を求めなさい。　　　　　　（　　　　　　）

(3) c の値を求めなさい。　　　　　　（　　　　　　）

 (4) 5つの関数のグラフは，図の**ア～カ**のいずれかである。また，

図の**イ**と**エ**，**ウ**と**オ**はそれぞれ x 軸を対称の軸として線対称で

ある。関数 $y=cx^2$ と関数 $y=ex^2$ のグラフを，**ア～カ**からそれぞれ1つ選んで，その記号を

書きなさい。　　　　　　　$y=cx^2$（　　　　　　）　　　$y=ex^2$（　　　　　　）

6 放物線と正方形 （6点×2＝12点）

右の図は，関数 $y=x^2$ のグラフと，関数 $y=ax^2$ のグラフを同じ座標

軸を使ってかいたものである。また，四角形 OACB が正方形とな

るように，2点 A，B を関数 $y=ax^2$ のグラフ上に，点 C を y 軸上

にとる。このとき，点 C の y 座標は正の数とする。 〈山口県〉

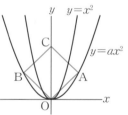

(1) 関数 $y=x^2$ について，x の値が1から3まで増加するときの変化の割合を求めなさい。
　　　　　　　　　　　　　　　　　　　　　　　　（　　　　　　）

(2) 正方形 OACB の面積が18のとき，a の値を求めなさい。
　　　　　　　　　　　　　　　　　　　　　　　　（　　　　　　）

7 放物線と直角二等辺三角形 （7点×3＝21点）

右の図のように，関数 $y=ax^2$（a は正の定数）…①のグラフ上に点 A があ

る。点 A の x 座標は2とする。点 O は原点とする。 〈北海道〉

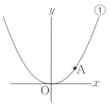

 (1) 点 A の y 座標が4のとき，a の値を求めなさい。
　　　　　　　　　　　　　（　　　　　　）

(2) $a=2$ とする。直線 $y=2x+b$ が点 A を通るとき，b の値を求めなさい。
　　　　　　　　　　　　　（　　　　　　）

(3) 点 A と y 軸について対称な点を B とする。y 軸上に点 C を，y 座標が -1 となるようにと

る。△ABC が直角二等辺三角形となるとき，a の値を求めなさい。

　　　　　　　　　　　　　　　　　　　　　　　　（　　　　　　）

HINT

6 (2) 正方形の2つの対角線は，長さが等しく，それぞれの中点で垂直に交わる。

7 (3) AB の中点を M とすると，AM＝BM＝CM である。

20 相似な図形

重要度 ★★★

学習日　　月　　日

ポイント整理

① 相似な図形

● **相似**…2つの図形P，Qにおいて，**対応する線分の長さの比がすべて等しく，対応する角の大きさがすべて等しい**とき，2つの図形は相似であるといい，記号∽を使って，P∽Qと表す。

例　右の図で，四角形ABCDと四角形
EFGHが相似であるとき，
AB：EF＝BC：FG＝CD：GH
　　　＝DA：HE
∠A＝∠E，∠B＝∠F，∠C＝∠G，
∠D＝∠H が成り立ち，
四角形ABCD∽四角形EFGHと書く。

僕たちも
相似？

② 三角形の相似条件

大切

●2つの三角形は，次のどれかの条件が成り立つとき，相似である。

① 3組の辺の比がすべて
　等しい。

AB：DE＝BC：EF
＝CA：FD＝1：k
　⇒　△ABC∽△DEF

② 2組の辺の比とその間の角
　がそれぞれ等しい。

AB：DE＝BC：EF＝1：k，
∠B＝∠E
　⇒　△ABC∽△DEF

③ 2組の角がそれぞれ
　等しい。

∠B＝∠E，∠C＝∠F
　⇒　△ABC∽△DEF

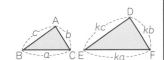
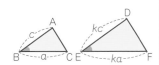
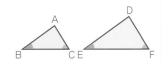

③ 直角三角形の相似

直角三角形の直角の頂点から斜辺に垂線をひくと，相似な直角三角形ができる。

例　右の図で，△ABC∽△DBA∽△DAC
　　　　∽△EBD∽△EDA である。

基本問題

→別冊解答 p.46

HINT

1 相似な図形　下の図の 2 つの四角形は相似である。次の問いに答えなさい。

(1) 2 つの四角形が相似であることを記号を使って表しなさい。

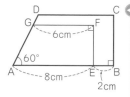

相似記号∽を合同
記号≡と間違えな
いようにしよう。

(2) AG：AD の比を求めなさい。

(3) 辺 DC の長さを求めなさい。

大切

● 相似な図形では，対応する角の大きさは等しい。
● 四角形の内角の和は 360° である。

(4) ∠AGF の大きさを求めなさい。

相似条件のどれにあてはまるか考える。

2 三角形の相似条件　右の図のような △ABC と △DBA があるとき，次の問いに答えなさい。

(1) △ABC∽△DBA を証明しなさい。

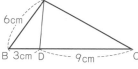

大切

● △ABC∽△DEF のとき，
AB：DE＝BC：EF
└ 頂点は対応順に並べる

(2) 辺 AC の長さは辺 DA の長さの何倍か。

相似比は対応する辺の長さの比である。

(3) 辺 DA の長さが 5cm のとき，辺 AC の長さを求めなさい。

△ABC∽△CBD∽△ACD
∽△DCE∽△ADE です。
この法則でできる三角形は
全部相似なんだよ〜！

3 直角三角形の相似　右の図のような ∠C＝90° の直角三角形 ABC がある。頂点 C から辺 AB に垂線 CD をひき，点 D から辺 AC に垂線 DE をひく。AB＝25，BC＝15，CA＝20 のとき，次の問いに答えなさい。

(1) 線分 CD の長さを求めなさい。

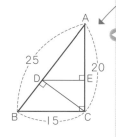

△ABC と相似で，CD を辺にもつ三角形をまず見つける。その中で，CD 以外の辺の長さがわかるものはどれか考える。

(2) AE：EC の比を求めなさい。

(1)は面積を 2 通りの方法で考えても解ける。
$$\frac{BC \times CA}{2} = \frac{AB \times CD}{2}$$

1 相似な図形 (6点×3＝18点)

次の問いに答えなさい。(1)は□にあてはまる数値を入れなさい。

(1) 右の図のように，AB＝AC，∠BAC＝50°の二等辺三角形 ABC が
ある。辺 BC，AC 上にそれぞれ点 D，E をとり，線分 AD，BE の
交点を F とする。∠ADC＝∠AEB のとき，∠AFB の大きさは□°
である。 〈福岡県〉

（ 　　　　　　　 ）

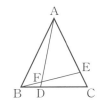

(2) 右の図で，2 つの線分 AD と BC の交点を E とするとき，線分 CD
の長さを求めなさい。 〈岩手県〉

（ 　　　　　　　 ）

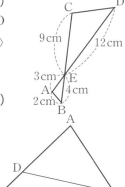

(3) 図で，D は△ABC の辺 AB 上の点で，∠DBC＝∠ACD で
ある。AB＝6cm，AC＝5cm のとき，線分 AD の長さは何
cm か，求めなさい。 〈愛知県〉

（ 　　　　　　　 ）

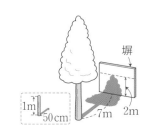

2 相似の利用 (6点)

ある晴れた日に，長さ 1m の棒の影の長さをはかると，50cm であ
った。このとき，近くにある木の影が右の図のように地面と塀に映
っていた。この木の高さを求めなさい。ただし，棒，木，塀は地面
に対して垂直に立っているものとする。 〈石川県〉

（ 　　　　　　　 ）

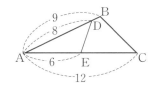

3 相似の証明① (16点)

右の図のように，AB＝9，AC＝12 の △ABC がある。点 D が辺
AB 上に，点 E が辺 AC 上にあり，AD＝8，AE＝6 となっている。
このとき，△ABC∽△AED であることを証明しなさい。 〈岩手県〉

1 (1) ∠ADC＝∠AEB であることを利用して∠AFE の大きさを求める。
2 塀がなければ木の影が全部で何 m になるか考える。
3 「2 組の辺の比とその間の角がそれぞれ等しい」ことを示す。

目標時間 (50)分 | 目標点数 (80)点

／100点

4 **相似の証明②** （16点）

正答率44%
図のように，長方形 ABCD の辺 AD 上に点 P をとり，BQ⊥CP となる線分 CP 上の点を Q とする。このとき，△BCQ∽△CPD を証明しなさい。 〈滋賀県〉

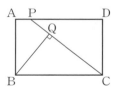

5 **相似の証明③** （(1)10点，(2)12点，計22点）

右の図のような，正方形 ABCD があり，辺 AD 上に，2 点 A，D と異なる点 E をとる。∠BCE の二等分線をひき，辺 AB との交点を F とする。辺 AB を B の方に延長した直線上に DE＝BG となる点 G をとり，線分 GE と線分 CF との交点を H とする。点 E を通り，辺 AB に平行な直線をひき，線分 CF との交点を I とする。
このとき，次の(1)，(2)の問いに答えなさい。 〈香川県〉

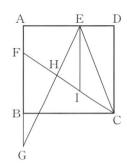

(1) △FGH∽△IEH であることを証明しなさい。

(2) CE＝FG であることを証明しなさい。

6 **相似の証明④** （(1)6点，(2)16点，計22点）

右の図 1 で，△ABC は正三角形である。点 P は，辺 BC 上にある点で，頂点 B，頂点 C のいずれにも一致しない。頂点 A と点 P を結ぶ。点 P から辺 AC にひいた垂線と，辺 AC との交点を Q とする。 〈東京都〉

図1

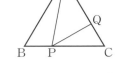

正答率47%
(1) 図 1 において，∠BAP の大きさを $a°$ とするとき，∠APQ の大きさを a を用いた式で表しなさい。

( )

正答率74%
(2) 右の図 2 は，図 1 において，点 P を通り辺 AC に平行な直線をひき，辺 AB との交点を R とし，点 Q と点 R を結び，線分 AP と線分 QR との交点を S とした場合を表している。
△PSR∽△ASQ であることを証明しなさい。

図2

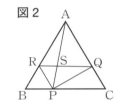

HINT

4，5 (1)，6 (2) 「2 組の角がそれぞれ等しい」ことを示す。
5 (2) 点 C と点 G を結び，△CDE と△CBG の合同を示し，まず，CE＝CG を導く。

中点連結定理は証明問題で威力を発揮する。

21 平行線と比

重要度 ★★★

ポイント整理

① 三角形と線分の比の関係

大切

△ABC の辺 AB 上に点 D，辺 AC 上に
点 E をとる。
① DE∥BC ならば
　AD：AB＝AE：AC＝DE：BC
また，AD：DB＝AE：EC が成り立つ。
② AD：AB＝AE：AC または AD：DB＝AE：EC ならば
　DE∥BC が成り立つ。

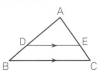

> **参考**
>
> ● 左の三角形と線分の
> 比の関係①は，相似を用
> いて証明できる。
> DE∥BC より同位角は
> 等しい。よって
> 　∠ADE＝∠ABC
> 　∠AED＝∠ACB
> 2 組の角がそれぞれ等し
> いので △ADE∽△ABC
> あとは辺の比をとる。

② 平行線と線分の比の関係

平行な 3 直線 ℓ，m，n と，それと交わる直線 p，q について，次の関係が成り立つ。

大切

平行な 3 直線 ℓ，m，n が直線 p と 3
点 A，B，C でそれぞれ交わり，直線
q と 3 点 A′，B′，C′ でそれぞれ交わ
るとき，以下が成り立つ。
AB：BC＝A′B′：B′C′
AB：AC＝A′B′：A′C′
また　AB：A′B′＝BC：B′C′

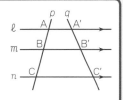

> **確認**
>
> ● 直線 p と直線 q が交
> 差していても，平行線と
> 線分の比の関係は同様に
> 成り立つ。

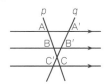

③ 中点連結定理

大切

△ABC の辺 AB，辺 AC の中点をそれぞ
れ M，N とすると，MN∥BC かつ
$MN＝\dfrac{1}{2}BC$ が成り立つ。
これを中点連結定理という。

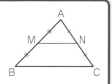

> **確認**
>
> ● △ABC で，辺 AB の
> 中点 M を通り辺 BC に
> 平行な直線をひき，その
> 直線と辺 AC との交点を
> N とすると，N は辺 AC
> の中点である。これを中
> 点連結定理の逆という。

④ 面積比と体積比

大切

相似な立体 A と B があり相似比が
$a：b$ のとき，表面積の比は $a^2：b^2$，
体積比は $a^3：b^3$ となる。
　⇒ $r：r′＝R：R′＝a：b$
　　$S：S′＝a^2：b^2$
　　$V：V′＝a^3：b^3$

円錐A
表面積をS，
体積Vとする
円錐B
表面積を$S′$，
体積$V′$とする

> **参考**
>
> この単元では重要な定理があと 2 つある。
> ● ①角の二等分線の性質　　②重心の性質
>
>
>
> AB：AC＝BD：DC
>
> AG：GL＝BG：GM
> ＝CG：GN＝2：1

基本問題

→別冊解答 p.48

1 三角形と線分の比の関係　次の図において，x の値を求めなさい。ただし，DE∥BC とする。

(1)
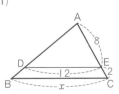

(2)
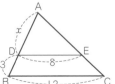

(3)
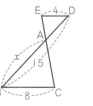

HINT

DE∥BC のとき，
・AD：AB＝AE：AC
＝DE：BC
・AD：DB＝AE：EC
が成り立つ。

2 平行線と線分の比の関係　次の図において，$a∥b∥c$ のとき，x の値を求めなさい。

(1)
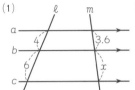

(2)
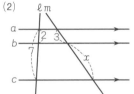

(3)
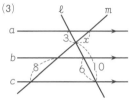

👍 **大切**

● 下の図で A と A′ が重なるように $ℓ$ を平行移動させると，△ABB′∽△ACC′，BB′∥CC′ であるから，平行線と線分の比の関係は三角形と線分の比の関係に一致する。

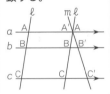

3 中点連結定理　図の △ABC において，AB＝4cm とする。辺 AB，BC，CA の中点をそれぞれ D，E，F とし，△DEF において，辺 DE，EF，FD の中点をそれぞれ P，Q，R とする。このとき，PR の長さを求めなさい。

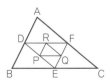

🔍 **参考**

● 角の二等分線の性質の証明

上の図で，角の二等分線は，2 辺からの距離の等しい点の集合であるから，DH＝DI
　△ABD：△ACD
＝$\frac{1}{2}$×AB×DH
　：$\frac{1}{2}$×AC×DI
＝AB：AC
また，
　△ABD：△ACD
＝BD：DC より
AB：AC＝BD：DC

4 面積比と体積比　図の △ABC と △DEF は相似である。AP は ∠A の二等分線，DQ は ∠D の二等分線である。

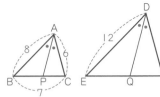

(1) EQ の長さを求めなさい。

(2) △DEQ の面積は △APC の面積の何倍か求めなさい。

(3) △ABC，△DEF をそれぞれ直線 AP，DQ のまわりに 1 回転してできる立体の体積比を求めなさい。

1 **三角形と線分の比** （10点）

正答率22% 右の図で, 線分 AB と線分 CD は平行であり, 線分 AD と線分 BC の
交点を E とする。点 F は線分 CD 上の点であり, 線分 EF と線分 BD
は平行である。

AB＝3cm, BD＝6cm, CD＝5cm であるとき, 線分 EF の長さを求
めなさい。 〈秋田県〉

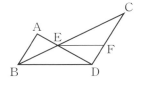

（　　　　　　　　）

2 **平行線と線分の比** （10点）

注意 右の図で, ℓ∥m∥n のとき, x の値を求めなさい。 〈青森県〉

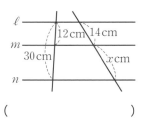

（　　　　　　　　）

3 **台形の線分の比** （10点）

図において, 四角形 ABCD は AD∥BC の台形であり, E, F はそれ
ぞれ辺 AB, CD の中点である。

AD＝7cm, BC＝12cm のとき, EF の長さを求めなさい。 〈島根県〉

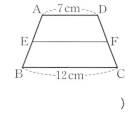

（　　　　　　　　）

4 **中点連結定理の利用** （10点×2＝20点）

図は, △ABC の辺 AB, BC の中点を, それぞれ M, N とし, これ
らを直線で結んだものである。 〈長野県〉

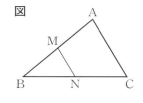

正答率85% (1) ∠A＝80° のとき, ∠BMN の大きさを求めなさい。

（　　　　　　　　）

正答率63% (2) 点 C を通り, 辺 AB に平行な直線をひき, 直線 MN との交点を P とし, 四角形 AMPC を
つくる。

AB＝8cm, AC＝6cm のとき, 四角形 AMPC の周の長さを求めなさい。

（　　　　　　　　）

HINT

3 対角線 AC をひき, 中点連結定理を用いる。

4 (2) 四角形 AMPC はどんな四角形になるか考える。

5 **平行四辺形の線分比と面積比** （10点）

 図のように，平行四辺形 ABCD がある。点 E は辺 CD 上にあり，CE：ED＝1：2 である。線分 AE と線分 BD の交点を F とする。このとき，△DFE の面積は，平行四辺形 ABCD の面積の何倍か，求めなさい。〈秋田県〉

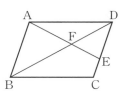

（　　　　　　　　）

6 **正方形の線分比と面積比** （10点×2＝20点）

 図で，四角形 ABCD は正方形であり，E は辺 BC 上の点で，BE：EC＝1：3 である。また，F，G はそれぞれ線分 DB と AE，AC との交点である。AB＝10cm のとき，次の(1)，(2)の問いに答えなさい。〈愛知県〉

(1)　線分 FE の長さは線分 AF の長さの何倍か，求めなさい。

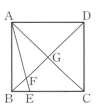

（　　　　　　　　）

(2)　△AFG の面積は何 cm² か，求めなさい。

（　　　　　　　　）

7 **相似な図形の面積比** （10点）

右の図のように，△ABC の 2 辺 AB，AC 上にそれぞれ点 D，E があり，DE∥BC である。BC＝8cm，△ADE と△ABC の面積比が 9：16 のとき，線分 DE の長さを答えなさい。〈新潟県〉

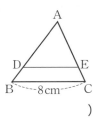

（　　　　　　　　）

8 **相似な立体の体積比** （10点）

深さが 20cm の円錐の形をした容器がある。この容器に 100cm³ の水を入れたところ，右の図のように水面の高さが 10cm になった。あと何 cm³ の水を入れると，この容器はいっぱいになるか，求めなさい。〈和歌山県〉

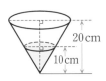

（　　　　　　　　）

 HINT

7　相似な図形 A，B があり，相似比が $a：b$ であるなら，その面積比は $a^2：b^2$ である。
8　相似な立体 A，B があり，相似比が $a：b$ であるなら，その体積比は $a^3：b^3$ である。

22 円の性質

重要度 ★★★

ポイント整理

① 円周角の定理

- **円周角の定理**…1つの弧に対する円周角の大きさは一定であり, その弧に対する中心角の大きさの半分である。
  - ➡ $\angle APB = \angle AQB = \angle ARB$
    $= \dfrac{1}{2}\angle AOB$

- **円周角の定理の逆**…2点 P, Q が直線 AB に対して同じ側にあり, $\angle APB = \angle AQB$ であるならば, 4点 A, B, P, Q は同一円周上にある。

- 半円の弧に対する円周角の大きさは 90° である。
  - ➡ $\angle APB = \angle AQB = \angle ARB$
    $= \dfrac{1}{2}\angle AOB = 90°$

- 弧の長さと円周角(中心角)の大きさは比例する。
  - ➡ $\overset{\frown}{AB} : \overset{\frown}{CD} = 1 : k$ ならば,
    $\angle APB : \angle CQD = 1 : k$

② 円の性質 …次の性質も知っておくと便利である。

- 円に内接する四角形の向かい合った内角の和は 180° である。
  - ⇒ $\angle BAD + \angle BCD$
    $= \angle ABC + \angle ADC = 180°$

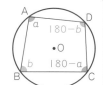

- **接線と弦に関する定理(接弦定理)**…接線と, 接点を通る弦が作る角は, その角の内部にある弧に対する円周角に等しい。
  - ➡ $\angle PTA = \angle ABT$

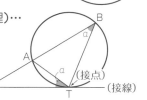

右の図からも上の性質が確認できるよ。

$2\angle a + 2\angle b = 360°$ から
$\angle a + \angle b = 180°$

$\angle a + \angle b = 90°$ から
3つの $\angle a$ は同じ大きさ

参考

△AOP, △BOP はそれぞれ二等辺三角形であるから, $\angle APO = \angle a$, $\angle BPO = \angle b$ とすると
　$\angle APB = \angle a + \angle b$
　$\angle AOB = 2(\angle a + \angle b)$
よって
　$\angle APB = \dfrac{1}{2}\angle AOB$

確認

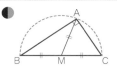

直角三角形の直角の頂点から斜辺の中点にひいた線分の長さは斜辺の長さの $\dfrac{1}{2}$ である。これは点 A が線分 BC を直径とする円周上にあることから証明できる。

「9. 図形の移動と作図」でも述べたけど, 円の性質では次の2つが大切なのよ。

確認

- 円の中心から弦にひいた垂線は弦を2等分する。

- 接点を通る半径は接線と垂直に交わる。

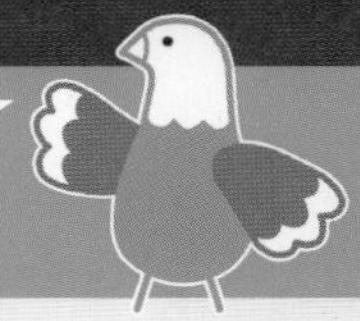

◐ **入試攻略のカギ**

- **円周角は中心角の半分である。**
- **円周角，中心角の大きさは弧の長さと比例することに注意。**

基本問題

→別冊解答 p.50

1 円周角の定理　次の図において，$\angle x$ の大きさを求めなさい。

(1)

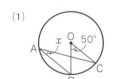

(2)

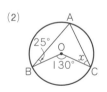

(3)

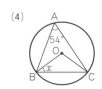

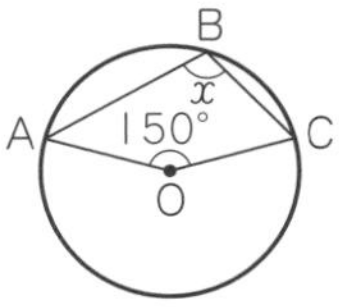

(4)

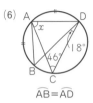

(5)

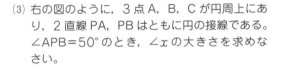

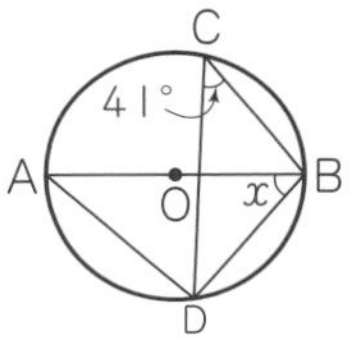

(6)

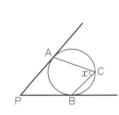

$\overset{\frown}{AB}=\overset{\frown}{AD}$

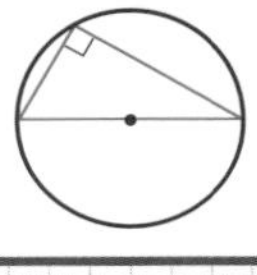

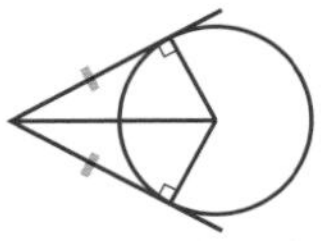

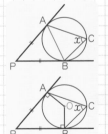

2 円の性質　次の問いに答えなさい。

(1) 右の図において，4 点 A，B，C，D は点 O を中心とする円周上の点である。∠DAC の大きさを求めなさい。

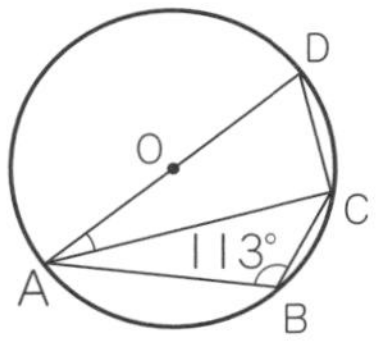

(2) 右の図で四角形 ABCD は円 O に内接している。AB と DC の延長の交点を E，AD と BC の延長の交点を F とする。∠AED＝57°，∠AFB＝41° のとき，∠DAB の大きさを求めなさい。

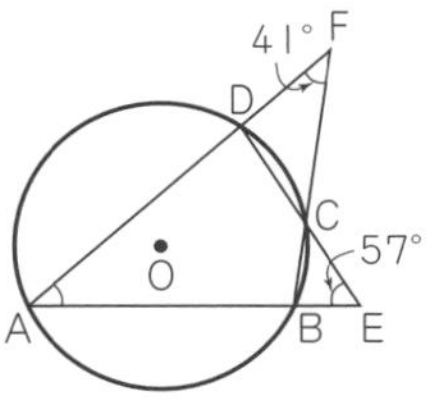

(3) 右の図のように，3 点 A，B，C が円周上にあり，2 直線 PA，PB はともに円の接線である。∠APB＝50° のとき，$\angle x$ の大きさを求めなさい。

HINT

大切

◐ 等しい円周角に対する弧の長さは等しい。
◐ 長さの等しい弧に対する円周角は等しい。

大切

◐ 半円の弧に対する円周角はつねに 90°

(1) 円に内接する四角形の性質により，
∠ABC＋∠ADC
＝180°

(2) ∠DAB＝$\angle x$ とおいて方程式を立てる。

大切

◐ 円外の 1 点から円にひいた，2 本の接線の接点までの距離は等しい。

補助線のひき方はどちらでもよい。

1 **円周角の大きさ** （6点）

図の円において，3点 A，B，C は円周上，点 D は円の外部，点 E は円の内部にそれぞれあるとき，∠x，∠y，∠z の大きさを小さい順に左から並べたものを次のア〜エのうちから選びなさい。〈沖縄県〉

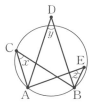

ア ∠y，∠x，∠z 　　　イ ∠y，∠z，∠x

ウ ∠z，∠x，∠y 　　　エ ∠z，∠y，∠x

（　　　　　　　　　）

2 **円周を等分する点** （10点）

正答率74% 右の図で，A，B，C，D，E，F は，円周を6等分する点である。∠x の大きさを求めなさい。〈福島県〉

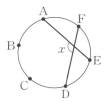

（　　　　　　　　　）

3 **円周角の定理の利用①** （10点）

正答率48% 右の図のように，円 O の円周上に4つの点 A，B，C，D があり，線分 AC は円 O の直径である。∠BOC＝72°，$\overarc{CD}$ の長さが $\overarc{BC}$ の長さの $\frac{4}{3}$ 倍であるとき，∠x の大きさを答えなさい。ただし，$\overarc{BC}$，$\overarc{CD}$ は，いずれも小さいほうの弧とする。〈新潟県〉

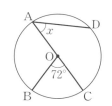

（　　　　　　　　　）

4 **円周角の定理の利用②** （10点）

図で，C，D は AB を直径とする半円 O の周上の点で，CD＝DB である。また，E は線分 DA と CO との交点である。∠EAO＝17°のとき，∠CED の大きさは何度か，求めなさい。〈愛知県〉

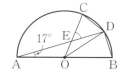

（　　　　　　　　　）

2 $\overarc{DE}$ に対する中心角の大きさは $360°×\frac{1}{6}=60°$ である。

4 ∠COB の大きさが何度であるか考える。

5 円周角の定理の利用 ③ （10点）

図で，A，B，C，D は円周上の点であり，線分 AC は∠BAD の二等分線である。また，E は線分 AC と BD との交点である。
∠DEC＝86°のとき，∠ABC の大きさは何度か，求めなさい。　〈愛知県〉

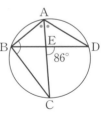

（　　　　　　　　）

6 円と相似の計量 （(1)7点×2，(2)10点，計24点）

差がつく

右の図のように，円 O の周上に 3 点 A，B，C があり，AB＝AC＝4cm，BC＝2cm である。線分 AC 上に，点 D を BC＝BD となるようにとる。2 点 B，D を通る直線と円 O の周との交点のうち，点 B と異なる点を E とする。線分 AB 上に，AE∥FC となるように点 F をとり，線分 BE と線分 CF との交点を G とする。　〈京都府〉

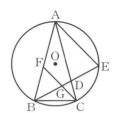

（1）　線分 CD，線分 AE の長さをそれぞれ求めなさい。

（　　　　，　　　　　）

（2）　AE：FG をもっとも簡単な整数の比で表しなさい。

（　　　　　　　　　）

7 円と合同の証明 （15点）

正答率 35%

右の図のように，線分 AB を直径とする円 O の周上に 2 点 C，D をとる。直線 AC と直線 BD の交点を E とし，線分 AD と線分 BC の交点を F とする。AC＝BC のとき，△CAF≡△CBE であることを証明しなさい。　〈鹿児島県〉

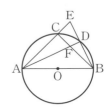

8 おうぎ形と相似の証明 （15点）

正答率 14%

右の図のように，半径 OA，OB と $\overparen{AB}$ で囲まれたおうぎ形があり，∠AOB＝90°である。$\overparen{AB}$ 上に，2 点 C，D を $\overparen{AC}＝\overparen{BD}$ となるようにとる。点 C，D から半径 OA に垂線 CE，DF をそれぞれひく。このとき，△COE≡△ODF であることを証明しなさい。　〈広島県〉

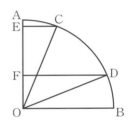

 HINT

5　∠ABC＝∠ABD＋∠CBD　　等しい大きさの角を見つけよう。
8　$\overparen{AC}＝\overparen{BD}$ より等しい弧に対する円周角は等しい。

図形の計量の要。これなくして図形問題は解けない！

重要度 ★★★

三平方の定理

ポイント整理

参考

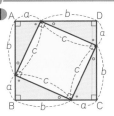

正方形 ABCD の面積を2通りで表すと次の等式ができる。

$$(a+b)^2=\frac{ab}{2}\times 4+c^2$$
$$a^2+2ab+b^2=2ab+c^2$$
よって　$a^2+b^2=c^2$

① 三平方の定理

大切 直角三角形の直角をはさむ2辺の長さを a, b, 斜辺の長さを c とすると,
$a^2+b^2=c^2$ が成り立つ。

② 特別な直角三角形の3辺の比

● **三角定規型**…長さがわかれば角度がわかる直角三角形は2つ。

大切

$45°\Rightarrow 1:1:\sqrt{2}$　$30°, 60°\Rightarrow 1:2:\sqrt{3}$

参考

● 3辺の比が整数の直角三角形は「ピタゴラスの三角形」とよばれ, 実は無数にある。

● **3辺の比が整数の直角三角形**
…3:4:5と5:12:13が図形問題ではよく出てくる。その他にも次のようなものがある。

確認

● 座標平面上での2点間の距離も三平方の定理で求めることができる。$A(x_1, y_1)$, $B(x_2, y_2)$ とすると
$$AB=\sqrt{(x_2-x_1)^2+(y_2-y_1)^2}$$

③ 正三角形への応用
…1辺の長さが a の正三角形の高さと面積は, 三角定規型の直角三角形の3辺の比より求められる。

1辺の長さが a の正三角形の高さ(h)と面積(S)
$$\Rightarrow h=\frac{\sqrt{3}}{2}a,\ S=\frac{1}{2}\times a\times\frac{\sqrt{3}}{2}a=\frac{\sqrt{3}}{4}a^2$$

確認

● 円に関する公式

$$\ell=2\sqrt{r^2-d^2}$$

$$x=\sqrt{a^2-r^2}$$

（PA：接線）

④ 立体図形への応用

● 3辺の長さが a, b, c の直方体の対角線の長さ(ℓ)
$$\Rightarrow \ell=\sqrt{a^2+b^2+c^2}$$

● 1辺の長さが a の正四面体の高さ(h)と体積(V)
$$\Rightarrow h=\frac{\sqrt{6}}{3}a,$$
$$V=\frac{\sqrt{2}}{12}a^3$$

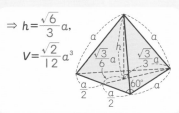

● **入試攻略のカギ** ・よく出る直角三角形の 3 辺の比は覚えておく。
・垂線をひいて，直角三角形を作るセンスをもつ。

基本問題

→別冊解答 p.53

1 三平方の定理 次の図で x の値（あたい）を求めなさい。

(1)

(2)
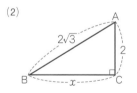

参考

⇒ $a^2+b^2=c^2$
これより
$a=\sqrt{c^2-b^2}$，
$b=\sqrt{c^2-a^2}$，
$c=\sqrt{a^2+b^2}$
とすることができる。

2 特別な直角三角形の 3 辺の比 次の図で x の値を求めなさい。

(1)
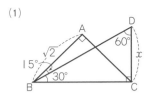

(2)
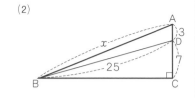

3 正三角形への応用 右の図のように，1 辺の長さが 6cm の正三角形 ABC がある。頂点 A から底辺 BC に垂線 AH をひく。次の問いに答えなさい。

(1) AH の長さを求めなさい。

(2) △ABC の面積を求めなさい。

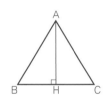

参考

●3 辺の長さがわかっている鋭角三角形の高さの求め方
例

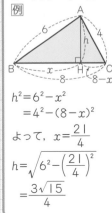

$h^2=6^2-x^2$
$=4^2-(8-x)^2$
よって，$x=\dfrac{21}{4}$
$h=\sqrt{6^2-\left(\dfrac{21}{4}\right)^2}$
$=\dfrac{3\sqrt{15}}{4}$

4 立体図形への応用 右の図のように，AB＝3cm，BC＝4cm，AE＝2cm の直方体 ABCD-EFGH がある。頂点 B と C から対角線 AG にそれぞれ垂線 BP，CQ をひく。

(1) AG の長さを求めなさい。

(2) AP：PQ：QG を求めなさい。

(2) △ABG∽△APB を利用してまずは AP の長さを求める。QG の長さも同様に求める。

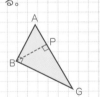

1 **三角形の面積を求める** （10点）

右の図のような，∠ABC＝90° である直角三角形 ABC について，
AB＝5cm，AC＝7cm のとき，△ABC の面積を求めなさい。〈佐賀県〉

( )

2 **回転体の体積を求める** （10点）

^{正答率}40% 右の図のように，∠ACB＝90° の直角三角形 ABC があり，AC＝3cm，
∠ABC＝30° である。この直角三角形 ABC を辺 AC を軸として1回転し
てできる立体の体積を求めなさい。ただし，円周率を π とする。 〈秋田県〉

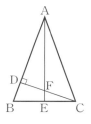

( )

3 **二等辺三角形と三平方の定理** （10点×2＝20点）

図で，△ABC は AB＝AC の二等辺三角形，D は辺 AB 上の点で，
AB⊥DC であり，E は辺 BC の中点である。また，F は線分 DC と AE
との交点である。
AB＝9cm，BC＝6cm のとき，次の(1)，(2)の問いに答えなさい。 〈愛知県〉

(1) 線分 DB の長さは何 cm か，求めなさい。

( )

(2) 四角形 DBEF の面積は何 cm² か，求めなさい。

( )

4 **四角錐の体積を求める** （10点）

^{正答率}27% 右の図のような，底面が正方形で側面がすべて正三角形の正四角錐
ABCDE がある。底面積が72cm² であるとき，この正四角錐の体
積を求めなさい。 〈栃木県〉

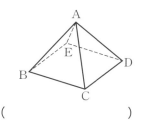

( )

3 (1) △CBD と相似な三角形を見つける。
4 A から底面に垂線 AH をひく。

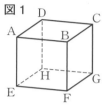

目標時間 30 分 ｜ 目標点数 80 点

／100点

5 **立方体と球の切断** ((1)5点，(2)(3)10点×2，計25点)

右の**図1**のように1辺の長さが6cmの立方体がある。このとき，次の各問いに答えなさい。　　　　　　　　　　　〈鳥取県〉

(1)　線分BDの長さを求めなさい。

（　　　　　　　　　）

(2)　三角錐ABDEの体積を求めなさい。

（　　　　　　　　　）

(3)　右の**図2**のように，この立方体の頂点Aを中心とする半径4cmの球がある。この球を，3点B，D，Eを通る平面で切ったとき，切り口の図形は円になる。この円の半径を求めなさい。

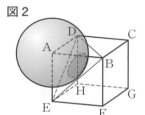

（　　　　　　　　　）

6 **三角錐の切断** ((1)5点，(2)(3)10点×2，計25点)

右の図のように，すべての辺が4cmの正四角錐OABCDがあり，辺OCの中点をQとする。

点Aから辺OBを通って，Qまでひもをかける。このひもがもっとも短くなるときに通過するOB上の点をPとする。

このとき，次の問いに答えなさい。　　　　　　　　　　　〈富山県〉

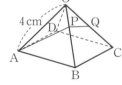

(1)　△OABの面積を求めなさい。

（　　　　　　　　　）

(2)　線分OPの長さを求めなさい。

（　　　　　　　　　）

(3)　正四角錐OABCDを，3点A，C，Pを通る平面で2つに分けたとき，点Bをふくむ立体の体積を求めなさい。

（　　　　　　　　　）

5 (3) 球の半径，Aから面BDEまでの距離，切り口の円の半径を3辺とする直角三角形を作り，三平方の定理を用いる。
6 (2) 立体の表面を通る最短経路は，展開図上では直線となる。

24 標本調査

重要度 ★★★

ポイント整理

① 標本調査

● **全数調査**…対象となる集団全体について調べること。
たとえば，国勢調査，学校で行う身体測定，家畜の全頭調査など。

● **標本調査**…対象となる集団の一部について調べること。
たとえば，世論調査，テレビの視聴率調査，電球の耐久時間検査など。

> だいたいの数がつかめればよいのが標本調査。

② 母集団と標本

● **母集団**…標本調査を行うときの対象となる集団全体のこと。

● **標本**…母集団から取り出した実際に調べるもののこと。

● **標本の大きさ**…標本として取り出したデータの個数。

● **標本平均**…母集団から取り出した標本の平均値。

> 例　全校生徒1835人のA中学校で通学時間を調査した。
> 全校生徒の中から無作為に100人の生徒を選び，通学時間の平均を求めたところ，12分20秒であった。次の問いに答えなさい。
> (1) 母集団を答えなさい。　　⇒　A中学の全校生徒1835人
> (2) 標本の大きさを答えなさい。　⇒　100
> (3) 標本平均を答えなさい。　⇒　12分20秒

③ 比率の推定

● **比率の推定**…ある集団において，標本の中に占めるある性質の割合は，母集団全体に占めるその性質の割合とほぼ等しいと考えることができる。したがって，標本の比率から母集団の比率を推定することができる。

> 例　ある工場では，1日に2000個の製品を作っている。この中から無作為に選んだ50個の製品の中に2個の不良品がふくまれていた。1日におよそ何個の不良品ができると考えられるか。
> $$⇒ 2000×\frac{2}{50}=80　　およそ80個$$

参考

● 全数調査では莫大な時間や費用がかかると考えられるとき，標本調査が行われる。標本の大きさについてはいろいろ研究され，母集団全体の性質が反映されると考えられる大きさが見つもられている。

参考

● 標本の選び方⇒母集団の性質を代表するように，標本をかたよりなく取り出すため，無作為に抽出する。その方法としては，くじびきや乱数表，乱数さいなどを使うこともある。

確認

● 標本調査の流れ

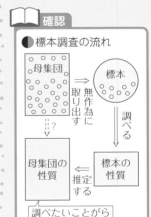

入試攻略のカギ
・使われる用語を正確に理解する。
・割合計算・比例式の扱いに習熟する。

基本問題

→別冊解答 p.55

HINT

1 標本調査　ある集団のもつ傾向や性質を調べるときには，調査する内容の違いによって，全数調査または標本調査を行う。標本調査を行うことがもっとも適しているものを，次のア〜エから１つ選び，その記号を書きなさい。

ア 国勢調査　　イ 修学旅行に参加する生徒の健康調査
ウ 世論調査　　エ ある中学校で行う進路希望の調査

> 全数調査は対象となる集団の全部に対して行う調査であり，標本調査はサンプルとして抜き出した標本に対する調査である。

2 母集団と標本　学生の数が 9300 人の P 大学で，無作為に 450 人を抽出し，ある日の午後 8 時にどのテレビ局の番組を見ていたかについて標本調査を行い，450 人すべてから回答を得た。下の表はその結果である。これについて下の問いに答えなさい。

	A局	B局	C局	その他の局	見ていない	合計
人数(人)	76	135	98	54	87	450

> 母集団，標本といった統計用語をしっかり覚え，何を指しているのか確実に理解すること。

(1) 母集団は何か答えなさい。

(2) 標本は何か答えなさい。

> 母集団とは対象となる集団の全体のことであり，標本とは，母集団から無作為に取り出したサンプルのことである。

(3) 標本中，B局の番組を見ていた学生の比率を分数で答えなさい。

(4) この大学のすべての学生のうち，B局の番組を見ていたのは，およそ何人と考えられるか。十の位を四捨五入して答えなさい。

3 比率の推定　同じ大きさの赤玉と白玉が合わせて 300 個入っている袋から，無作為に 20 個の玉を取り出して，白玉の数を数えると 12 個であった。この袋の中にある白玉は，およそ何個と推測されるか，求めなさい。

> 標本中の白玉の比率は $\dfrac{12}{20}=\dfrac{3}{5}$ であるから，母集団の大きさに比率をかけて白玉の個数を推定する。または，比例式で袋の中の白玉の個数を x とおくと，$300:x=20:12$ が成り立っていると考えて，この比例式を解く。

1 不良品の推定 (12点)

正答率 86%

ある工場で生産した 1000 個の製品の中から 50 個の製品を無作為に抽出して調べたら，不良品が 3 個あった。この工場で生産した 1000 個の製品の中には，およそ何個の不良品がふくまれていると考えられるか求めなさい。 〈山梨県〉

( )

2 生息数の推定 ① (12点)

正答率 50%

ある地域でカモシカの生息数を推定するのに，いろいろな場所で 40 頭のカモシカを捕獲し，その全部に目印をつけてもどした。1 か月後に同じようにして 40 頭のカモシカを捕獲したところ，目印のついたカモシカが 12 頭いた。この地域のカモシカの数を推定し，十の位までの概数で求めなさい。 〈岐阜県〉

( )

3 生息数の推定 ② (12点)

正答率 66%

ある養殖池にいるニジマスの総数を調べるために，次の実験をした。

網ですくうと 50 匹とれ，その全部に印をつけて池にもどした。数日後，再び同じ網ですくうと 48 匹とれ，印のついたニジマスが 6 匹いた。この池にいるニジマスの総数を推測しなさい。 〈鳥取県〉

( )

4 個数の推定 ① (12点)

箱の中に同じ大きさの赤玉と白玉が合わせて 200 個入っている。これらの玉を箱の中でよく混ぜてから 10 個取り出し，白玉の個数を調べた後，すべて箱にもどす。この操作を繰り返し行ったところ，取り出した白玉の個数の平均は 1 回あたり 4 個であった。箱の中に入っていた白玉の個数は，およそ何個と考えられるか，求めなさい。 〈青森県〉

( )

 HINT

2 カモシカの全生息数を x として比例式をつくる。
4 取り出した 10 個中に白玉は平均で 4 個ふくまれていたことから，全部の白玉の数を推測する。

5 個数の推定 ② （12点）

正答率 44%

箱の中に同じ大きさの白玉がたくさん入っている。そこに同じ大きさの黒玉を 100 個入れてよくかき混ぜた後，その中から 34 個の玉を無作為に取り出したところ，黒玉が 4 個入っていた。この結果から，箱の中にはおよそ何個の白玉が入っていると考えられるか，求めなさい。〈青森県〉

（　　　　　　　　　）

6 個数の推定 ③ （12点）

袋の中に，右の図の A のようなジグソーパズルを構成するピースが，たくさん入っている。ピースどうしがばらばらになるように袋の中をよくかき混ぜた後，紙コップでこの袋の中からピースを取り出したところ 75 個あり，すべてに印をつけて袋にもどした。袋の中をよくかき混ぜた後，再び紙コップでピースを取り出したところ今度は 72 個あり，そのうちの 9 個に印がついていた。

この結果から，最初にこの袋の中に入っていたピースの個数は，およそ何個と考えられるか答えなさい。〈宮城県〉

A

（　　　　　　　　　）

7 比率の推定 （14点×2＝28点）

差がつく

次の表は，あるペットボトルのキャップを投げる実験をして，投げた回数，表が出た回数および表が出た割合を表したものである。

〈島根県〉

表　　　表ではない

表	投げた回数	10	20	30	40	50	100	1000	2000	3000
	表が出た回数	4	5	7	8	9	20	224	461	689
	表が出た割合	0.4	0.25	0.23	0.20	0.18	0.20	0.22	0.23	

⑴ このキャップを 3000 回投げたときの表が出た割合を，小数第 3 位を四捨五入して求めなさい。

（　　　　　　　　　）

⑵ このキャップを 10000 回投げたときの表が出る回数はおよそ何回と考えられるか，答えなさい。また，どのようにして求めたか，根拠と式を示して説明しなさい。

HINT

7 3000 回投げたときの表が出た割合は，100 回投げたときの表が出た割合の 0.20 より標本の大きさが大きい分，信頼度が高いといえる。

● **3年・多項式** >>> 16

❶ $(x-4)^2-2(x+3)(x-3)$ を計算しなさい。　　　　　　　　　　　　〈福島県〉

（　　　　　　　　）

❷ $x^2-13x+40$ を因数分解しなさい。　　　　　　　　　　　　　　　〈広島県〉

（　　　　　　　　）

● **3年・平方根** >>> 17

❸ $\dfrac{12}{\sqrt{6}}+\sqrt{42}\div\sqrt{7}$ を計算しなさい。　　　　　　　　　　　〈千葉県〉

（　　　　　　　　）

❹ n を 1 けたの自然数とする。$\sqrt{n+18}$ が整数となるような n の値を求めなさい。　〈鹿児島県〉

（　　　　　　　　）

❺ 右の図のように，正方形 ABCD の内部に 2 つの正方形があり，それぞれ
の面積は $2\,\mathrm{cm}^2$，$4\,\mathrm{cm}^2$ である。正方形 ABCD の面積を求めなさい。

〈青森県〉

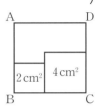

（　　　　　　　　）

● **3年・2次方程式** >>> 18

❻ 2 次方程式 $2x^2-3x-1=0$ を解きなさい。　　　　　　　　　　　〈新潟県〉

（　　　　　　　　）

❼ x についての 2 次方程式 $x^2+ax+2=a$ の 1 つの解が -2 のとき，他の解を求めなさい。

〈千葉県〉

（　　　　　　　　）

● **3年・関数 $y=ax^2$** >>> 19

❽ 関数 $y=ax^2$ で，x の値が 1 から 3 まで増加するときの変化の割合が 2 となった。このとき，a
の値を求めなさい。　　　　　　　　　　　　　　　　　　　　　　　〈埼玉県〉

（　　　　　　　　）

❾ 関数 $y=ax^2$ について，x の変域が $-3\leqq x\leqq 1$ のとき，y の変域は $0\leqq y\leqq 1$ である。このとき，
a の値を求めなさい。　　　　　　　　　　　　　　　　　　　　　　〈滋賀県〉

（　　　　　　　　）

❿ 右の図のように，関数 $y=ax^2$ のグラフ上に，x 座標が -1 となる点 A を
とる。また，x 軸上の，座標が $(1,\ 0)$ となる点を B とする。直線 AB の
切片が 2 のとき，a の値を求めなさい。　　　　　　　　　　　〈宮城県〉

（　　　　　　　　）

これらの問題は「一行問題」とも
いわれ，取りこぼせない問題だよ。
解けない人はもどって練習しよう。

● **3年●相似な図形** >>> **20**

⑪ 右の図で，∠BAC＝∠BED のとき，線分 BC の長さを求めなさい。　〈岩手県〉（　　　　　　　　）

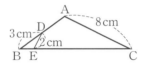

● **3年●平行線と比** >>> **21**

⑫ 右の図のように，直線 ℓ，m，n がそれぞれ平行であるとき，x の値を答えなさい。　〈新潟県〉

（　　　　　　　　）

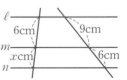

⑬ 相似な 2 つの立体 P，Q があり，その表面積の比は 4：9 である。立体 P の体積が $8cm^3$ のとき，立体 Q の体積を求めなさい。　〈宮城県〉（　　　　　　　　）

● **3年●円の性質** >>> **22**

正答率17% ⑭ 図で，線分 AB は円 O の直径で，2 点 C，D は円 O の周上にあり，BC⊥OD である。また，点 E は 2 直線 AC，BD の交点である。∠OBC＝$a°$ のとき，∠CED の大きさを a を用いて表しなさい。　〈奈良県〉

（　　　　　　　　）

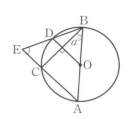

● **3年●三平方の定理** >>> **23**

⑮ 図の直方体で，対角線 AG の長さを求めなさい。　〈島根県〉

（　　　　　　　　）

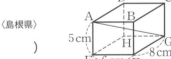

正答率31% ⑯ 右の図のように，△ABC の辺 BC 上に点 D があり，∠CAD＝30°，AD⊥BC である。AB＝3cm，AC＝2cm のとき，辺 BC の長さは何 cm ですか。　〈広島県〉

（　　　　　　　　）

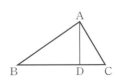

● **3年●標本調査** >>> **24**

正答率77% ⑰ ペットボトルのキャップがたくさん入っている箱から，30 個のキャップを取り出し，すべてに印をつけて箱にもどす。その後，この箱から 30 個のキャップを無作為に抽出したところ，印のついたキャップは 2 個であった。

この箱の中に入っているペットボトルのキャップの個数は，およそ何個と推定できるか答えなさい。　〈福岡県〉（　　　　　　　　）

答え ❶ $-x^2-8x+34$　❷ $(x-5)(x-8)$　❸ $3\sqrt{6}$　❹ $n=7$　❺ $(6+4\sqrt{2})cm^2$　❻ $x=\dfrac{3\pm\sqrt{17}}{4}$

❼ $x=0$　❽ $a=\dfrac{1}{2}$　❾ $a=\dfrac{1}{9}$　❿ $a=4$　⓫ BC＝12cm　⓬ $x=4$　⓭ $27cm^3$　⓮ $\left(45+\dfrac{a}{2}\right)°$

⓯ AG＝$5\sqrt{5}$ cm　⓰ BC＝$(\sqrt{6}+1)$cm　⓱ およそ 450 個

くわしい解説は → 別冊解答 p.56

Step
1

要点をおさえる！

ポイントチェック③　16〜24

25 数の性質

→別冊解答 p.58

学習日　　　　月　　　日

入試攻略のカギ

自然数や奇数，平方数の性質を扱う問題がある。前に例を用いた長めの説明がある場合，その説明をしっかり読むことで解法が見えてくる。ここを読み飛ばすと，思わぬ見落としをすることがある。文字を使っての説明では，文字が自然数なのか，整数なのか定義を正確に与えること。

例題

$\sqrt{1+3+5}=\sqrt{9}=3$ のように，連続する3つの奇数の和の平方根が整数となる場合を見つけるため，Sさんは，次のような方法を考えた。各問いに答えなさい。　　　　〈埼玉県〉

Sさんの考えた方法

> n を整数とすれば，連続する3つの奇数は，$2n-1$，$2n+1$，$2n+3$ と表される。
> この3つの奇数の和は，$(2n-1)+(2n+1)+(2n+3)=6n+3=3(2n+1)$ となる。
> この3つの奇数の和の平方根 $\sqrt{3(2n+1)}$ が整数となるので
> $\quad 3(2n+1)=3^2\times(ある数)^2$ 　　と表される。
> さらに $2n+1$ は奇数なので，（ある数）を小さい数から順に考えると，
> $\quad 3(2n+1)=3^2\times1^2$ 　これを解くと $n=1$ だから，3つの奇数は 1，3，5 となる。
> $\quad 3(2n+1)=3^2\times3^2$ 　これを解くと $n=13$ だから，3つの奇数は 25，27，29 となる。
> $\quad 3(2n+1)=3^2\times5^2$ 　これを解くと $n=$ ア だから，3つの奇数は イ，ウ，エ となる。

(1) ア～エ にあてはまる数を，それぞれ書きなさい。

(2) 連続する5つの奇数の和の平方根も，たとえば $\sqrt{1+3+5+7+9}=\sqrt{25}=5$ のように，整数となる場合がある。$\sqrt{1+3+5+7+9}$ 以外でもっとも小さい連続する5つの奇数を求めなさい。

解答

(1) $3(2n+1)=3^2\times5^2$ より，$2n+1=3\times5^2$　$2n=75-1$　$2n=74$　$n=\mathbf{37}\cdot$ ア 　…答
　　$2n+1=75$ より，3つの連続する奇数は　**73・イ，75・ウ，77・エ**　…答

(2) n を2以上の整数とすれば，連続する5つの奇数は，$2n-3$，$2n-1$，$2n+1$，$2n+3$，$2n+5$ で，これらの和は，$(2n-3)+(2n-1)+(2n+1)+(2n+3)+(2n+5)=10n+5=5(2n+1)$ となる。この5つの奇数の和の平方根 $\sqrt{5(2n+1)}$ が整数となるので，$5(2n+1)=5^2\times(ある数)^2$ と表される。さらに $2n+1$ は奇数なので，（ある数）を小さい数から順に考えると，
　　$5(2n+1)=5^2\times1^2$ 　これを解くと，$2n+1=5$ 　よって，1，3，5，7，9 となる。これは不適。
　　次に小さいのは　$5(2n+1)=5^2\times3^2$ 　これを解くと，$2n+1=5\times3^2=45$ 　$n=22$
　　よって，5つの奇数は，**41，43，45，47，49**　…答

1 次は，A さんが授業中に発表している場面の一部である。これを読んで，下の各問いに答えなさい。

〈21 埼玉県〉

> 次の表は，式 $3x+5$ について，x に 1 から順に自然数を代入したときの $3x+5$ の値を表したものです。
>
> | x | 1 | 2 | 3 | 4 | 5 | 6 | 7 | 8 | 9 | 10 | 11 | … |
> |------|---|----|----|----|----|----|----|----|----|----|----|---|
> | $3x+5$ | 8 | 11 | 14 | 17 | 20 | 23 | 26 | 29 | 32 | 35 | 38 | … |
>
> この表をみて私が気づいたことは，
>
> x に 1，5，9 を代入したときの値が，4 の倍数になっていることです。
>
> 1 も 5 も 9 も，4 で割ると 1 余る自然数であることから，
>
> <u>$3x+5$ の x に，4 で割ると 1 余る自然数を代入すると，$3x+5$ の値は 4 の倍数になる。</u>
>
> と予想しました。

(表現力)▶(1) 下線部の予想が正しいことを証明しなさい。その際，「n を 0 以上の整数とすると，」に続けて書きなさい。

(判断力)▶(2) この発表を聞いて，B さんと C さんはそれぞれ次のような予想をした。
【B さんの予想】，【C さんの予想】の内容が正しいとき，　ア　～　ウ　にあてはまる 1 けたの自然数をそれぞれ書きなさい。

> 【B さんの予想】
> $3x+5$ の x に，　ア　で割ると　イ　余る自然数を代入すると，
> $3x+5$ の値は 7 の倍数になる。

> 【C さんの予想】
> $3x+5$ の x に自然数を代入したときの値を，3 で割ると余りは 2 になり，
> $(3x+5)^2$ の x に自然数を代入したときの値を，3 で割ると余りは　ウ　になる。

　　　　　　ア (　　　　　　) イ (　　　　　　) ウ (　　　　　　)

🍀 解き方ガイド ━━━━━━━━━━━━━━━━━━━━━━━━━━━━━━━━━━

1 (2) ア，イについて，x に 7 で割ると 1 余る数，2 余る数，3 余る数を順に代入し，調べてみる。

26 図形の規則性

→別冊解答 p.58

学習日 　　　月　　　日

正方形や長方形，ひし形，正三角形，円などを規則的に並べてできる図形の周の長さや面積を求める問題は，基本的に数の規則性の問題である。n 番目の図形の周の長さや面積を，n を使って表すことができれば解決する。具体的な数値をいくつか求めて表にするとよい。

例題

右の**図1**のような縦1cm，横2cmの長方形を，次の**図2**のようにすき間なく規則的に並べて，1番目の図形，2番目の図形，3番目の図形，… とする。次に，下の**図3**のように，それぞれの図形の周の長さや面積について調べる。〈京都府〉

(1) 5番目の図形について，周の長さと面積をそれぞれ求めなさい。

(2) 周の長さが166cmとなるのは何番目の図形か求めなさい。また，その図形の面積を求めなさい。

図1

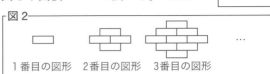

図2

1番目の図形　2番目の図形　3番目の図形

図3

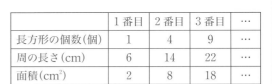

1番目の図形　2番目の図形

たとえば，左のように，1番目の図形については周の長さは6cm，面積は2cm²であり，2番目の図形については周の長さは14cm，面積は8cm²である。

解答

まずは，3番目あたりまでの長さと面積を表にしてみよう。

(1) 3番目の図形の周の長さは22cm，面積は18cm²であるから，右の表のようになる。
周の長さは1番目，2番目，3番目，… と進むにつれて8cmずつ長くなっているから，この規則が続くものと推測できる。

	1番目	2番目	3番目	…
長方形の個数(個)	1	4	9	…
周の長さ(cm)	6	14	22	…
面積(cm²)	2	8	18	…

よって，5番目の図形の周の長さは，$6+8×4=38$(cm)
また，面積は長方形の「個数」の数の2倍であり，長方形の個数は 1^2，2^2，3^2，… と，「番目」の数の平方数となっているから，5番目の面積は，$5^2×2=50$(cm²)

1番目　2番目　3番目　　　　n番目
　6，　　14，　　22，　　　…，□

[答] **周の長さ…38cm，面積…50cm²**

(2) n 番目の図形の周の長さは，$6+(n-1)×8=8n-2$，
面積は，$2n^2$ と表せる。
$8n-2=166$ より，$8n=168$　　　$n=21$　　　$2n^2=2×21^2=882$

[答] **21番目の図形，882cm²**

n番目までに8は$(n-1)$回加える。

1 正方形の形をした合同な白のタイルと黒のタイルを使い□□□の手順で下の図のように模様を作っていく。このとき，次の問いに答えなさい。〈富山県〉

> 手順　ア　白のタイルを1個置いたものを1番目とする。
>
> 　　　イ　白のタイルを頂点が重なるように，縦に2個ずつ2列に置き，白のタイルで囲まれた部分に黒のタイルを置いたものを2番目とする。
>
> 　　　ウ　白のタイルを頂点が重なるように，縦に3個ずつ3列に置き，白のタイルで囲まれたすべての部分に黒のタイルを置いたものを3番目とする。
>
> 　　　エ　以下，このような作業を繰り返して，4番目，5番目，…とする。

(1) 6番目の模様について，白のタイルと黒のタイルの個数をそれぞれ求めなさい。

　（　　　　　　　，　　　　　　　）

(2) n番目の模様について，白のタイルと黒のタイルの個数をそれぞれnを使った式で表しなさい。　（　　　　　，　　　　　）

1番目　2番目　3番目　　4番目

表現力▶(3) それぞれの模様において，タイルの総数は必ず奇数になる。このことを，(2)を利用して証明しなさい。

(4) タイルの総数が181個になるのは，何番目の模様か求めなさい。

　　　　　　　　　　　　　　　　　　（　　　　　　　　　　　　）

2 右のⅠ図のような，直角三角形のタイルAとタイルBが，それぞれたくさんある。いずれのタイルも，直角をはさむ2辺の長さが1cmと2cmである。タイルAとタイルBを，次のⅡ図のように，すき間なく規則的に並べて，1番目の図形，2番目の図形，3番目の図形，…とする。

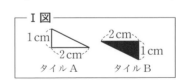

> ─Ⅰ図─
> 1cm　　2cm
> 2cm　　1cm
> タイルA　タイルB

下の表は，それぞれの図形の面積についてまとめたものの一部である。

> ─Ⅱ図─
> 1番目の図形　2番目の図形　3番目の図形　4番目の図形　5番目の図形　　…

	1番目の図形	2番目の図形	3番目の図形	…
面積(cm^2)	1	2	4	…

このとき，次の(1)，(2)に答えなさい。〈京都府〉

(1) 7番目の図形と16番目の図形の面積をそれぞれ求めなさい。

　　　　　　　　　　　　　　（　　　　　　，　　　　　　）

思考力▶(2) nを偶数とするとき，n番目の図形と$(2n+1)$番目の図形の面積の差が$331cm^2$となるようなnを求めなさい。　　　　　　（　　　　　　）

Step 2

総合力をつける！

26 図形の規則性

27 水中に沈めた物体

→別冊解答 p.59

学習日 　月　　日

入試攻略のカギ

物体を水中に沈めると水面の位置が上昇する。どの部分の体積とどの部分の体積が一致するのかを考える。沈めた状態は，正面から見たようすでイメージするとわかりやすい。図解し，どの部分の体積なのかを正確に見きわめることが大切である。情報をきちんと整理すること。

例題

2つの大きさの違う水そうA，Bがある。水そうAは縦15cm，横20cm，高さ30cmの直方体で，底から15cmの高さまで水が入っている。水そうBは縦10cm，横10cm，高さ12cmの直方体で，水は入っていない。なお，水そうの厚みや表面張力は考えないものとする。 〈滋賀県〉

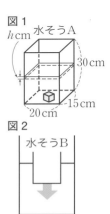

図1

(1) 図1のように，水そうAに体積Vcm³の鉄を沈めると，水面の高さが$h$cm増えた。体積Vをhを使って表しなさい。

(2) 水そうBを水そうAの中に入れ，水そうBの底を水面に接した状態から，図2のように，2つの水そうの底との距離が毎秒1cmの速さで近づくように沈めていく。このとき，3秒後の水そうAの水面の高さを求めなさい。

また，水そうAの水面の高さが最大となるのは，水そうBが沈み始めてから何秒後か，求めなさい。

図2

解答

(1) 増えた水の体積は，底面積が$15 \times 20 = 300$(cm²)，高さが$h$cmの直方体として表せる。この体積が沈められた鉄の体積と一致するので　$V = 300 \times h$　　　よって，$\boldsymbol{V = 300h}$ …答

(2) 水そうAのはじめの水面の位置から3cm沈んだ部分までの体積(部分)は水そうAの底面積(300cm²)から水そうBの底面積($10 \times 10 = 100$(cm²))を除いた高さ$h$cmの水の部分の体積(　部分)に一致するから，$200 \times h = 100 \times 3$より，$h = 1.5$　　　よって，3秒後の水そうAの水面の高さは，

$15 + 1.5 = \boldsymbol{16.5}$(cm) …答

次に，水そうAの水面の高さが最大となるのは，水そうBのふちまで水面が上昇したときで，これが$x$cm沈めたときであるとすると，上がった水面の高さは，$(12 - x)$cm同様にして，$200(12 - x) = 100x$

$2(12 - x) = x$　　$3x = 24$　　$x = 8$

よって，8cm沈めたときだから**8秒後** …答

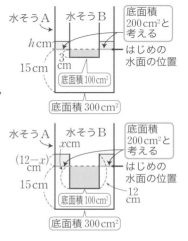

1 高さが等しい2つの直方体A, Bがある。直方体Aの底面は1
辺5cmの正方形で, 直方体Bの底面は1辺10cmの正方形である。
図1のような直方体A, Bを合わせた立体物を, **図2**のような底
面が1辺15cmの正方形である水の入った直方体の水そうに沈
め, 水面の変化を調べた。次の問いに答えなさい。ただし, 立体
物は水に浮くことはなく, 水そうの厚さは考えないものとする。
また, **図3**の⑦〜⓪は, 水そうに立体物を入れたときのようすを
正面から見た図である。

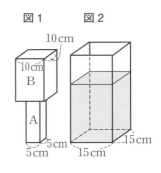

図1　図2

〈兵庫県〉

(1) **図3**の⑦の水そうに, **図3**の①の
ように立体物を沈めると, 水面が
7cm上がり, 水の深さと立体物の
高さがちょうど同じになった。立
体物の体積は何cm³か, 求めなさ
い。

図3　水そうの正面図

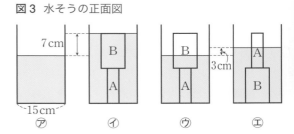

（　　　　　　　　　　　　　　）

(2) **図3**の①の状態のとき, 水の深さは何cmか, 求めなさい。

（　　　　　　　　　　　　　　）

思考力▶(3) **図3**の①の状態のとき, 誤って水を少しこぼしてしまったため, **図3**の⓪のようになった。
そこで, こぼした水の体積を調べるため, **図3**の⓪のように立体物をひっくり返して入れな
おしたところ, **図3**の⓪より水面が3cm上がった。こぼした水の体積は何cm³か, 求めな
さい。

（　　　　　　　　　　　　　　）

1 (3) ⓪と⓪の図で, こぼした部分の体積が等しいことに着目する。

Step 2 総合力をつける！

27 水中に沈めた物体

28 文章問題の解読

→別冊解答 p.59

学習日　　　　月　　　日

 入 試 攻 略 の カ ギ

方程式の応用で多く見られる，長い文章を読んで問いに答える問題では，図をかいたり，メモを取ったりして，出てくる様々な数値をきちんと整理することが大切である。また，未知数を文字でおくとき，何を x，何を y とおいたのか忘れずに書き残しておくこともミスをしないための重要な工夫である。

例題

あるクラスでは，ボランティア活動として，クラス内で募金をした。集まったお金はすべて硬貨で，1円硬貨，5円硬貨，10円硬貨，50円硬貨，100円硬貨のいずれかであった。集まった硬貨の枚数は全部で100枚，総額は1864円であった。1円硬貨の枚数と5円硬貨の枚数は，いずれも50円硬貨の枚数の2倍で，10円硬貨の枚数は，100円硬貨の枚数の4倍であった。このとき，50円硬貨の枚数と100円硬貨の枚数をそれぞれ求めなさい。

〈岡山朝日高〉

解答

50円硬貨の枚数を x 枚，100円硬貨の枚数を y 枚とおく。
文章の内容を整理すると，右下の表のようになる。

枚数の式より
$$2x+2x+4y+x+y=100$$
整理して
$$5x+5y=100$$
よって，$x+y=20$ …①
金額の式より
$$2x+10x+40y+50x+100y=1864$$
整理して
$$62x+140y=1864$$
よって，$31x+70y=932$ …②

② − ①×31 より
$$
\begin{array}{r}
31x+70y=932 \\
-)\ \ 31x+31y=620 \\
\hline
39y=312 \\
y=8
\end{array}
$$

$y=8$ を①に代入して　$x+8=20$　よって，$x=12$

 求めるものを x，y とおいて，枚数の式と金額の式をつくろう。

硬貨(円)	枚数(枚)	金額(円)
1	$2x$	$1 \times 2x = 2x$
5	$2x$	$5 \times 2x = 10x$
10	$4y$	$10 \times 4y = 40y$
50	x	$50 \times x = 50x$
100	y	$100 \times y = 100y$
合計	100	1864

答 50円硬貨…12枚，100円硬貨…8枚

表現力▶ 1 　ある中学校では，学校から排出されるごみを，可燃ごみとプラスチックごみに分別している。この中学校の美化委員会が，5月と6月における，可燃ごみとプラスチックごみの排出量をそれぞれ調査した。可燃ごみの排出量については，6月は5月より33kg減少しており，プラスチックごみの排出量については，6月は5月より18kg増加していた。可燃ごみとプラスチックごみを合わせた排出量については，6月は5月より5%減少していた。また，6月の可燃ごみの排出量は，6月のプラスチックごみの排出量の4倍であった。

　このとき，6月の可燃ごみの排出量と，6月のプラスチックごみの排出量は，それぞれ何kgであったか。方程式をつくり，計算の過程を書き，答えを求めなさい。　　　　　〈静岡県〉

Step 2 総合力をつける！ 28 文章問題の解読

（　　　　　，　　　　　）

2 　あるキャンプ場では，テントと寝袋を貸し出しており，1泊分の貸し出し料金は右の表のように設定されている。

　このキャンプ場を2つの団体A，Bが利用し，それぞれの団体に所属する全員が，貸し出しているテントと寝袋を使うものとする。次の(1)，(2)に答えなさい。　　〈山口県〉

貸し出し料金(1泊分)	
6人用テント(1張り)	1500円
4人用テント(1張り)	1200円
1人用寝袋(1つ)	600円

(1) 団体Aは男子15人からなり，このキャンプ場に1泊する。6人用テントをすべて6人以下で，4人用テントをすべて4人以下で使うものとするとき，テントの貸し出し料金の合計をもっとも安くするためには，6人用テントと4人用テントをそれぞれ何張り借りるとよいか。答えなさい。

（　　　　　　　　　　）

(2) 団体Bは，男子と女子からなり，このキャンプ場に1泊する。男子は6人用テントを，女子は4人用テントを借りたところ，6人用テントをすべて6人で，4人用テントをすべて4人で使うことができ，借りたテントは合わせて8張りであった。また，テントと寝袋の貸し出し料金の合計は33300円であった。

　このとき，団体Bの男子の人数をx人，女子の人数をy人として連立方程式をつくり，団体Bの男子の人数，女子の人数をそれぞれ求めなさい。

（　　　　　，　　　　　）

解き方ガイド

1 5月の可燃ごみの排出量を$x$kg，5月のプラスチックごみの排出量を$y$kgとする。求めるものは6月の可燃ごみの排出量と6月のプラスチックごみの排出量であることに注意する。

2 (1) 15人を収容する借り方は，6人用だけか，4人用だけか，6人用と4人用をいくつかずつかのいずれかである。

29 不連続なグラフ

→別冊解答 p.60

学習日 　　月　　日

→別冊解答 p.60

入試攻略のカギ

運送にかかる料金や，一定時間内は一律の料金など，不連続な階段状の平行線のグラフになる関数の問題がある。正確にグラフを読みとることが重要であるが，文章が長くなると読み間違いなどもしやすくなるから，問題文にアンダーラインをひいたり，メモを取ったりして，ミスを防ぐことが大切である。

例題

ある駐車場の駐車料金は，60 分以内が 300 円で，その後 30 分ごとに 100 円ずつ加算されていく。右の**表**は，この駐車場に，連続して x 分駐車したときの駐車料金を y 円としてまとめた表の一部であり，次の**図**は，x と y の関係をグラフに表したものの一部である。このとき，次の各問いに答えなさい。

〈三重県〉

表

駐車時間 x（分）	駐車料金 y（円）
$0 < x \leqq 60$	300
$60 < x \leqq 90$	400
$90 < x \leqq 120$	500
$120 < x \leqq 150$	600
⋮	⋮

(1) この駐車場に，連続して 70 分駐車したときの駐車料金を求めなさい。

(2) この駐車場では，900 円で最大何分駐車できるか，求めなさい。

(3) この 2 つの変数 x，y の関係について，次の**ア**，**イ**の中から正しいものを 1 つ選びなさい。また，それが正しいことの理由を書きなさい。

　　ア x は y の関数である。

　　イ y は x の関数である。

図

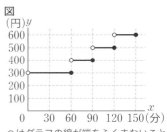

○はグラフの線が端をふくまないことを表し，
●はグラフの線が端をふくむことを表す。

解答

(1) $60 < 70 \leqq 90$ であるから，表より，**400 円** …答

(2) グラフの続きをかくと，右のようになる。900 円で駐車できる最大の時間は 240 分である。　答　**240 分**

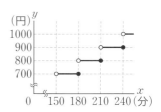

(3) この問題のように，x の値を 1 つ決めたとき，それにともなって y の値がただ 1 つ対応するとき，y は x の関数であるという。複数の x の値に対して，同一の y の値が対応してもかまわない。一方，y の値を 1 つ決めても，それに対応する x の値が 1 つに決まらないので，x は y の関数ではない。

答　**イ**　（理由）x の値を 1 つ決めたとき，それにともなって y の値がただ 1 つ対応しているので。

1 下のグラフと表は，A 社と B 社について，荷物を送るときの荷物の重さと料金の関係をそれぞれ表したものである。重さが 15kg 以下の荷物を送るとき，次の問いに答えなさい。なお，A 社の料金のグラフでは，端の点をふくむ場合は ●，ふくまない場合は ○ を使って表している。〈富山県〉

(1) A 社について，荷物の重さを x kg，料金を y 円とするとき，y は x の関数といえるか。次のア，イから適切なものを選び，記号で答えなさい。また，そのように判断したわけを答えなさい。

ア 関数といえる

イ 関数といえない

（　　，　　　　　　　　　　　　　　　　　　　　　　　　　）

A社の料金表グラフ

B 社の料金表

荷物の重さ	料金
0kg より重く 10kg 以下	1000 円
10kg より重く 15kg 以下	1500 円

思考力▶ (2) 次の文は，A 社と B 社の料金について述べたものである。ア，イにあてはまる数をそれぞれ答えなさい。　ア（　　　　　）イ（　　　　　）

> B 社の料金の方が A 社の料金よりも安くなるのは，荷物の重さが □ア□ kg より重く，□イ□ kg 以下のときである。

2 図は，ある鉄道の路線における A 駅から E 駅までの各駅の間の距離を表したものである。また，グラフは，この路線の乗車距離と大人の片道運賃の関係を表したものである。ただし，子どもの運賃は，大人の運賃の半額である。(1)〜(3)に答えなさい。　〈徳島県〉

図 A駅 B駅 ── C駅 ──── D駅 ─── E駅
3.3km 7.0km 12.4km 8.5km

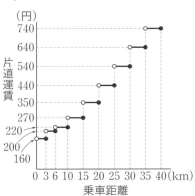

(1) 大人 5 人が B 駅から C 駅まで乗ったときの片道運賃の合計金額を求めなさい。

（　　　　　　　　　　　）

(2) A 駅で大人 8 人が列車に乗った。そのうち，x 人が C 駅で降り，残りの y 人が E 駅で降りた。この 8 人の片道運賃の合計金額は 3270 円であった。

(a) x，y についての連立方程式をつくりなさい。

（　　　　　　　　　　　　　　　）

(b) A 駅から C 駅まで乗った大人の人数を求めなさい。

（　　　　　　　　　　　　　　　）

(3) 大人 9 人と子ども 6 人のグループ全員が，1 人 1 枚ずつの片道の乗車券を購入し，A 駅から E 駅方面に向かう列車に，ある駅で乗り，別の駅で降りた。このときの片道運賃の合計金額が 6480 円であった。このグループは，どの駅で乗り，どの駅で降りたか，それぞれ A〜E で答えなさい。

（　　　　　　　　　　　　　　　）

30 点の移動に関する問題

→別冊解答 p.61

学習日　　　月　　　日

入試攻略のカギ

点の移動にともなって形や大きさの変わる図形の面積や体積を，x と y を用いて関数で表すと，１次関数，または２乗に比例する関数，あるいは定数になる。点の動く辺が変わるごとに変域を求め，関数の式を求める。このとき，こまめに図解し，形を正確に見きわめることが大切である。ふつう，グラフは曲線もふくんだ折れ線になる。

例題

図は，$AC=4cm$，$AD=3cm$，底面 DEF の面積が $9cm^2$ の三角柱である。ただし，底面 DEF の内角はすべて鋭角とする。

点 P が毎秒 1cm の速さで，D から F まで D→A→C→F の順に，辺 DA，AC，CF 上を動く。点 P が D を動き始めてから x 秒後の三角錐 PDEF の体積を $y\,cm^3$ として，P が D から F まで動いたときの x と y の関係を右のグラフに表しなさい。　　〈石川県〉

解答

x 秒後に点 P が点 D から移動した距離は $1\times x=x$(cm)である。←速さ×時間＝距離

(ⅰ) 点 P が辺 DA 上にあるとき，$0\leqq x\leqq3$

$y=\dfrac{1}{3}\times9\times x$ より，$y=3x$

(ⅱ) 点 P が辺 AC 上にあるとき，$3\leqq x\leqq7$

$y=\dfrac{1}{3}\times9\times3$ より，$y=9$

(ⅲ) 点 P が辺 CF 上あるとき，$7\leqq x\leqq10$

DA＋AC＋CP＝x，DA＋AC＋CF＝10

であるから，PF＝$10-x$

$y=\dfrac{1}{3}\times9\times(10-x)$ より，$y=30-3x$

以上より

$\begin{cases} y=3x\ (0\leqq x\leqq3) \\ y=9\ (3\leqq x\leqq7) \\ y=30-3x\ (7\leqq x\leqq10) \end{cases}$

グラフに表すと右のようになる。

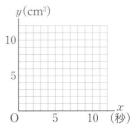

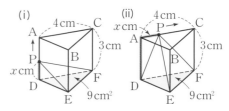

底面積が一定なので高さがどう変わるかに着目するのが肝心！

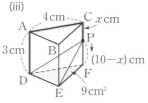

答

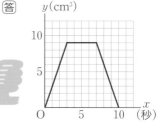

118

1 右の図のように，AB＝4cm，AD＝8cm の長方形 ABCD がある。2 点 P，Q は点 A を同時に出発する。点 P は辺 AB，BC，CD 上を秒速 1cm で点 D まで動き，停止する。点 Q は辺 AD 上を秒速 2cm で点 D まで動き，停止する。次の(1)，(2)の問いに答えなさい。〈茨城県〉

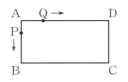

(1) 2 点 P，Q が点 A を出発してから，3 秒後の線分 PQ の長さを求めなさい。

（　　　　　　　　　　　　）

(2) △APQ の面積が長方形 ABCD の面積の $\frac{1}{4}$ になるのは，2 点 P，Q が点 A を出発してから，何秒後と何秒後か求めなさい。

（　　　　　　　　　　　　）

2 右の図のような，AB＝BC＝5cm，CD＝2cm，DA＝4cm，∠A＝∠D＝90° の台形 ABCD がある。

点 P は点 A を出発して，辺 AB 上を毎秒 1cm の速さで動き，点 B に到着すると止まる。また，点 Q は点 A を出発して，辺 AD，DC，CB 上を順に毎秒 1cm の速さで動き，点 B に到着すると止まる。

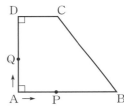

2 点 P，Q が点 A を同時に出発してから x 秒後の△APQ の面積を y cm^2 とするとき，次の各問いに答えなさい。　〈21 埼玉県〉

(1) 点 Q が点 D に到着するまでの x と y の関係を式で表しなさい。また，そのときの x の変域を求めなさい。

（　　　　　　　，　　　　　　　）

思考力▶ (2) △APQ と△AQC の面積比が 3：1 になるときの x の値をすべて求めなさい。

（　　　　　　　　　　　　）

表現力▶ (3) △APQ の面積が台形 ABCD の面積の半分になるときの x の値を，途中の説明も書いてすべて求めなさい。

（　　　　　　　　　　　　）

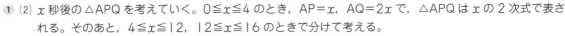

解き方ガイド

1 (2) x 秒後の△APQ を考えていく。$0≦x≦4$ のとき，AP＝x，AQ＝$2x$ で，△APQ は x の 2 次式で表される。そのあと，$4≦x≦12$，$12≦x≦16$ のときで分けて考える。

2 (2) 点 P と点 Q の動き方に着目すると，点 P が辺 AB 上，点 Q が辺 DC 上にあるとき，△APQ と△AQC は高さが共通になる。

31 図形の移動に関する問題

→別冊解答 p.62

学習日　　　　　月　　　　日

入試攻略のカギ

2つの図形のうち，片方が移動しつつもう片方と重なるとき，移動を開始してからの時間を x，面積を y として y を x の式で表す問題は，「点の移動」とともに頻出だ。重なった図形の形が変わるところで変域を分け，それぞれ x と y の関係式を求めるのが定石である。

例題

下の図のように，AB＝4cm，BC＝6cm の長方形 ABCD と，EF＝4cm，∠EFG＝90°の直角二等辺三角形 EFG がある。辺 BC と辺 FG は直線 ℓ 上にあり，2つの頂点 B と G は重なっている。いま，この状態から，長方形 ABCD を固定し，直角二等辺三角形 EFG を直線 ℓ に沿って，頂点 C を通過するように，矢印の向きに毎秒 1cm の速さで動かす。直角二等辺三角形 EFG を動かし始めてから x 秒後に，長方形 ABCD と直角二等辺三角形 EFG が重なる部分の面積を $y\,\text{cm}^2$ とする。このとき，(1)～(3)の問いに答えなさい。ただし，長方形 ABCD と直角二等辺三角形 EFG と直線 ℓ は同じ平面上にあるものとし，$x=0$ のとき，$y=0$ とする。〈高知県〉

(1) 頂点 F が辺 BC 上にあるとき，x の変域を求めなさい。

(2) $x=3$ のときの y の値を求めなさい。

(3) $y=\dfrac{15}{2}$ となる x の値をすべて求めなさい。

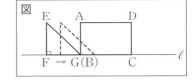
図

解答

(1) 毎秒 1cm で動くので，頂点 F が点 B に重なるのは，$4\div1=4$（秒後）
　　頂点 F が点 C に重なるのは，$(6+4)\div1=10$（秒後）　【答】 $4\leqq x\leqq10$

(2) 等しい辺が 3cm の直角二等辺三角形より，$y=\dfrac{1}{2}\times3\times3=\dfrac{9}{2}$　…【答】

(3) (i) $0\leqq x\leqq4$ のとき，$y=\dfrac{1}{2}\times x\times x$ より，$y=\dfrac{1}{2}x^2$　…①

　　(ii) $4\leqq x\leqq6$ のとき，$y=\dfrac{1}{2}\times4\times4$ より，$y=8$

　　(iii) $6\leqq x\leqq10$ のとき，$y=\dfrac{1}{2}\times4\times4-\dfrac{1}{2}\times(x-6)^2$ より，

　　　　$y=8-\dfrac{1}{2}(x-6)^2$　…②

　　(iv) $x\geqq10$ のとき，$y=0$

　　①において $y=\dfrac{15}{2}$ となるのは，$\dfrac{15}{2}=\dfrac{1}{2}x^2$　　$x^2=15$

　　　　$0\leqq x\leqq4$ より，$x=\sqrt{15}$

　　②において $y=\dfrac{15}{2}$ となるのは，$\dfrac{15}{2}=8-\dfrac{1}{2}(x-6)^2$

　　　　$\dfrac{1}{2}(x-6)^2=\dfrac{1}{2}$　　　$(x-6)^2=1$

　　　　$x-6=\pm1$ より，$x=7,\ 5$　　$6\leqq x\leqq10$ より，$x=7$

　　したがって，$\boldsymbol{x=\sqrt{15},\ 7}$　…【答】

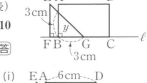
(i)

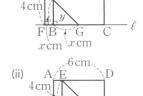
(ii)

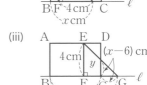
(iii)

1 図1のように，AB＝6cm，AD＝3cmの長方形ABCDと，PQ＝4cm，QR＝6cm，
∠PQR＝90°の直角三角形PQRがある。また，辺BCと辺QRは直線ℓ上にあり，点Bと点
Rは重なっている。

長方形ABCDを固定し，図2のように，△PQRを毎秒1cmの速さで，直線ℓに沿って，矢
印の方向に平行移動させ，図3のように，点Qが点Cに重なったら移動をやめる。

△PQRと長方形ABCDの重な
っている部分をSとし，△PQR
が移動し始めてからx秒後のSの
面積を$y$cm²とする。　〈山口県〉

 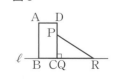

(1) $x＝3$のときのyの値を求め
なさい。

(　　　　　　　　　　)

(2) $3≦x≦6$のとき，yをxの式で表しなさい。

(　　　　　　　　　　)

思考力▶(3) 点Qが辺BC上を移動しているとき，長方形ABCDからSを除いた部分の面積が14cm²
となるのは，△PQRが移動し始めてから何秒後か，求めなさい。

(　　　　　　　　　　)

2 図1のように，平面上で，PQ＝6cmの長方形PQRSを固定し，1辺の長さが6cmの正三角
形ABCを，直線ℓに沿って矢印（➡）の方向に一定の速さで動かす。

図2は，△ABCを動かしている途中のようすを表しており，斜線部分は，△ABCと長方形
PQRSの重なった部分の図形を表している。

点Cが点Qの位置にきたときから4秒後には，
点Cは点Rの位置にある。このときの△ABCと
長方形PQRSの重なった部分の図形の面積は
$2\sqrt{3}$cm²である。

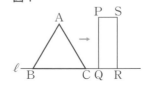

次の(1)～(3)の□□□の中にあてはまるもっとも簡単な数または式を記入しなさい。ただし，根
号を使う場合は√の中をもっとも小さい整数にすること。　〈福岡県〉

(1) 辺QRの長さは□□□□cmである。

(2) 点Cが点Qの位置にきたときからx秒後の△ABCと長方形PQRSの重なった部分の図形
の面積を$y$cm²とする。xの変域が$0≦x≦4$のとき，yをxの式で表すと
$y=$□□□□（$0≦x≦4$）である。

思考力▶(3) △ABCと長方形PQRSの重なった部分の図形の面積が，△ABCの面積の半分になるのは，
点Cが点Qの位置にきたときから□□□□秒後と□□□□秒後である。

📖**解き方ガイド** ——————————————————

1 重なった部分の図形は直角三角形→台形となる。台形は，はじめは高さが一定，のちには下底が一定になる
ことに注意する。

2 鋭角が30°と60°の直角三角形で，もっとも短い辺がQRで高さが$\sqrt{3}$QRのとき，その面積が$2\sqrt{3}$cm²
となることから，QRの長さ，図形の移動する速さが求められる。

学習日　　　月　　　日

入試攻略のカギ

座標平面上で複数の直線が作る図形を中心とした問題では，1次関数の知識と図形の知識の両方を使って攻略しなければならないものが多い。座標を文字で表したり，図形の面積を等積変形して求めたりと，ちょっとしたテクニックが要求される。しっかりワザをみがいておこう。

例題

正答率 72%

下の①〜④はそれぞれ，直線 $y=-3x$，$y=3x$ と点 $(0, 3)$ を通る直線 ℓ が，それぞれ点 A，B で交わっている図である。①〜④の中で，△AOB の面積がもっとも大きいものはどれですか。その番号を書きなさい。

〈広島県〉

  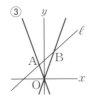 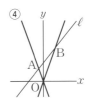

解答

直線 ℓ と y 軸との交点を C とする。題意より，C$(0, 3)$ である。

x 軸に対して

A からは垂線 AA′ を，B からは垂線 BB′ をひくと，

　　△AOC＝△A′OC，△BOC＝△B′OC となる。

よって，△AOB＝△AOC＋△BOC＝△A′OC＋△B′OC＝△A′CB′

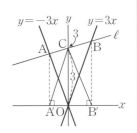

また，△A′CB′＝$\frac{1}{2}×$A′B′$×$OC で，OC＝3 であるから

△A′CB′＝$\frac{3}{2}×$A′B′　したがって，A の x 座標と B の x 座標との差が

大きいほど △A′CB′ の面積は大きくなる。　　よって　答　④

いろいろな図をかいて見当をつけてみよう！

補足　くわしい説明は以下の通り。

直線 ℓ：$y=ax+3$ とおく。ここで，与えられた図より，$0 \leqq a < 3$ である。

$\begin{cases} y=-3x \\ y=ax+3 \end{cases}$ を解いて，$-3x=ax+3$　　$(-3-a)x=3$　　$x=-\dfrac{3}{3+a}$

よって　A′$\left(-\dfrac{3}{3+a},\ 0\right)$

$\begin{cases} y=3x \\ y=ax+3 \end{cases}$ を解いて，$3x=ax+3$　　$(3-a)x=3$　　$x=\dfrac{3}{3-a}$　　よって　B′$\left(\dfrac{3}{3-a},\ 0\right)$

A′B′$=\dfrac{3}{3-a}-\left(-\dfrac{3}{3+a}\right)=3\left(\dfrac{1}{3-a}+\dfrac{1}{3+a}\right)=\dfrac{3\{(3+a)+(3-a)\}}{(3-a)(3+a)}=\dfrac{3×6}{9-a^2}=\dfrac{18}{9-a^2}$

$0 \leqq a < 3$ であるから，a が 3 に近づくほど A′B′ の長さは大きくなる。

1 　右の図のように，2点 A(3, 4)，B(0, 3) がある。直線⑦は2点 A，B を通り，直線④は関数 $y=3x-5$ のグラフである。点 C は直線④と x 軸の交点，点 D は直線④と y 軸の交点である。次の(1)，(2)の問いに答えなさい。　　　　　　　　　　〈秋田県〉

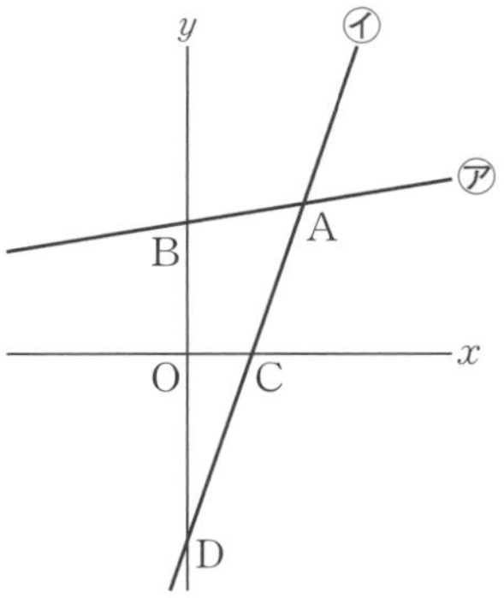

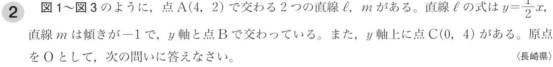

表現力▶(1)　2点 B，C を通る直線の式を求めなさい。求める過程も書きなさい。

（　　　　　　　　　　　　　　　）

(2)　直線④上に，x 座標が正である点 P をとる。

① 　線分 BD の長さと線分 PD の長さが等しくなるとき，点 P の x 座標を求めなさい。

（　　　　　　　　　　　　　　　）

思考力▶② 　点 P の x 座標が3より大きいとき，直線 OP と直線⑦の交点を Q とする。△OBQ の面積と△APQ の面積が等しくなるとき，点 P の x 座標を求めなさい。

（　　　　　　　　　　　　　　　）

2 　図1～図3のように，点 A(4, 2) で交わる2つの直線 ℓ，m がある。直線 ℓ の式は $y=\dfrac{1}{2}x$，直線 m は傾きが -1 で，y 軸と点 B で交わっている。また，y 軸上に点 C(0, 4) がある。原点を O として，次の問いに答えなさい。　　　　　　　　　　〈長崎県〉

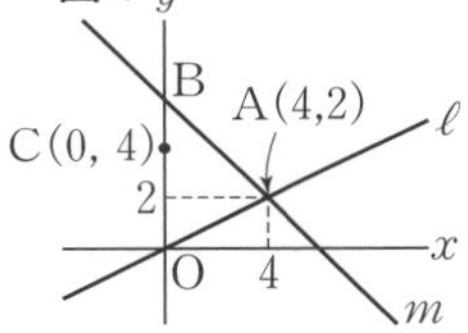

(1)　直線 m の式を求めなさい。

（　　　　　　　　　　　　　　　）

(2)　△OAB の面積を求めなさい。

（　　　　　　　　　　　　　　　）

(3)　直線 AC の式を求めなさい。

（　　　　　　　　　　　　　　　）

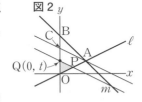

図1

(4)　図2，図3のように，点 P が線分 OA または線分 AB 上にあり，点 P を通り直線 AC に平行な直線と y 軸との交点を Q(0, t) とする。また，△OPQ の面積を S とするとき，次の①～③に答えなさい。

① 　図2において，$t=2$ であるとき，S の値を求めなさい。

（　　　　　　　　　　　　　　　）

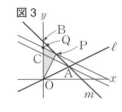

図2

思考力▶② 　図3のように，点 P が線分 AB 上にあるとき，S を t の式で表しなさい。

（　　　　　　　　　　　　　　　）

判断力▶③ 　S の値が△OAB の面積の $\dfrac{1}{2}$ となるときの t の値をすべて求めなさい。

（　　　　　　　　　　　　　　　）

図3

解き方ガイド

1 (2)② BP∥OA となるとき，等積変形の考えより△OBP＝△ABP となることから考える。

2 (4)③ 点 P が，OA 上にあるときと，AB 上にあるときに分けて，t の値を求める。

33 放物線と双曲線

→別冊解答 p.66

学習日　　　月　　　日

入試攻略のカギ

放物線と双曲線が交点をもち，そこから得られる情報で，比例定数や直線の式，図形の面積など を求める問題がある。放物線 $y=ax^2$ は y 軸に関して対称なグラフであり，双曲線 $y=\dfrac{a}{x}$ は原 点に関して対称なグラフであることが重要なヒントになることもある。関数の知識を総動員させ る問題が多いので，十分練習を積んでおこう。

例題

右の図において，曲線アは関数 $y=\dfrac{1}{4}x^2$ のグラフであり，曲線イは 関数 $y=\dfrac{a}{x}$ のグラフである。曲線ア上の点で x 座標が -2 である 点を A，x 座標が -6 である点を B とする。また，曲線アと曲線イ の交点を C とし，点 C の y 座標は点 A の y 座標と等しいものとする。 さらに，y 軸上の点を P とする。このとき，次の(1)，(2)の問いに答え なさい。ただし，$a>0$ で，O は原点とする。　　　　　〈茨城県〉

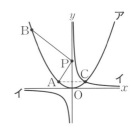

(1) a の値を求めなさい。

(2) AP＋PB が最小となるとき，点 P の座標を求めなさい。

解答

(1) 放物線の式 $y=\dfrac{1}{4}x^2$ に $x=-2$ を代入して，$y=\dfrac{1}{4}\times(-2)^2=1$
よって，A の座標は $(-2,\ 1)$ である。点 A と点 C の y 座標が 等しいことから，点 A と点 C は y 軸に関して対称な点である。
よって　$C(2,\ 1)$
双曲線 $y=\dfrac{a}{x}$ が $C(2,\ 1)$ を通るから，$1=\dfrac{a}{2}$　　よって，$a=2$　…答

放物線の式→
A の座標→
C の座標→
双曲線の式と 攻めていこう！

(2) 点 A と点 C は y 軸に関して対称の位置にあるから，△PAC は点 P の位置にかかわらず二等辺 三角形である。（ただし，$(0,\ 1)$ は除く）　よって，AP＝CP より AP＋PB＝CP＋PB
CP＋PB が最小になるのは 3 点 C，P，B が一直線上にあるときである。
求める点 P は直線 BC と y 軸との交点である。
$y=\dfrac{1}{4}x^2$ に $x=-6$ を代入して，$y=\dfrac{1}{4}\times(-6)^2=9$
よって，B$(-6,\ 9)$
（直線 BC の傾き）$=\dfrac{1-9}{2-(-6)}=-1$
直線 BC：$y=-x+b$ とおくと，
これが $C(2,\ 1)$ を通るから，$1=-2+b$　　$b=3$
よって，直線 BC は $y=-x+3$ であるから，P の座標は $(0,\ 3)$　…答

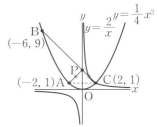

1 図において，①は $x>0$ であるときの関数 $y=\dfrac{20}{x}$ のグラフである。

2点A，Bは曲線①上の点であり，その x 座標は，それぞれ5，2である。点Pは，①のグラフ上を動く点であり，②は点Pを通る関数 $y=ax^2(a>0)$ のグラフである。　〈静岡県〉

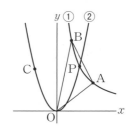

(1) 曲線①上で，x 座標，y 座標がともに整数である点は何個あるか，答えなさい。

（　　　　　　　　　　　）

判断力▶ (2) 点Pを通る関数 $y=ax^2$ のグラフは，点Pが動くのにともなって変化する。点Pが点Aから点Bまで動くとき，次の □ にあてはまる数を書き入れなさい。

a のとりうる値の範囲は □ $\leqq a\leqq$ □ である。

表現力▶ (3) 点Cは放物線②上の点であり，その x 座標は -3 である。直線ACが△OABの面積を2等分するときの，a の値と直線ACの式を求めなさい。求める過程も書きなさい。

（　　　　　　，　　　　　　）

2 右の図において，曲線①は反比例 $y=\dfrac{6}{x}$ のグラフであり，曲線②は関数 $y=ax^2$ のグラフである。点Aは曲線①と曲線②との交点で，その x 座標は2である。点Bは x 軸上の点で，線分ABは y 軸に平行である。点Cは y 軸上の点で，線分ACは x 軸に平行である。また，点Dは曲線①上の点で，その x 座標は -3 である。原点をOとするとき，次の問いに答えなさい。　〈神奈川県〉

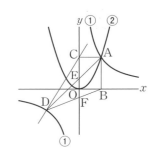

正答率 82% (1) 曲線②の式 $y=ax^2$ の a の値を求めなさい。

（　　　　　　　　　　　）

正答率 59% (2) 直線CDの式を求め，$y=mx+n$ の形で書きなさい。

（　　　　　　　　　　　）

正答率 25% (3) 線分ADと y 軸との交点をE，線分BDと y 軸との交点をFとし，三角形DFEの面積を S，四角形AEFBの面積を T とするとき，S と T の比をもっとも簡単な整数の比で表しなさい。

（　　　　　　　　　　　）

解き方ガイド ─────────────────────────

1 (3) Aを通って△OABの面積を2等分する直線とOBの交点はどこになるか。

2 (3) △DFE∽△DBA（2組の角がそれぞれ等しい）から面積比を求める。

34 2次関数と座標平面上の図形

→別冊解答 p.67

学習日　　　月　　　日

入試攻略のカギ

座標平面上において，点の座標を文字で表すと，2点間の距離や3点を結んでできる三角形の面積を文字を使って表現できる。すると，相似や三平方の定理などの図形の知識が利用でき，結局，方程式の問題に帰着する。**座標を文字で表すワザ**をしっかり身につけることでさまざまな問題が解ける。

例題

右の図で，曲線は関数 $y=\dfrac{1}{4}x^2$ のグラフである。曲線上に，x 座標が -1，4 である点 A，B をとり，直線 AB と y 軸との交点を C とする。また，曲線上に，x 座標が 4 より大きい点 D をとり，点 D を通り直線 AB と平行な直線をひき，y 軸との交点を E とする。このとき，次の各問いに答えなさい。

〈埼玉県〉

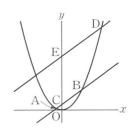

正答率 39%

(1) 直線 AB の式を求めなさい。

(2) EC＝ED のとき，点 D の x 座標を求めなさい。

解答

(1) $y=\dfrac{1}{4}x^2$ に $x=-1$ を代入して，$y=\dfrac{1}{4}$　　よって，$A\left(-1,\ \dfrac{1}{4}\right)$

$y=\dfrac{1}{4}x^2$ に $x=4$ を代入して，$y=4$　　　　よって，$B(4,\ 4)$

（直線 AB の傾き）$=\dfrac{4-\dfrac{1}{4}}{4-(-1)}=\dfrac{\dfrac{15}{4}}{5}=\dfrac{4\times\dfrac{15}{4}}{4\times5}=\dfrac{15}{20}=\dfrac{3}{4}$

直線 AB：$y=\dfrac{3}{4}x+b$ とおくと，$B(4,\ 4)$ を通るから，$4=3+b$

よって，$b=1$　　【答】 $y=\dfrac{3}{4}x+1$

D の座標を $\left(d,\ \dfrac{1}{4}d^2\right)$ と表してみよ〜♪

(2) $D\left(d,\ \dfrac{1}{4}d^2\right)$ とおく。D を通り y 軸に平行な直線と，E を通り x 軸に平行な直線をひく。

その2直線の交点を H とすると，直角三角形 DEH は，直線 ED の傾きが $\dfrac{3}{4}$ であることから，3辺の比が $3:4:5$ の直角三角形であることがわかる。

よって，$ED=d\times\dfrac{5}{4}=\dfrac{5}{4}d$，$DH=d\times\dfrac{3}{4}=\dfrac{3}{4}d$

また，$EC=\dfrac{1}{4}d^2-DH-OC=\dfrac{1}{4}d^2-\dfrac{3}{4}d-1$

EC＝ED より，$\dfrac{1}{4}d^2-\dfrac{3}{4}d-1=\dfrac{5}{4}d$　　$d^2-3d-4=5d$　　よって，$d^2-8d-4=0$

$d=\dfrac{-(-8)\pm\sqrt{(-8)^2-4\times1\times(-4)}}{2\times1}=\dfrac{8\pm\sqrt{64+16}}{2}=\dfrac{8\pm4\sqrt{5}}{2}=4\pm2\sqrt{5}$

$d>4$ より，$d=4+2\sqrt{5}$　　【答】 $4+2\sqrt{5}$

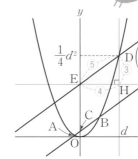

1 右の図のように，2つの関数 $y=\dfrac{1}{2}x^2$ …①，$y=-x^2$ …②のグ

ラフがある。①のグラフ上に点Aがあり，点Aの x 座標を t と
する。点Aと y 軸について対称な点をBとし，点Aと x 座標が
等しい②のグラフ上の点をCとする。また，②のグラフ上に点D
があり，点Dの x 座標を負の数とする。点Oは原点とする。

　ただし，$t>0$ とする。次の問いに答えなさい。　〈北海道〉

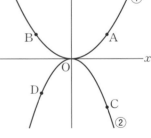

正答率45% (1) 四角形ABDCが長方形となるとき，点Dの座標を，t を使っ
て表しなさい。　　　　　　　　（　　　　　　　　　　）

正答率43% (2) $t=4$ とする。点Cを通り，傾きが -3 の直線の式を求めなさい。

（　　　　　　　　　　）

正答率11% (3) 2点B，Cを通る直線の傾きが -2 となるとき，点Aの座標を求めなさい。

（　　　　　　　　　　）

2 右の図のように，関数 $y=\dfrac{1}{2}x^2$ のグラフ上に2点B，Cを，関

数 $y=x^2$ のグラフ上に2点A，Dをとり長方形ABCDを作る。
ただし，辺AB，DCは y 軸に平行，辺AD，BCは x 軸に平行
とし，点A,Bの x 座標は負，点C,Dの x 座標は正である。〈沖縄県〉

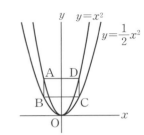

(1) 点Dの x 座標が2のとき，次の各問いに答えなさい。

　① 点Dの y 座標を求めなさい。

（　　　　　　　　　　）

　② 辺ADと辺DCの長さの比をもっとも簡単な整数の比で表しなさい。

（　　　　　　　　　　）

思考力 (2) 長方形ABCDの周の長さが45であるとき，点Dの座標を求めなさい。

（　　　　　　　　　　）

3 図で，Oは原点，Aは y 軸上の点，B，Cは関数 $y=-\dfrac{1}{2}x^2$

のグラフ上の点，Dは関数 $y=\dfrac{1}{4}x^2$ のグラフ上の点である。

　また，線分ADは x 軸に平行である。

　四角形ABCDが平行四辺形で，点Cの x 座標が2であると
き，次の(1)，(2)の問いに答えなさい。　〈愛知県〉

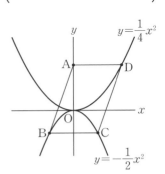

(1) 点Dの座標を求めなさい。

（　　　　　　　　）

(2) 平行四辺形ABCDの面積を2等分する傾き2の直線の式を求めなさい。

（　　　　　　　　　　）

解き方ガイド

1 (3) 2点B，Cの座標を t で表し，傾きに関する方程式をつくる。

2 (2) D(t, t^2)とおいて，AD，DCの長さを t を使って表す。

3 (2) 平行四辺形は点対称な図形なので，「ある点」を通るどんな直線でも面積を2等分する。

35 折り返し図形

→別冊解答 p.68

学習日 　　月　　日

入試攻略のカギ

正方形や半円を折り返した図形の問題では合同や相似の条件が整う場合が多いので，平面図形の総合的な理解を試すものとしてよく出題される。証明問題の他に，相似や三平方の定理を使って長さや面積を求める問題が定番となっている。直角の印を入れる，等しい角や等しい長さの線分を同じ印で示すなど工夫をすることが大切。

例題

1辺の長さが10cmの正方形の紙がある。**図1**のように，この正方形の頂点をA，B，C，Dとし，辺BC上に点Pをとる。次に，**図2**のように，頂点Aが点Pに重なるように折ったときにできる折り目をEFとする。このとき，点Dが移った点をG，辺PGと辺CDの交点をHとする。〈島根県〉

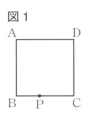

(1) 定規とコンパスを使って，折り目EFを**図1**に作図しなさい。ただし，作図に用いた線は消さないでおくこと。

(2) **図3**は，**図2**においてBP＝4cmとしたときのものである。

　① EPの長さを求めなさい。

　② **図3**の□□部分(四角形EPGF)の面積を求めなさい。

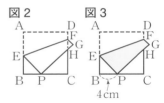

解答

(1) EFに関して，AとPは対称な点であるから，E，FはAPの垂直二等分線上の点である。APの垂直二等分線の作図をし，AB，CDとの交点をそれぞれE，Fとする。

[答]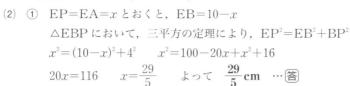

(2) ① EP＝EA＝xとおくと，EB＝$10-x$

　　△EBPにおいて，三平方の定理により，$EP^2＝EB^2＋BP^2$

　　$x^2＝(10-x)^2＋4^2$　　$x^2＝100-20x+x^2+16$

　　$20x＝116$　　$x＝\dfrac{29}{5}$　　よって　$\dfrac{29}{5}$**cm** …[答]

② EB＝$10-\dfrac{29}{5}＝\dfrac{21}{5}$，CP＝$10-4＝6$

　△EBPの3辺の長さの比は，$4：\dfrac{21}{5}：\dfrac{29}{5}＝20：21：29$

　△EBP∽△PCH∽△FGH(2組の角がそれぞれ等しい)

　$CH＝6×\dfrac{20}{21}＝\dfrac{40}{7}$　　FG＝21kとおくと　FH＝29k

　$DC＝21k＋29k＋\dfrac{40}{7}＝10$ より　$50k＝\dfrac{30}{7}$　　よって，$k＝\dfrac{3}{35}$

　したがって，$FG＝21×\dfrac{3}{35}＝\dfrac{9}{5}$

　これより，(四角形EPGFの面積)＝$\dfrac{1}{2}×\left(\dfrac{9}{5}＋\dfrac{29}{5}\right)×10＝38$　[答] **38cm²**

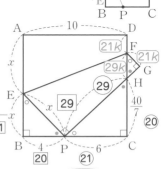

△EBP，△PCH，△FGHが相似であることに気付けるかな～？

1 図1のように，長方形の紙 ABCD を，頂点 D が辺 BC 上にくるように折る。このとき，頂点 D が移った点を F，折り目の線分を AE とする。次の(1)，(2)に答えなさい。〈山口県〉

図1
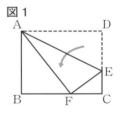

表現力▶(1) △ABF∽△FCE であることを証明しなさい。

(2) 図2のように，図1の状態から，さらに辺 AB が辺 AF に重なるように折る。このとき，頂点 B が移った点を H，折り目の線分を AG とする。AB＝12cm，AD＝13cm のとき，線分 FG の長さを求めなさい。

図2
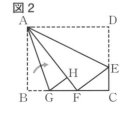

( )

2 点 O を中心とし線分 AB を直径とする半径 3cm の半円がある。次の(1)～(3)に答えなさい。〈和歌山県〉

(1) 図1のように，$\overparen{AB}$ 上に $\overparen{AP}$ と $\overparen{PB}$ の長さの比が 5：4 となるように点 P をとるとき，∠PAB の大きさを求めなさい。

図1
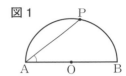

( )

表現力▶(2) 図2のように，$\overparen{AB}$ を3等分する2点をとり，A に近い方を点 X，B に近い方を点 Y とする。$\overparen{BY}$(点 B，Y をふくまない)上に点 P をとり，弦 AP を折り目として折り返した後の $\overparen{AP}$ と線分 OB との交点を C とする。また，図3のように，P から O を通る直線をひき，$\overparen{AC}$ との交点を D とし，A と D，P と C をそれぞれ結ぶ。このとき，△ACP≡△PDA であることを証明しなさい。

図2
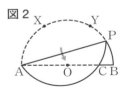

図3
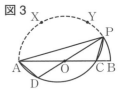

思考力▶(3) 図4のように，点 P を図2の Y 上にとり，弦 AP を折り目として折り返すと，X は O と重なった。このとき，▨ の部分の面積を求めなさい。ただし，円周率は π とする。

図4
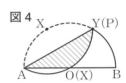

( )

解き方ガイド

1 (2) △GHF と相似な三角形がどれか考える。

2 (3) ∠AOX＝∠XOY＝∠YOB＝60° である。

36 円錐・球・円柱の求積

→別冊解答 p.69

学習日　　　　月　　　日

入試攻略のカギ

円錐・球・円柱の表面積と体積に関する問題は，円周率 π がふくまれる公式の正確な利用が大切である。公式の暗記とミスのない計算を心がけること。また，求積には相似や三平方の定理などの知識が必要となる。しっかり対応する力を合わせて養っておこう。

例題

底面の半径が8cm，高さが9cmの円柱の形をした容器を水平な台に置き，右の図のように底から5cmの高さまで水を入れた。次の問いに答えなさい。ただし，円周率は π とし，容器の厚さは考えないものとする。　　　　　　　　　　〈山形県〉

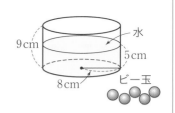

正答率56% (1) 容器に入っている水の体積を求めなさい。

正答率27% (2) この容器に，半径が1cmの球の形をしたビー玉を，静かに何個か沈めたところ，水面がちょうど1cm上昇した。沈めたビー玉の個数を求めなさい。ただし，沈めたビー玉は全体が水中に収まっているものとする。

解答

(1) 円柱の体積 V を求める公式は，底面の円の半径を r，高さを h とすると，$V=\pi r^2 h$ であるから，$r=8$，$h=5$ を代入して
$V=\pi \times 8^2 \times 5 = 320\pi$ 　　　〔答〕 **$320\pi\,\text{cm}^3$**

(2) 球の体積 V を求める公式は，球の半径を r とすると $V=\dfrac{4}{3}\pi r^3$ である。ビー玉1個の体積は，$r=1$ を代入して，
$\dfrac{4}{3}\pi\,(\text{cm}^3)$ である。

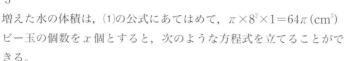

増えた水の体積は，(1)の公式にあてはめて，$\pi \times 8^2 \times 1 = 64\pi\,(\text{cm}^3)$
ビー玉の個数を x 個とすると，次のような方程式を立てることができる。

$\dfrac{4}{3}\pi \times x = 64\pi$

両辺を π で割って，$\dfrac{4}{3} \times x = 64$ 　　$x=64 \times \dfrac{3}{4}$ 　　よって，$x=48$ 　〔答〕 **48個**

上昇した水の体積と沈めたビー玉全部の体積が等しいんだね。

あとちょっと！
あと一息！

1 次の図のような，円錐の容器 P，半球の容器 Q，円柱の容器 R がある。(1)〜(4)に答えなさい。
ただし，容器は傾けないこととし，容器の厚さは考えないものとする。　　　　　〈岡山県〉

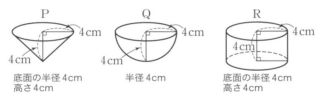

P
底面の半径4cm
高さ4cm

Q
半径4cm

R
底面の半径4cm
高さ4cm

(1) P の容器いっぱいに入れた水の体積を求めなさい。　　　　(　　　　　　　　)

判断力▶ (2) P と Q それぞれの容器いっぱいに入れた水を，R にすべて移したときの水の量を表した図
としてもっとも適当なのは①〜④のうちどれですか。1 つ答えなさい。ただし，図の目盛り
は，R の高さを 4 等分したものである。

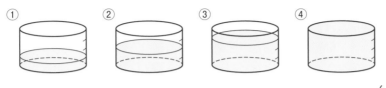

①　　　　②　　　　③　　　　④

(　　　　　　　　)

(3) P と Q それぞれの容器の深さの半分まで水を入れた。それぞれの容器を真上から見た水面
は円になる。このとき，P と Q の水面の面積の比は，1：[⑦]であり，P に入っている水
の体積は，P の容器いっぱいに入れた水の体積の[⑦]倍である。[⑦]，[⑦]に適当な
数を書き入れなさい。

⑦ (　　　　　　　)　　⑦ (　　　　　　　)

(4) 右の図は，Q を R に入れて正面から見た模式図である。四角形
ABCD は，AB＝4cm，AD＝8cm の長方形であり，点 A を中心
とし，線分 AD を半径とする円と線分 BC との交点を E とし，点
A と点 E を結ぶ。線分 AD を直径とする円と線分 AE との交点の
うち，点 A と異なる点を F とし，点 D と点 F を結ぶ。このとき，
(I)は指示にしたがって答え，(II)は[⑦]，[⑦]に適当な数を書き入れなさい。

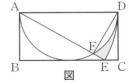

表現力▶ (I) △ABE≡△DFA を証明しなさい。

思考力▶ (II) ∠DAE＝[⑦]°であり，$\overset{\frown}{DE}$，$\overset{\frown}{DF}$，線分 EF で囲まれた色のついた部分の面積は
[⑦]cm² である。

⑦ (　　　　　　　)　　⑦ (　　　　　　　)

解き方ガイド

1 (1)，(2)は体積を求める公式を利用する。(3)は相似の利用。(⑦)では，長さを求めるのに三平方の定理を使う。
　　(4)(I)の証明は「直角三角形の斜辺と 1 つの鋭角」が適当。(II)(⑦)は，長さの条件から角度を考える。

Step 2
総合力をつける！
36 円錐・球・円柱の求積

37 円・相似・三平方の定理

→別冊解答 p.70

学習日　　　月　　　日

→別冊解答 p.70

入試攻略のカギ

平面図形の問題には，単元単独の問題もあるが，円と相似，円と三平方の定理，相似と三平方の定理，円と相似と三平方の定理といった単元をまたぐ融合問題が多い。それぞれの単元の知識をうまく組み合わせて解答しなければならない。かくれている解答への道筋を，補助線をひいたり文字でおいたりして組み立てよう。

例題

正答率 28%

右の**図1**のように，円錐の容器の内側の面にぴったりつくように球を入れた。この円錐の容器の底面の半径は4cm，母線の長さは12cmである。このとき，この円錐の容器の頂点から球の最上部までの高さは，母線の長さと等しく12cmになった。**図2**はそのときのようすを表している。この球の体積を求めなさい。

ただし，円周率はπとし，円錐の容器の厚さは考えないものとする。

〈埼玉県〉

図1 図2
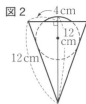

解答

右の図のように，**図2**の二等辺三角形の頂点をA，B，C，円の中心をO，ACの中点をM，OからABに下ろした垂線をOHとする。

また，球の半径を$r$cmとすると，円Oの半径も$r$cmであるからOH＝$r$cmである。

△ABMと△OBHにおいて，

　　∠AMB＝∠OHB＝90°(仮定)　…①

　　∠ABM＝∠OBH(共通)　　　　…②

①，②より2組の角がそれぞれ等しいので

　　△ABM∽△OBH

対応する辺の長さの比は等しいので

　　AM：OH＝AB：OB　　4：r＝12：$(12-r)$

　　$12r=48-4r$　　$16r=48$　　よって，$r=3$(cm)

球の体積を求める公式に代入して

　　$\dfrac{4}{3}\pi\times3^3=36\pi$　　**答** **36πcm³**

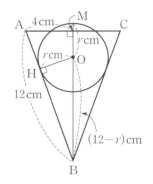

半径を文字でおいて，相似を使って半径を求めよう～！

1 　右の図のように，円 O の円周を 8 等分する点 A，B，C，D，E，F，G，
H をとり，正八角形を作る。線分 AC と線分 BE との交点を点 P とし，
線分 CE をひく。(1)〜(4)に答えなさい。　　　　　　　　　　　〈徳島県〉

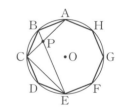

(1) 　正八角形 ABCDEFGH の内角の和を求めなさい。

（　　　　　　　　　）

表現力▶ (2) 　△ABP∽△ECP を証明しなさい。

判断力▶ (3) 　円周上の 8 個の点 A，B，C，D，E，F，G，H から 3 個の点を結んでできる直角三角形は
何個あるか，求めなさい。　　　　　　　　　　　　　　　　（　　　　　　　　　）

(4) 　円 O の半径が 5 のとき，正八角形 ABCDEFGH の面積を求めなさい。

（　　　　　　　　　）

2 　右の図で，4 点 A，B，C，D は円 O の周上の点であり，△ABC は正
三角形である。また，点 E は線分 BD 上の点で，BE＝CD である。
　次の(1)，(2)の問いに答えなさい。　　　　　　　　　　　　〈岐阜県〉

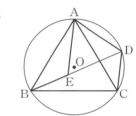

表現力▶ (1) 　AE＝AD であることを証明しなさい。

(2) 　点 A から線分 BD にひいた垂線と BD との交点を H とする。
AB＝6cm，∠ABD＝45° のとき，

　① 　AH の長さを求めなさい。

（　　　　　　　　　）

思考力▶ 　② 　△ABE の面積を求めなさい。

（　　　　　　　　　）

3 　右の図のように，線分 AB を直径とする半円がある。$\overparen{AB}$ 上に
点 C があり，線分 AC の長さは 13cm，線分 BC の長さは 9cm
である。$\overparen{BC}$ 上に点 D があり，線分 AD の長さが線分 BD の長さ
の 3 倍である。また，線分 AB の延長と線分 CD の延長の交点を
E とする。次の問いに答えなさい。　　　　　　　　　　　　〈大分県〉

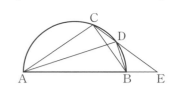

(1) 　① 　△ADE と相似な三角形を答えなさい。　　　　（　　　　　　　　　）

表現力▶ 　② 　△ADE と①で答えた三角形が相似であることを証明しなさい。

(2) 　線分 BD の長さを求めなさい。

（　　　　　　　　　）

思考力▶ (3) 　線分 BE の長さを求めなさい。

（　　　　　　　　　）

38 立体の切断と計量

→別冊解答 p.71

学習日　　　　月　　　日

入試攻略のカギ

立方体や直方体，または錐体や球を切断し，切断面の面積や切断された立体の体積を問う問題では，図形の知識全体が必要になる。立体図形をうまく切断し，切断面を平面図形として扱うことが重要である。3次元の立体を2次元に移して，相似や三平方の定理を使う練習が肝心だ。

例題

右の図のように，1辺の長さが4cmの立方体ABCD–EFGHにおいて，辺GCの延長上に，GC＝CLとなるような点Lをとり，線分LFと辺BCの交点をM，線分LHと辺CDの交点をNとする。また，線分ACとMNの交点をP，線分EGとFHの交点をQ，線分AGと平面MNHFとの交点をRとする。このとき，次の(1)～(4)の問いに答えなさい。〈新潟県〉

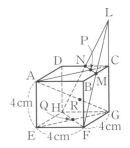

(1) △LNMと△LHFの面積の比を求めなさい。

(2) 三角錐LFGHの体積を求めなさい。

(3) 線分CPと線分AGの長さを，それぞれ求めなさい。

(4) 線分GRの長さを求めなさい。

解答

(1) △LMC∽△LFG（2組の角がそれぞれ等しい）より，
　　LM：LF＝LC：LG＝4：8＝1：2
　　また，△LNM∽△LHF（2組の角がそれぞれ等しい）
　　よって，△LNM：△LHF＝LM²：LF²＝1²：2²＝**1：4** …答

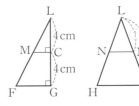

(2) （三角錐LFGHの体積）
$$=\frac{1}{3}\times△GHF\times LG=\frac{1}{3}\times\frac{1}{2}\times4\times4\times8=\frac{64}{3}$$
答 $\dfrac{64}{3}$**cm³**

(3) △LFGにおいて中点連結定理により，CM＝$\frac{1}{2}$FG＝2(cm)
　　CM＝BM＝2(cm)より，MはBCの中点である。同様にして，NもCDの中点である。ここで，ACとDBの交点をSとすると，
　　△CMP∽△CBS（2組の角がそれぞれ等しい）で，その相似比は1：2
　　よって，CP＝$\frac{1}{2}$CS＝$\frac{1}{4}$AC＝$\frac{1}{4}\cdot4\sqrt{2}=\sqrt{2}$**(cm)** …答

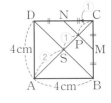

　　また，△AEGに三平方の定理を用いて
　　AG＝$\sqrt{AE^2+EG^2}=\sqrt{4^2+(4\sqrt{2})^2}=\sqrt{48}=4\sqrt{3}$**(cm)** …答

(4) 線分PQと線分AGはともに平面AEGC上にあるので，Rは直線LQ上にある。これより，△APR∽△GQR（2組の角がそれぞれ等しい）となり，
　　AR：GR＝AP：GQ＝$(4\sqrt{2}-\sqrt{2})$：$2\sqrt{2}=3$：2
　　よって，GR＝$\frac{2}{5}$AG＝$\frac{2}{5}\times4\sqrt{3}=\frac{8\sqrt{3}}{5}$**(cm)** …答

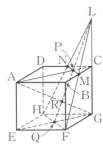

1 図で，立体 OABC は△ABC を底面とする正三角錐であり，D は辺 OA 上の点で，△DBC は正三角形である。

OA＝OB＝OC＝6cm，AB＝4cm のとき，次の(1)，(2)の問いに答えなさい。　〈愛知県〉

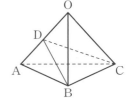

思考力▶(1)　線分 DA の長さは何 cm か，求めなさい。

（　　　　　　　　　）

(2)　立体 ODBC の体積は正三角錐 OABC の体積の何倍か，求めなさい。

（　　　　　　　　　）

2 右の**図1**に示した ABCD-EFGH は，AB＝AD＝8cm，AE＝6cm の直方体である。頂点 C と頂点 F を結び，線分 CF 上にある点を P とする。頂点 A と点 P，頂点 D と点 P をそれぞれ結ぶ。次の各問いに答えなさい。　〈東京都〉

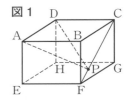

図1

正答率53%(1)　点 P が頂点 F に一致するとき，△APD の内角である∠DAP の大きさは何度ですか。

（　　　　　　　　　）

正答率8%(2)　右の**図2**は，**図1**において，点 P が線分 CF の中点となるとき，点 P から辺 FG にひいた垂線と，辺 FG との交点を Q とし，頂点 A と点 Q，頂点 D と点 Q をそれぞれ結んだ場合を表している。立体 P-AQD の体積は何 cm³ ですか。

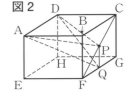

図2

（　　　　　　　　　）

3 右の図のように，半径 4cm の円 O を底面とする半球があり，円 O の周上に，異なる 3 点 A，B，C を AB＝BC＝CA を満たすようにとる。また，線分 BC の中点を M とし，点 M を通り底面に垂直な直線がこの半球の表面と交わる点のうち，M と異なる点を P とする。このとき，次の問いに答えなさい。　〈岩手県〉

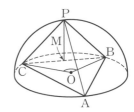

(1)　∠BOC の大きさを求めなさい。

（　　　　　　　　　）

(2)　三角錐 PABC の体積を求めなさい。

（　　　　　　　　　）

解き方ガイド

1 (1)　△OAB と△BDA の相似に着目する。

2 (2)　AD の中点を M とし，△PMQ で切ると，2 つの三角錐に分かれる。

3 (2)　PM の長さを求めるために半球の半径をうまく利用する。

39 展開図・投影図

→別冊解答 p.72

学習日　　　月　　日

入試攻略のカギ

立体図形の見取図の他に展開図や投影図がかかれている問題では，展開図や投影図は問題を解くための重要な情報やヒントを暗示している。長さや角度，それらをふくめた形状に関する情報をしっかり読みとることが大切である。正確に情報をつかむことが大切だ。

例題

右の**図1**は，1辺の長さが8cmの正四面体 ABCD で，辺 AB，AD の中点をそれぞれ点 E，F とする。この正四面体の E から辺 AC を通って F まで，長さがもっとも短くなるように糸をかけ，糸が AC と交わる点を G とする。また，**図2**は，図1の正四面体の展開図に，E，F をかき入れたものである。

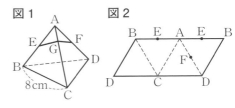

〈岩手県〉

(1)　糸のようすを，**図2**の展開図に実線でかき入れなさい。

(2)　**図1**の正四面体 ABCD において，△EGF の面積を求めなさい。

(3)　**図1**において，四面体 AEGF の体積を求めなさい。

解答

(1)　点 E と点 F を結ぶ線分をかき入れる。点 G は辺 AC 上にあるので，点 E は AC について点 F と反対側の方を選ぶ。

答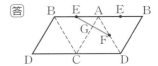

(2)　△ABD に中点連結定理を用いると，

$$EF=\frac{1}{2}BD=4(cm)$$

EG，FG は，展開図より $2\sqrt{3}$ cm，よって，**図1**の △EGF は右の**図3**のような二等辺三角形である。したがって，G から EF に垂線 GM をひくと，M は EF の中点になるから

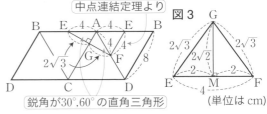

$$GM=\sqrt{(2\sqrt{3})^2-2^2}=2\sqrt{2}\ (cm)$$

よって，$\triangle EGF=\frac{1}{2}\times4\times2\sqrt{2}=\boldsymbol{4\sqrt{2}}\ \boldsymbol{(cm^2)}$　…答

(3)　頂点 A から底面に垂線 AH をひく。正四面体では頂点から底面にひいた垂線は底面の重心を通るので，点 H は，△BCD の重心である。したがって，BC の中点を L とすると，

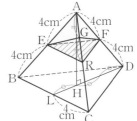

$$DL=4\sqrt{3}, \quad DH=\frac{2}{3}DL=\frac{2}{3}\times4\sqrt{3}=\frac{8\sqrt{3}}{3}$$

よって，$AH=\sqrt{AD^2-DH^2}=\sqrt{8^2-\left(\frac{8\sqrt{3}}{3}\right)^2}=\sqrt{8^2\left\{1-\left(\frac{\sqrt{3}}{3}\right)^2\right\}}=8\sqrt{1-\frac{1}{3}}=\frac{8\sqrt{6}}{3}$

したがって，四面体 ABCD の体積は $\dfrac{1}{3} \times \dfrac{1}{2} \times 8 \times 4\sqrt{3} \times \dfrac{8\sqrt{6}}{3} = \dfrac{128\sqrt{2}}{3}$ (cm³)

AC の中点を R とすると，四面体 AERF と四面体 ABCD は相似で，その相似比は $1 : 2$

よって，その体積の比は $1^3 : 2^3 = 1 : 8$ なので，

（四面体 AERF の体積）$= \dfrac{1}{8}$（四面体 ABCD）$= \dfrac{16\sqrt{2}}{3}$ (cm³)

また，四面体 AEGF の体積は四面体 AERF の $\dfrac{1}{2}$ であるから，

（四面体 AEGF の体積）$= \dfrac{1}{2} \times$（四面体 AERF）$= \dfrac{1}{2} \times \dfrac{16\sqrt{2}}{3} = \dfrac{8\sqrt{2}}{3}$ **(cm³)** …答

入試問題で実力UP！

1 図1は，1辺の長さが4cmの正八面体 ABCDEF である。

　図1の正八面体の表面に，図2のように，点Aから点Dまで，辺BC，辺BF，辺EF に交わるようにして，糸をかける。点Aから点Dまでの糸の長さがもっとも短くなるとき，かけた糸のようすを正八面体の展開図にかき入れたところ，図3のようになった。この糸が辺BF と交わる点をGとするとき，次の問いに答えなさい。なお，図3において，点A，B，Eと点C，F，Dは，それぞれ一直線上に並ぶことがわかっている。〈山形県〉

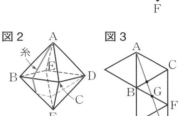

図1

(1) この糸の長さを求めなさい。

（　　　　　　　　　　　）

表現力▶(2) BG＝FG であることを証明しなさい。

2 図1で，Pは，円柱を体積がちょうど半分になるように斜めに平面で切った立体である。この立体Pの中に，球が入っている。図2は，その投影図である。

　図2の四角形 ABCD は，∠ABC＝∠BCD＝90°の台形で，立面図の円は台形の4辺に接している。AB＝6cm，DC＝12cm のとき，次の(1)，(2)の問いに答えなさい。〈愛知県〉

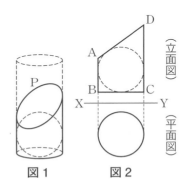

図1　　　図2

(1) 図2の辺 AD の長さは何 cm か，求めなさい。

（　　　　　　　　　　　）

思考力▶(2) 立体Pの体積は球の体積の何倍か，求めなさい。

（　　　　　　　　　　　　　　）

解き方ガイド

1 (1) 図3で，D から直線 AE 上に垂線をひいてみる。

2 (1) 球の半径を文字でおき，立面図を利用して三平方の定理を用いる。

40 いろいろな確率

→別冊解答 p.73

学習日　　　　月　　　日

場合の数と確率では，「さいころを転がして出た目の数だけ図形の辺上を移動する」，「階段を上る」，「座席などで特定の人物が隣り合う」などの，場合の数や確率を問うさまざまな問題がある。もれなく重複することなく数え上げるため，図や表にかき出すことが大切である。

例題

1辺の長さが1の正五角形 ABCDE がある。点 P は最初，頂点 A の上にあり，さいころを投げ，出た目の数だけ点 P は頂点 A から正五角形の辺に沿って頂点を移動し，さらに，その移動した頂点から2回目に投げたさいころの目の数だけ正五角形の辺に沿って頂点を移動し止まるものとする。

〈沖縄県〉

(1) 点 P が反時計回りに移動するとき，次の問いに答えなさい。
　① 1回目に1の目，2回目に5の目が出たとき，点 P はどの頂点の上に止まるか答えなさい。
　② 2回さいころを投げた後，点 P が頂点 B の上で止まる確率を求めなさい。

(2) さいころの目が奇数の場合，点 P は反時計回りに移動し，さいころの目が偶数の場合，点 P は時計回りに移動するものとする。このとき，点 P が頂点 B の上で止まる場合は全部で何通りあるか答えなさい。

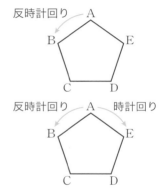

解答

(1) ① 合計で頂点を6つ移動することになるから，
$$\overset{1}{A}\to\overset{2}{B}\to\overset{3}{C}\to\overset{4}{D}\to\overset{5}{E}\to\overset{6}{A}\to B \quad \boxed{答}\ 頂点 B$$

② 縦横6マスずつの表を作って1回目と2回目の合計数から点 P がどの頂点に移動したかを書き込むと，右の表のようになる。
頂点 B で止まるのは7通りある。
すべての場合の数は $6\times6=36$（通り）であるから $\dfrac{7}{36}$ …答

 2回投げて頂点 B に止まるのは，2回の目の和が6と11のとき。

(2) 反時計回りを＋の移動，時計回りを－の移動とすると，2回の合計数は右の表のようになる。点 P が頂点 A を起点に頂点 B で止まるのは，合計数が－4，1，6のときであるから，該当するのは1が4通り，6が3通り，－4が1通りで合計8通りである。　答　8通り

2回目

1回目＼2回目	1	2	3	4	5	6
1	C	D	E	A	(B)	C
2	D	E	A	(B)	C	D
3	E	A	(B)	C	D	E
4	A	(B)	C	D	E	A
5	(B)	C	D	E	A	(B)
6	C	D	E	A	(B)	C

2回目

1回目＼2回目	1	-2	3	-4	5	-6
1	2	-1	4	-3	(6)	-5
-2	-1	(-4)	(1)	-6	3	-8
3	4	(1)	(6)	-1	8	-3
-4	-3	-6	-1	-8	(1)	-10
5	(6)	3	8	(1)	10	-1
-6	-5	-8	-3	-10	-1	-12

1 下の図は，円周の長さが8cmである円Oで，その円周上には円周を8等分した点がある。点Aはそのうちの1つであり，点P，Qは，点Aを出発点として次の[操作]にしたがって円周上を移動させた点である。 〈青森県〉

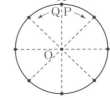

[操作]

大小2つのさいころを同時に投げ，大きいさいころの出た目の数をx，小さいさいころの出た目の数をyとする。点Pは時計回りに$x$cm，点Qは反時計回りに$y$cmそれぞれ点Aから移動させる。

 (1) $x=4$，$y=2$となるとき，∠PAQの大きさを求めなさい。

( )

(2) ∠PAQ＝90°となる確率を求めなさい。

( )

2 商店街の抽選会の景品で，春子さんは8個，お父さんは11個のあめをもらった。家に帰って，1枚の硬貨を投げて，次の規則にしたがって，あめのやりとりをすることにした。 〈兵庫県〉

〈規則〉
・表が出た場合，春子さんのあめをお父さんに1個わたす。
・裏が出た場合，お父さんのあめを春子さんに2個わたす。

右のグラフは，硬貨を投げた回数を横軸，あめの個数を縦軸とし，硬貨を2回まで投げたときの，回数とお父さんのあめの個数の関係を表すすべての点を黒丸(・)でとり，矢印で結んだものである。次の問いに答えなさい。

(1) 3回投げたとき，3回目にお父さんのあめは何個になるか。考えられるすべての場合を黒丸(・)で右上のグラフにかきなさい。

(2) 4回投げたとき，お父さんのあめの個数が9個になる硬貨の表裏の出かたは全部で何通りあるか，求めなさい。

( )

(3) 5回投げたとき，お父さんのあめの個数が7個になる確率を求めなさい。

( )

(4) 5回投げたとき，春子さんのあめの個数がお父さんのあめの個数より多くなる確率を求めなさい。

( )

解き方ガイド

1 (2) ∠PAQ＝90°となるとき，PQは円Oの直径となることから考える。
2 (2)〜(4) グラフに黒丸(・)をかき込んで，そこに至る道順が何通りあるか数えてみる。

第 1 回　入試模擬テスト

1 次の計算をしなさい。(5点×4＝20点)

(1) $-\dfrac{3}{7} \div \dfrac{8}{21} - (-2)^2$

(2) $7(x-2y)-4(x-y)$

(3) $6a^2 \times (-ab) \div \dfrac{3}{4}a^3$

(4) $3\sqrt{2} \times \sqrt{6} - \dfrac{15}{\sqrt{3}}$

(1)		(2)		(3)	
(4)					

2 次の問いに答えなさい。(6点×5＝30点)

(1) $(2x+1):6=3:4$ であるとき，x の値を求めなさい。

(2) 2次方程式 $(x-3)(x+2)=2x+12$ を解きなさい。

(3) $(2x+1)^2-3(x+1)(x-1)$ を因数分解しなさい。

(4) 右の図のように，円 O の周上に 4 点 A，B，C，D があり，
$\angle ABD=29°$，$\angle DBC=67°$，$\angle BCA=44°$ である。このとき，
$\angle x$ の大きさを求めなさい。

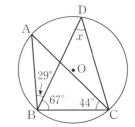

(5) 右の図のように，底面の半径が 5cm の円錐を，水平な平面上におき，
頂点 O を中心として転がしたところ，最初の位置にもどるまでに，
ちょうど 2 回転し，点線で示した円の上を 1 周した。この円錐の体
積を求めなさい。ただし，円周率は π とする。

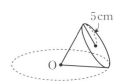

(1)		(2)		(3)	
(4)		(5)			

3 右の図のように，関数 $y=\dfrac{12}{x}$ のグラフ上を，$x>0$ の範囲で動く点 A，

$x<0$ の範囲で動く点 B がある。点 B の x 座標の絶対値は点 A の x 座標

の 3 倍であり，線分 AB と x 軸との交点を C とする。また，x 軸上に

点 D$(5,\ 0)$ がある。これについて，次の問いに答えなさい。

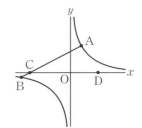

（8 点 × 2 = 16 点）

⑴　点 A の x 座標が 2 のとき，直線 AD の式を求めなさい。

⑵　△ABD の面積が 28 となるとき，△ACD の面積を求めなさい。

(1)		(2)	

4 右の表は，あるサッカーチームに所属する選手 20 人の年齢

について，度数および相対度数をまとめたものである。

　 ア 　～ 　 ウ 　 にあてはまる数をそれぞれ求めなさい。

（6 点 × 3 = 18 点）

年齢(歳)	度数(人)	相対度数
以上　未満		
18〜21	ア	0.35
21〜24	5	0.25
24〜27	2	0.10
27〜30	イ	ウ
30〜33	2	0.10
33〜36	1	0.05
計	20	1.00

ア		イ	
ウ			

5 図で，立体 OABCD は正四角錐である。正四角錐の側面に，頂点 A から辺 OB，

OC，OD と交わり，頂点 A にもどるように糸を 1 周かけ，その糸の長さが最

短となるときの糸と辺 OB，OC との交点をそれぞれ E，F とする。

OA＝6cm，∠AOB＝30°のとき，次の問いに答えなさい。

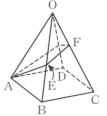

（8 点 × 2 = 16 点）

⑴　線分 FC の長さは何 cm か，求めなさい。

⑵　△ABE の面積は何 cm^2 か，求めなさい。

(1)		(2)	

第 **2** 回　**入試模擬テスト**

1 次の計算をしなさい。(5点×4 = 20点)

(1) $5+8\div(-4)-3\times2$

(2) $\dfrac{5a-b}{2}-\dfrac{2a-4b}{3}$

(3) $\dfrac{\sqrt{54}}{2}+\sqrt{\dfrac{3}{2}}$

(4) $(2x+y)(2x-5y)-4(x-y)^2$

(1)		(2)		(3)	
(4)					

2 次の問いに答えなさい。(5点×4 = 20点)

(1) 連立方程式 $\begin{cases} 0.2x+0.3y=0.1 \\ 5x+2y=8 \end{cases}$ を解きなさい。

(2) $\dfrac{\sqrt{75n}}{2}$ の値が整数となるような自然数 n のうち，もっとも小さいものを求めなさい。

(3) 右の図のような円 O において，円周上の点 A を通る接線を定規とコンパスを用いて図に作図しなさい。ただし，作図に用いた線は消さずに残しておくこと。

(4) 右の図は，正四角錐の投影図である。この正四角錐の立面図は，1辺の長さが6cm の正三角形である。この正四角錐の体積を求めなさい。

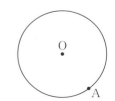

（立面図）

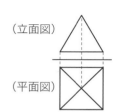

（平面図）

(1)	
(2)	
(4)	

(3)

O
·

A

3 右の図で，放物線は関数 $y=x^2$ のグラフである。2点 A，B は放物線上の点であり，その x 座標はそれぞれ -3，1 である。また，点 C の座標は $(-2, 0)$ である。原点を O として，各問いに答えなさい。(6点×4＝24点)

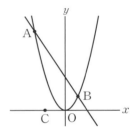

(1) 関数 $y=x^2$ について，x の変域が $-3 \leqq x \leqq 1$ のときの y の変域を求めなさい。

(2) 2点 A，B を通る直線の傾きを求めなさい。

(3) 放物線上に点 D をとり，△OAB の面積と △OCD の面積が等しくなるようにする。このとき，点 D の座標をすべて求めなさい。

(4) △OBC を，x 軸を軸として1回転させてできる立体の体積を求めなさい。ただし，円周率は π とする。

(1)		(2)	
(3)		(4)	

4 図のように，1，2，3，4 と書いてある白玉がそれぞれ1個ずつ，1と書いてある黒玉が1個，合計5個の玉が入った袋がある。この袋の中から同時に2個の玉を取り出すとき，次の問いに答えなさい。ただし，どの玉の取り出し方も同様に確からしいとする。(6点×2＝12点)

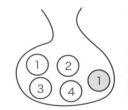

(1) 2個の玉に書かれている数の積が奇数になる確率を求めなさい。

(2) 2個の玉のうち，少なくとも1個が1と書いてある玉である確率を求めなさい。

(1)		(2)	

5 右の図のような，1辺の長さが 4cm で $\angle DAB = 60°$ のひし形 ABCD を底面とし，高さが 6cm の四角柱がある。このとき，次の問いに答えなさい。(8点×3＝24点)

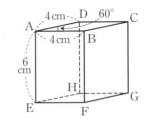

(1) 線分 AC の長さを求めなさい。

(2) 辺 BC，CD の中点をそれぞれ P，Q とし，面 PQHF と対角線 AG との交点を R とする。
　① 線分 AR と線分 RG の長さの比を求めなさい。
　② 線分 RF の長さを求めなさい。

(1)		(2)	①		②	

□ 執筆協力　間宮勝己　㈱アポロ企画
□ 編集協力　㈱アポロ企画　坂下仁也　三宮千抄　踊堂憲道
□ 本文デザイン　山口秀昭（Studio Flavor）
□ DTP　㈱明友社
□ 図版作成　伊豆嶋恵理　㈲デザインスタジオエキス．　㈱明友社

シグマベスト
**今日からスタート高校入試
数学**

本書の内容を無断で複写（コピー）・複製・転載することを禁じます。また，私的使用であっても，第三者に依頼して電子的に複製すること（スキャンやデジタル化等）は，著作権法上，認められていません。

編　者　文英堂編集部
発行者　益井英郎
印刷所　中村印刷株式会社
発行所　株式会社文英堂
　　　　〒601-8121　京都市南区上鳥羽大物町28
　　　　〒162-0832　東京都新宿区岩戸町17
　　　　（代表）03-3269-4231

解答・解説

★本体からとりはずして，お使いいただけます。

01 正負の数

基本問題

1 (1) $2\times3^2\times5$　　(2) $2^2\times3^2\times5\times7$

2 (1) $-\dfrac{3}{2}$, -1.45, -1, -0.2　　(2) 5個

3 (1) 2　　(2) -20　　(3) 2　　(4) 29

　　(5) $-\dfrac{5}{6}$　　(6) 14

4 (1) -35　　(2) 32　　(3) -4　　(4) 4

　　(5) 15　　(6) -5

5 (1) -14　　(2) 3　　(3) -4　　(4) 15

　　(5) 11　　(6) $-\dfrac{9}{2}$

解説

1 (1)
$$
\begin{array}{r}
2\,)\underline{90} \\
3\,)\underline{45} \\
3\,)\underline{15} \\
5
\end{array}
$$
$90=2\times3^2\times5$

(2)
$$
\begin{array}{r}
2\,)\underline{1260} \\
2\,)\underline{630} \\
3\,)\underline{315} \\
3\,)\underline{105} \\
5\,)\underline{35} \\
7
\end{array}
$$
$1260=2^2\times3^2\times5\times7$

2 (1)

よって, $-\dfrac{3}{2}<-1.45<-1<-0.2$

(2)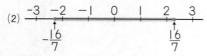

-2, -1, 0, 1, 2 の 5 個

3 (1) $(-5)+(+7)=+(7-5)=2$

(2) $-12+(-8)=-(12+8)=-20$

(3) $-9-(-11)=-9+11=+(11-9)=2$

(4) $23-(-6)=23+6=29$

(5) $-\dfrac{2}{3}-\dfrac{1}{6}=-\left(\dfrac{2}{3}+\dfrac{1}{6}\right)=-\left(\dfrac{4}{6}+\dfrac{1}{6}\right)=-\dfrac{5}{6}$

(6) $9-(2-7)=9-(-5)=9+5=14$

4 (1) $7\times(-5)=-(7\times5)=-35$

(2) $(-8)\times(-4)=8\times4=32$

(3) $16\times\left(-\dfrac{1}{4}\right)=-\left(16\times\dfrac{1}{4}\right)=-4$

(4) $(-36)\div(-9)=36\div9=4$

(5) $-9\div\left(-\dfrac{3}{5}\right)=-9\times\left(-\dfrac{5}{3}\right)=9\times\dfrac{5}{3}=15$

(6) $10\times(-3)\div6=-(10\times3\div6)=-5$

5 (1) $(-2)\times4-6=-8-6=-14$

(2) $\underline{\{12-(-9)\}}\div7=(12+9)\div7=21\div7=3$
　　↑ まずは{ }の中を計算

(3) $18\div(-2)+5=-(18\div2)+5=-9+5=-4$

(4) $11-8\div(-2)=11+(8\div2)=11+4=15$

(5) $\underline{-3^2}+5\times\underline{(-2)^2}=-9+5\times4=-9+20=11$
　　└ $-(3\times3)$　└ $(-2)\times(-2)$

(6) $-2-(14-2^2)\div4=-2-(14-4)\div4$
　　$=-2-10\div4=-2-\dfrac{5}{2}=-\dfrac{9}{2}$

トレーニングテスト

1 (1) 0, 3, -2　　(2) 5個

2 (1) -2　　(2) -7　　(3) -9　　(4) $\dfrac{3}{10}$

　　(5) 7　　(6) $\dfrac{1}{18}$

3 (1) 18　　(2) -4.5　　(3) $-\dfrac{9}{10}$　　(4) -45

　　(5) 45　　(6) $-\dfrac{3}{7}$

4 (1) -20　　(2) -12　　(3) 13　　(4) 2

　　(5) -45　　(6) $-\dfrac{1}{18}$

5 ア, イ, ウ

6 156cm

7 $a=2$, $b=-2$

解説

1 (1) 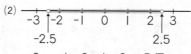　　よって, 0, 3, -2

(2)
$$
\begin{array}{c}
\text{(数直線 } -3 \text{ から } 3\text{)} \\
-2.5 \qquad\qquad 2.5
\end{array}
$$
-2, -1, 0, 1, 2 の 5 個

2 (1) $-9+7=-(9-7)=-2$

(2) $-3-4=-(3+4)=-7$

(3) $-14-(-5)=-14+5=-9$

(4) $-\dfrac{1}{5}+\dfrac{1}{2}=-\dfrac{2}{10}+\dfrac{5}{10}=+\left(\dfrac{5}{10}-\dfrac{2}{10}\right)=\dfrac{3}{10}$

(5) $6-(-3)+(-2)=6+3-2=9-2=7$

(6) $\dfrac{8}{9}+\left(-\dfrac{3}{2}\right)-\left(-\dfrac{2}{3}\right)=\dfrac{8}{9}-\dfrac{3}{2}+\dfrac{2}{3}$

$\quad=\dfrac{16}{18}-\dfrac{27}{18}+\dfrac{12}{18}=\dfrac{16+12-27}{18}=\dfrac{1}{18}$

3 (1) $(-2)\times(-9)=2\times9=18$

(2) $1.5\times(-3)=-(1.5\times3)=-4.5$

(3) $\dfrac{3}{4}\div\left(-\dfrac{5}{6}\right)=-\dfrac{3\times6}{4\times5}=-\dfrac{9}{10}$

(4) $5\times(-3^2)=5\times(-9)=-(5\times9)=-45$

(5) $3^2\div\dfrac{1}{5}=9\times5=45$ ← $\dfrac{1}{5}$ の逆数は $\dfrac{5}{1}$ より 5

(6) $5\times\left(-\dfrac{1}{15}\right)\div\dfrac{7}{9}=-\dfrac{5\times1\times9}{15\times7}=-\dfrac{3}{7}$

4 (1) $7-3\times9=7-27=-(27-7)=-20$

(2) $18\div(-6)-9=-(18\div6)-9=-3-9=-12$

(3) $(-5)^2+4\times(-3)=25-12=13$

(4) $-8\div2-3\times(-2)=-(8\div2)+3\times2$

$\quad=-4+6=2$

(5) $-3^2-4\times(-3)^2=-9-4\times9=-9-36=-45$

(6) $\dfrac{2}{3}\times\left(\dfrac{1}{6}-\dfrac{1}{4}\right)=\dfrac{2}{3}\times\left(\dfrac{2}{12}-\dfrac{3}{12}\right)$

$\quad=\dfrac{2}{3}\times\left(-\dfrac{1}{12}\right)=-\dfrac{1}{18}$

5 ア…自然数と自然数の加法の結果は，いつでも自然数
　　になるので，正しい。

ア…自然数と自然数の減法の結果は，正の整数，0，
　　負の整数のいずれかになるから，正しい。

ウ…自然数と自然数の乗法の結果は，いつでも自然数
　　になるので，正しい。

エ…2つの自然数を2，3とすると，$2\div3=\dfrac{2}{3}$ で，
　　整数とはならないから，正しくない。

よって，正しいのはア，イ，ウ

6 F以外の表中の数をすべて加えると

$\quad8-2+5+0+2=13$

生徒の身長から160cmをひいた数の合計は

$\quad(161.5-160)\times6=1.5\times6=9$

よって，見えなくなっているFの値は

$\quad9-13=-4$

したがって，Fの身長は

$\quad160-4=156(\text{cm})$

7 一番上の行の合計は，$a-3+4=a+1$ …①

一番左の列の合計は，$a+3+b$

よって，$a+1=a+3+b$

これより $1=b+3$ よって $b=-2$

右上から左下への斜めの和は

$4+1+b=5-2=3$

よって，縦，横，斜めに並ぶ3つの数の和は3

したがって，①において $a+1=3$ より $a=2$

02 文字と式

基本問題

1 (1) $5a$　　(2) $-ab$　　(3) $\dfrac{14}{3}x$　　(4) $-6a^3$

(5) $-\dfrac{3}{4}b$　　(6) $\dfrac{3}{x^2}$　　(7) $2x^2-\dfrac{3}{y^2}$

(8) $-(a-2)^3$

2 (1) 42　　(2) -14　　(3) 8

3 (1) $-4a$　　(2) $24a-8$　　(3) $12a$

(4) $2a-8$　　(5) $-\dfrac{12x-3}{2}$　　(6) $-x+16$

4 (1) $5a+6b<1000$　　(2) $x-15y\geqq10$

(3) $3a+7b=c(a+b)$

解説

1 (1) $5\times a=5a$

(2) $b\times(-1)\times a=-ab$

(3) $-8x\div\left(-\dfrac{12}{7}\right)=8x\times\dfrac{7}{12}=\dfrac{14}{3}x$

(4) $a\times a\times3\times a\times(-2)=3\times(-2)\times a^3=-6a^3$

(5) $-3b\div4=-\dfrac{3}{4}b$

(6) $1\div x\div x\times3=1\times\dfrac{1}{x}\times\dfrac{1}{x}\times3=\dfrac{1}{x^2}\times3=\dfrac{3}{x^2}$

(7) $2\times x\times x+3\div y\div(-y)=2x^2-3\times\dfrac{1}{y}\times\dfrac{1}{y}$

$\quad=2x^2-\dfrac{3}{y^2}$

(8) $-(a-2)\times(a-2)\times(a-2)=-(a-2)^3$

別解 本冊 p.18 **[確認]** を用いると

(6) $\dfrac{1\times3}{x\times x}=\dfrac{3}{x^2}$

(7) $2x^2-\dfrac{3}{y\times y}=2x^2-\dfrac{3}{y^2}$ と計算できる。

! 注意しよう

文字式のルールをしっかり理解しよう。

①×と÷ははぶく。

②数と文字の積では数が前。

③同じ文字の積は累乗の形で表す。

④係数の1は書かない。

⑤文字の並びはアルファベット順が基本。

2 (1) $27-5x$ に $x=-3$ を代入する。

$27-5\times(-3)=27+15=42$

(2) $-2a-6$ に $a=4$ を代入する。

$-2\times4-6=-8-6=-14$

(3) $4a^2+2a-2b$ に $a=\dfrac{1}{2}$，$b=-3$ を代入する。

$4\times\left(\dfrac{1}{2}\right)^2+2\times\dfrac{1}{2}-2\times(-3)=1+1+6=8$

3 (1) $6a\times\left(-\dfrac{2}{3}\right)=-\dfrac{6a\times2}{3}=-4a$

(2) $8(3a-1)=24a-8$

(3) $5a-(-7a)=5a+7a=12a$
　　　　　　　　$\underset{\text{+になる}}{\underline{\qquad\qquad}}$

(4) $3a-6-(a+2)=3a-6-a-2=2a-8$
　　　　　　　$\underset{(\ )\text{の中の符号が変わる}}{\underline{\qquad\qquad\qquad}}$

(5) $(24x-6)\div(-4)=(24x-6)\times\left(-\dfrac{1}{4}\right)$
　　　　　　　$\underset{\text{除法は乗法にする}}{\underline{\qquad\qquad\qquad}}$

$=-\dfrac{24x-6}{4}=-\dfrac{12x-3}{2}$

(6) $3(x+2)-2(2x-5)=3x+6-4x+10$

$=-x+16$

別解 (5) $(24x-6)\div(-4)=-\dfrac{24x-6}{4}$ より，

$\dfrac{-12x+3}{2}$ や $-6x+\dfrac{3}{2}$ としても正解である。

4 (1) $a\times5+b\times6=5a+6b$

1000 円でおつりがもらえるのだから

$5a+6b<1000$　←代金の方が少ない

(2) x と $15y$ を比べると x の方が 10 枚以上多いのだから　$x-15y\geqq10$

(3) 食塩の量で式をつくると，

$\dfrac{3}{100}a+\dfrac{7}{100}b=\dfrac{c}{100}(a+b)$ が成り立つ。

両辺に 100 をかけて　$3a+7b=c(a+b)$

> **! 注意しよう**
> (2) $x-15y\geqq10$ は $x\geqq15y+10$ でも，$x-10\geqq15y$ でも正解である。関係を表す式は 1 通りとは限らない。

---

1 (1) $y=6x+3$ 　　(2) $y=\dfrac{180}{x}$

(3) $5x+3y<40$ 　(4) $5a+b<500$

2 (1) $6a-2$ 　(2) $2a-5b$ 　(3) $7x-31$

(4) $5x-6$ 　(5) $2a-5$ 　(6) $\dfrac{23}{20}a$

(7) $\dfrac{a+10}{6}$ 　(8) $\dfrac{5x-1}{4}$ 　(9) $\dfrac{9x+7}{10}$

(10) $\dfrac{13}{3}$

3 (1) 5 　(2) 12 　(3) 2 　(4) 4

4 $13.5\leqq a<14.5$

5 ① 7 　② $2n-1$ 　③ n^2

解説

1 (1) y 個は $6x$ 個より 3 個多いのだから，

$y=6x+3$

(2) この水そうは $6\times30=180$（L）でいっぱいになる。

よって，$xy=180$ より　$y=\dfrac{180}{x}$

(3) $(5x+3y)$kg は 40kg 未満であるから

$5x+3y<40$

(4) おつりがあるということは，$(5a+b)$円は 500 円より安いので $5a+b<500$

2 (1) $4\times\dfrac{3a-1}{2}=2(3a-1)=6a-2$

(2) $(6a-15b)\div3=\dfrac{6a}{3}-\dfrac{15b}{3}=2a-5b$

(3) $3(x-7)+2(2x-5)=3x-21+4x-10$

$=7x-31$

(4) $3(x-1)-(3-2x)=3x-3-3+2x=5x-6$

(5) $3(2a+1)-4(a+2)=6a+3-4a-8$

$=2a-5$

(6) $\dfrac{7}{4}a-\dfrac{3}{5}a=\dfrac{35}{20}a-\dfrac{12}{20}a=\dfrac{23}{20}a$

(7) $\dfrac{2a+5}{3}-\dfrac{a}{2}=\dfrac{4a+10}{6}-\dfrac{3a}{6}=\dfrac{4a+10-3a}{6}$

$=\dfrac{a+10}{6}$

(8) $\dfrac{3x-2}{2}-\dfrac{x-3}{4}=\dfrac{6x-4}{4}-\dfrac{x-3}{4}$

$=\dfrac{6x-4-x+3}{4}$

$=\dfrac{5x-1}{4}$

(9) $\dfrac{1}{5}(7x-4)-\dfrac{1}{2}(x-3)=\dfrac{7x-4}{5}-\dfrac{x-3}{2}$

$=\dfrac{14x-8}{10}-\dfrac{5x-15}{10}=\dfrac{14x-8-5x+15}{10}$

$=\dfrac{9x+7}{10}$

(10) $\dfrac{6x-2}{3}-(2x-5)=\dfrac{6x-2}{3}-\dfrac{2x-5}{1}$

$=\dfrac{6x-2}{3}-\dfrac{6x-15}{3}=\dfrac{6x-2-6x+15}{3}=\dfrac{13}{3}$

3 (1) a^2-4 に $a=-3$ を代入する。

$(-3)^2-4=9-4=5$

(2) $2a+8b$ に $a=-6$, $b=3$ を代入する。

$2\times(-6)+8\times3=-12+24=12$

(3) $5x-7y-4(x-2y)=5x-7y-4x+8y=x+y$

└ まずは式を整理する

この式に $x=8$, $y=-6$ を代入する。

$8+(-6)=2$

(4) $a^2+2ab+b^2$ に $a=-3$, $b=5$ を代入する。

$\underline{(-3)^2+2\times(-3)\times5+5^2}=9-30+25=4$

└ 負の数 -3 を代入するときは（ ）をつけて代入すること

別解 3年生で習う因数分解を利用すると

$a^2+2ab+b^2=(a+b)^2=(-3+5)^2=2^2=4$

4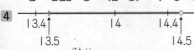

色で示した範囲が題意を満たすので

$13.5\leqq a<14.5$ ← $13.5\leqq a\leqq14.4$ としないように。

a の桁数が示されていないので

$14.48\cdots$ のような数も題意を満たす。

5 加えるタイルの数は，1，3，5 と増えている。これは奇数の列であるから，1，3，5，7，9，…

したがって，4番目に加えるタイルの数は $\boxed{7}$ 個 …①

n 番目に加えるタイルの数は，n 番目の奇数で $1+2(n-1)=\boxed{2n-1}$ 個 …②

また，タイルの総数は 1，4，9，… と増えているので，

└ 1^2, 2^2, 3^2, … すなわち平方数

n 番目のタイルの総数は $\boxed{n^2}$ 個 …③

したがって，$1+3+5+\cdots+(2n-1)=n^2$ が成り立つ。

---

03 1次方程式

基本問題

1 (1) $x=2$　(2) $x=3$　(3) $x=3$

(4) $x=-2$　(5) $x=2$　(6) $x=12$

(7) $x=20$　(8) $x=\dfrac{5}{2}$　(9) $x=8$

(10) $x=-3$

2 (1) 6個　(2) 32人　(3) 1200m

(4) 2km　(5) 7%…250g, 15%…150g

Step 1

要点をおさえる！

解説

1 (1) $x+8=10$　　$x=10-8$　　$x=2$

(2) $3x+4=x+10$　　$3x-x=10-4$

$2x=6$　　$x=3$

(3) $7-(x-6)=10$　　$7-x+6=10$

└ かっこのはずし方に注意

$-x=10-7-6$　　$-x=-3$　　$x=3$

(4) $5(x-2)-2(3x-4)=0$

$5x-10-6x+8=0$

$5x-6x=10-8$

$-x=2$　　$x=-2$

(5) $0.5x+0.7=4.2-1.25x$

$\underline{100(0.5x+0.7)=100(4.2-1.25x)}$

└ 両辺を100倍する

$50x+70=420-125x$

$50x+125x=420-70$

$175x=350$　　$x=2$

(6) $0.3(0.7x-0.4)=0.2x$

$0.21x-0.12=0.2x$

$21x-12=20x$

$21x-20x=12$　　$x=12$

別解 下のように両辺に 100 をかけて

$\underline{0.3(0.7x-0.4)}=\underline{0.2x}$

×10　×10　　×100

$3(7x-4)=20x$ として解いてもよい。

(7) $\dfrac{x}{5}+6=\dfrac{3}{4}x-5$

$\underline{20\left(\dfrac{x}{5}+6\right)=20\left(\dfrac{3}{4}x-5\right)}$

└ 4と5の最小公倍数

$4x+120=15x-100$

$4x-15x=-100-120$

$-11x=-220$　　$x=20$

(8) $\dfrac{2x-5}{3}-\dfrac{x-3}{2}=\dfrac{1}{4}$

$12\left(\dfrac{2x-5}{3}-\dfrac{x-3}{2}\right)=12\times\dfrac{1}{4}$

$4(2x-5)-6(x-3)=3$

$8x-20-6x+18=3$

$8x-6x=3+20-18$

$2x=5 \qquad x=\dfrac{5}{2}$

(9) $10:x=5:4 \qquad 40=5x \qquad 5x=40 \qquad x=8$

外項の積 / 内項の積

(10) $(x-3):2=x:1 \qquad x-3=2x$

$x-2x=3 \qquad -x=3 \qquad x=-3$

2 (1) 買ったりんごの個数を x 個とする。

└ 求めるものを x とおくのが鉄則

$130x+110(8-x)=1000$

$130x+880-110x=1000$

$130x-110x=1000-880$

$20x=120 \qquad x=6$

よって，**6個**

(2) 子どもの人数を x 人とする。鉛筆の本数は，

$(6x-4)$ 本，$(5x+28)$ 本と2通りに表せる。

よって，$6x-4=5x+28$

$6x-5x=28+4 \qquad x=32$

よって，**32人**

(3) 家から郵便局までの道のりを x m とする。かかっ
た時間の式をつくると

$\dfrac{x}{50}+\dfrac{1650-x}{45}=34$ ← 単位がすべて m と分に そろっているか確認する こと

$450\left(\dfrac{x}{50}+\dfrac{1650-x}{45}\right)=450\times34$

$9x+10(1650-x)=15300$

$9x+16500-10x=15300$

$9x-10x=15300-16500$

$-x=-1200 \qquad x=1200$

よって，**1200m**

(4) 家から公園までの道のりを x km とする。かかる時
間の関係を式にすると

$\dfrac{x}{4}=\dfrac{x}{15}+\dfrac{22}{60}$ ← 単位を km と時間にそろえる

$60\times\dfrac{x}{4}=60\left(\dfrac{x}{15}+\dfrac{22}{60}\right)$

$15x=4x+22$

$15x-4x=22 \qquad 11x=22 \qquad x=2$

よって，**2km**

(5) 7%の食塩水を x g 混ぜるとする。溶けている食塩
の量で式をつくると

$\dfrac{7}{100}x+\dfrac{15}{100}(400-x)=\dfrac{10}{100}\times400$

両辺を100倍して $\quad 7x+15(400-x)=4000$

$7x+6000-15x=4000$

$7x-15x=4000-6000$

$-8x=-2000 \qquad x=250$

よって，**7%…250g，15%…150g**

☆ **合格プラス**

よく使われる応用問題の公式は次のとおり。

● (道のり)÷(速さ)＝(時間)

● (速さ)×(時間)＝(道のり)

● (食塩の量)＝$\dfrac{濃度(\%)}{100}\times$(食塩水の量)

トレーニングテスト

1 (1) $x=1$ (2) $x=-3$ (3) $x=9$

(4) $x=-2$ (5) $x=8$ (6) $x=32$

(7) $x=-7$ (8) $x=-\dfrac{1}{35}$

2 $a=-2$

3 72.5点

4 11枚

5 2200円

6 60mL

7 分速75m

8 Sサイズ…9個，Mサイズ…16個

解説

1 (1) $5x+3=2x+6$

$5x-2x=6-3$

$3x=3$

$x=1$

(2) $x-9=3(x-1)$

$x-9=3x-3$

$x-3x=-3+9$

$-2x=6 \qquad x=-3$

(3) $9x+4=5(x+8)$

$9x+4=5x+40$

$9x-5x=40-4$

$4x=36$

$x=9$

(4) $0.2(x-2)=x+1.2$

$\underline{2(x-2)=10x+12}$

└ 両辺を10倍する

$2x-4=10x+12$

$2x-10x=12+4$

$-8x=16 \qquad x=-2$

(5)
$$x-6=\frac{x}{4}$$
$$4(x-6)=4\times\frac{x}{4}$$
└ 両辺を4倍する
$$4x-24=x$$
$$4x-x=24$$
$$3x=24$$
$$x=8$$

(6)
$$4:3=(x-8):18$$
$$4\times18=3(x-8)$$
$$72=3x-24$$
$$-3x=-24-72$$
$$-3x=-96$$
$$x=32$$

(7)
$$\frac{3x+9}{4}=-x-10$$
$$4\times\frac{3x+9}{4}=4(-x-10)\quad\text{← 両辺を4倍する}$$
$$3x+9=-4x-40$$
$$3x+4x=-40-9$$
$$7x=-49\qquad x=-7$$

(8)
$$\frac{7}{600}x+\frac{1}{3000}=0$$
$$3000\left(\frac{7}{600}x+\frac{1}{3000}\right)=0$$
└ 600と3000の最小公倍数3000を両辺にかける
$$35x+1=0\qquad 35x=-1$$
$$x=-\frac{1}{35}$$

2 $\frac{x+a}{3}=2a+1$ の両辺を3倍すると
$$x+a=3(2a+1)$$
$$x+a=6a+3$$
この式に $x=-7$ を代入すると
$$-7+a=6a+3\qquad a-6a=3+7\qquad -5a=10$$
$$a=-2$$

3 女子全員の平均値を x 点とする。
$$68.5\times18+x\times22=70.7\times40$$
$$1233+22x=2828\quad\text{← }68.5\times18=68.5\times2\times9$$
$$22x=2828-1233\qquad 70.7\times40=707\times4$$
$$22x=1595\qquad\text{として計算するとよい}$$
$$x=72.5$$
よって，女子全員の平均値は，**72.5点**

4 長方形の紙の枚数を x 枚とする。
のりしろの数は $(x-1)$ か所であるから
$$15x-3(x-1)=135$$
$$15x-3x+3=135$$
$$15x-3x=135-3\qquad 12x=132\qquad x=11$$
よって，使った長方形の紙の枚数は**11枚**

5 セーターの定価を x 円とする。35%引きは定価を $\left(1-\frac{35}{100}\right)$ 倍した金額になる。

$$\left(1-\frac{35}{100}\right)x=(x-500)-270$$
ゆきさんの買った値段　あきさんの買った値段
$$\frac{65}{100}x=x-770\qquad 65x=100x-77000$$
$$65x-100x=-77000$$
$$-35x=-77000\qquad x=2200$$
よって，セーターの定価は**2200円**

6 はじめに容器Aに入っていた牛乳の量を x mL とする。容器Bに入っている牛乳の量は $2x$ mL である。容器Aに140mLの牛乳を加えたときの容器A，Bの牛乳の量についての比例式は
$$(x+140):2x=5:3$$
$$3(x+140)=2x\times5$$
$$3x+420=10x\qquad 3x-10x=-420$$
$$-7x=-420$$
$$x=60$$
よって，はじめに容器Aに入っていた牛乳の量は**60mL**

7 B君の歩いた速さを分速 x m とする。
B君は20分間，A君は30分間歩いたのだから
$$60\times30+x\times20=3300\quad\text{← 分とmに単位が}$$
$$1800+20x=3300\qquad\text{そろっていること}$$
$$20x=3300-1800\qquad\text{を確認する}$$
$$20x=1500\qquad x=75$$
よって，B君の歩いた速さは**分速75m**

8 Sサイズを x 個，Mサイズを $(25-x)$ 個発送したとする。Sサイズは縦，横，高さの合計が $30+20+10=60$（cm）より60cmまでの送料，Mサイズは $30+40+20=90$（cm）より100cmまでの送料になる。
$$\underset{\text{Sサイズ・関東}}{700x}+\underset{\text{Mサイズ・関東}}{1100(25-x)\times\frac{1}{2}}+\underset{\text{Mサイズ・九州}}{1300(25-x)\times\frac{1}{2}}$$
$$=25500$$
$$700x+(1100+1300)(25-x)\times\frac{1}{2}=25500$$
$$700x+2400(25-x)\times\frac{1}{2}=25500$$
$$7x+12(25-x)=255\quad\text{← 両辺を100で割った}$$
$$-5x=-45\qquad x=9$$
よって，**Sサイズ…9個，Mサイズ…16個**

要点をおさえる！

基本問題

1 単項式…(ア), (イ), (エ), (オ)

　多項式…(ウ), (カ), (キ), (ク)

2 (1) $36x^2$　　　(2) $35a^3b^4$　　　(3) 8

　(4) $-3x^2y$　　　(5) x^2　　　(6) $-4a$

　(7) $-2b$　　　(8) $\dfrac{2}{3}y^2$

3 (1) $12x-3y$　(2) $a-7b$　(3) $2x-2y$

　(4) $-x^2-x+3$　(5) $\dfrac{13x+14y}{12}$　(6) $\dfrac{x+y}{3}$

　(7) $\dfrac{11x-7y}{12}$　(8) $\dfrac{9x-7y}{8}$

4 (1) $y=\dfrac{x}{2}-4$　　(2) $h=\dfrac{2S}{a}$

　(3) $b=3m-a-c$　　(4) $R=\dfrac{S}{\pi r}-r$

　(5) $x=\dfrac{c-b}{a}$　　(6) $a=\dfrac{b}{1+b}$

解説

1 単項式は, (ア) -0.3, (イ) a^2, (エ) $\dfrac{xyz}{6}$, (オ) 2π

　多項式は, (ウ) $80-x$, (カ) $\dfrac{2}{3}x^2+3x$,

　　　　　(キ) $\dfrac{4a+b}{3}$, (ク) $ab-bc$

> **! 注意しよう**
> (イ)は, $a^2=a\times a$ で, 乗法だけでできているから, 単項式である。
> (キ)は, $\dfrac{4a+b}{3}=\dfrac{4}{3}a+\dfrac{1}{3}b$ であるから多項式である。

2 (1) $(-6x)^2=(-6)\times(-6)\times x\times x=36x^2$

　(2) $5a b^3\times 7a^2 b=5\times 7\times a\times a^2\times b^3\times b=35a^3b^4$

　(3) $-8ab\div(-ab)=\dfrac{8ab}{ab}=8$

　(4) $-9x^2y^3\div 3y^2=-\dfrac{9x^2y^3}{3y^2}=-3x^2y$

　(5) $x^5\div x^2\div x^4\times x^3=\dfrac{x^5\times x^3}{x^2\times x^4}=\dfrac{x^8}{x^6}=x^2$

　(6) $8a^2\times(-3a^3)\div 6a^4=-\dfrac{8a^2\times 3a^3}{6a^4}=-\dfrac{24a^5}{6a^4}$

　　　$=-4a$

　(7) $-2a^3b\div(-2a^2b)^2\times 4ab^2$

　　$=-2a^3b\div 4a^4b^2\times 4ab^2$

　　$=-\dfrac{2a^3b\times 4ab^2}{4a^4b^2}=-\dfrac{8a^4b^3}{4a^4b^2}=-2b$

　(8) $\dfrac{2}{5}xy\times\dfrac{1}{2}xy^2\div\dfrac{3}{10}x^2y=\dfrac{2xy}{5}\times\dfrac{xy^2}{2}\div\dfrac{3x^2y}{10}$

　　$=\dfrac{2xy\times xy^2\times 10}{5\times 2\times 3x^2y}=\dfrac{2x^2y^3}{3x^2y}=\dfrac{2}{3}y^2$

3 (1) $6x+3(2x-y)=6x+6x-3y=12x-3y$

　(2) $3(a-3b)-2(a-b)=3a-9b-2a+2b$

　　　$=a-7b$

　(3) $-4(x-2y)-2(5y-3x)$

　　$=-4x+8y-10y+6x=2x-2y$

　(4) $(3x^2+2x+1)-(4x^2+3x-2)$

　　$=3x^2+2x+1-4x^2-3x+2=-x^2-x+3$

　(5) $\dfrac{3x+2y}{4}+\dfrac{x+2y}{3}=\dfrac{3(3x+2y)+4(x+2y)}{12}$

　　$=\dfrac{9x+6y+4x+8y}{12}=\dfrac{13x+14y}{12}$

　(6) $x-\dfrac{2x-y}{3}=\dfrac{3x-(2x-y)}{3}=\dfrac{3x-2x+y}{3}$

　　$=\dfrac{x+y}{3}$

　(7) $\dfrac{x-2y}{6}-\dfrac{y-3x}{4}=\dfrac{2(x-2y)-3(y-3x)}{12}$

　　$=\dfrac{2x-4y-3y+9x}{12}=\dfrac{11x-7y}{12}$

　(8) $\dfrac{3}{4}(2x-y)-\dfrac{1}{8}(3x+y)=\dfrac{6(2x-y)}{8}-\dfrac{3x+y}{8}$

　　$=\dfrac{12x-6y-3x-y}{8}=\dfrac{9x-7y}{8}$

4 (1) $3x-6y=24$

　　　$-6y=24-3x$

　　　$y=-\dfrac{24}{6}+\dfrac{3x}{6}$

　　　$y=-4+\dfrac{1}{2}x$

　　　$y=\dfrac{x}{2}-4$

　(2) $S=\dfrac{1}{2}ah$

　　　$\dfrac{1}{2}ah=S$ ← 解きたい文字を左辺におく

　　　$ah=2S$

　　　$h=\dfrac{2S}{a}$

　(3) $m=\dfrac{a+b+c}{3}$

　　　$\dfrac{a+b+c}{3}=m$

　　　$a+b+c=3m$

　　　$b=3m-a-c$

　(4) $S=\pi r^2+\pi R r$

　　　$-\pi R r=\pi r^2-S$

　　　$\pi R r=S-\pi r^2$

　　　$R=\dfrac{S}{\pi r}-\dfrac{\pi r^2}{\pi r}$

　　　$R=\dfrac{S}{\pi r}-r$

(5) $ax+b=c$
$ax=c-b$
両辺を a で割って
$$x=\frac{c-b}{a}$$

(6) $\frac{1}{a}=\frac{1}{b}+1 \qquad \frac{1}{a}=\frac{1+b}{b}$
両辺の逆数をとって
$$a=\frac{b}{1+b}$$

トレーニングテスト

1 (1) $12a^2b$ (2) $\frac{3}{2}a^2b$ (3) $3x$ (4) $-3a$

   (5) $4xy$ (6) $4a^2b$ (7) $-\frac{2a}{b^2}$ (8) $-\frac{1}{2}x^2$

2 (1) $4a^2b$ (2) $2a$

3 (1) $5a-11b$ (2) $2x+y$ (3) $\frac{1}{2}x+9y$

   (4) $\frac{11x-y}{12}$ (5) $\frac{a+5b}{12}$ (6) $3a+5$

4 (1) $b=5a+10$ (2) $y=3-2x$

   (3) $h=\frac{3V}{\pi r^2}$ (4) $c=-5a+2b$

5 ア…$a+b+c$ イ…$99a+9b$

   ウ…9 エ…$11a+b$

6 (1) 黄色   (2) $(20n-8)$枚

（考え方の説明は［解説］参照）

解説

1 (1) $16ab\times\frac{3}{4}a=\frac{16ab\times3a}{4}=12a^2b$

(2) $-6a^3b^2\div(-4ab)=\frac{6a^3b^2}{4ab}=\frac{3}{2}a^2b$
    （分母へ）

(3) $12xy^2\div(-2y)^2=12xy^2\div4y^2=\frac{12xy^2}{4y^2}=3x$

(4) $(-3a)^3\div(3a)^2=-27a^3\div9a^2=-\frac{27a^3}{9a^2}$
    （$(-3a)\times(-3a)\times(-3a)=(-3)^3\times a^3=-27a^3$）
$$=-3a$$

(5) $9x^3y\div\left(-\frac{3}{2}x\right)^2=9x^3y\div\frac{9x^2}{4}$
$$=\frac{9x^3y\times4}{9x^2}=4xy$$

(6) $ab^2\times8a^2\div2ab=\frac{ab^2\times8a^2}{2ab}=\frac{8a^3b^2}{2ab}=4a^2b$

(7) $24a^2b^2\div(-6b^3)\div2ab=-\frac{24a^2b^2}{6b^3\times2ab}=-\frac{2a}{b^2}$

(8) $\frac{5}{2}x^2y\times(-3x)\div15xy=-\frac{5x^2y\times3x}{2\times15xy}$
$$=-\frac{15x^3y}{30xy}=-\frac{1}{2}x^2$$

2 (1) $6a^2b-ab\times2a=6a^2b-2a^2b=4a^2b$

(2) $\frac{7}{5}a+\left(-\frac{3}{4}ab^2\right)\div\left(-\frac{5}{4}b^2\right)$
    （ここで式を区切る）
$$=\frac{7}{5}a+\frac{3ab^2\times4}{4\times5b^2}=\frac{7}{5}a+\frac{3}{5}a=\frac{10}{5}a=2a$$

3 (1) $2(2a-3b)+(a-5b)=4a-6b+a-5b$
$$=5a-11b$$

(2) $3(4x-y)-2(5x-2y)=12x-3y-10x+4y$
$$=2x+y$$

(3) $2(x+4y)-3\left(\frac{1}{2}x-\frac{1}{3}y\right)=2x+8y-\frac{3}{2}x+y$
$$=\frac{4}{2}x-\frac{3}{2}x+8y+y=\frac{1}{2}x+9y$$

(4) $\frac{2x-y}{3}+\frac{x+y}{4}=\frac{4(2x-y)+3(x+y)}{12}$
    （分母が12になるよう通分する）
$$=\frac{8x-4y+3x+3y}{12}=\frac{11x-y}{12}$$

(5) $\frac{2a+b}{6}-\frac{a-b}{4}=\frac{2(2a+b)-3(a-b)}{12}$
$$=\frac{4a+2b-3a+3b}{12}=\frac{a+5b}{12}$$

(6) $2(2a-b+4)-(a-2b+3)$
$$=4a-2b+8-a+2b-3=3a+5$$

4 (1) $\frac{b}{5}-2=a \qquad \frac{b}{5}=a+2$
$$b=5(a+2) \qquad b=5a+10$$

(2) $4x+2y=6 \qquad 2y=6-4x$
$$y=3-2x$$

(3) $V=\frac{1}{3}\pi r^2h \qquad \frac{1}{3}\pi r^2h=V$
    （解きたい文字を左辺に）
$$\pi r^2h=3V \qquad h=\frac{3V}{\pi r^2}$$

(4) $a=\frac{2b-c}{5} \qquad \frac{2b-c}{5}=a$
$$2b-c=5a \qquad -c=5a-2b$$
$$c=-5a+2b$$

5 この整数は $100a+10b+c$ と表され，各位の数の和
は $\boxed{a+b+c}$ …ア であるから
$(100a+10b+c)-(a+b+c)$
$=100a+10b+c-a-b-c$
$=100a-a+10b-b+c-c$
$=\boxed{99a+9b}$ …イ
$=\boxed{9}(\boxed{11a+b})$
    ↓   ↓
    ウ   エ

6 (1) C 列は，1 行目，2 行目，… と下にいくにつれて，
<u>黄 → 青 → 赤 → 白 → 緑 → 黄 → …</u> の順に並ぶか
└ 問題文の赤，青，黄，緑，白と逆の順番┘
ら，6 行目の C 列は 1 行目と同じ色紙になる。
よって，**黄色**である。

(2) D 列に青がはられるのは，3 行目，8 行目，13 行
目，… である。1 枚目の青を D 列の 3 行目にはっ
てから 5 行目ごとに 2 枚目，3 枚目，… とはって
いくので，n 枚目をはるまでに，はじめの 3 枚と
くり返しとなる「赤白緑黄青」の 5 枚を$(n-1)$回
D 列にはることになる。

よって，D 列にはる色紙は全部で，$3+5(n-1)$ よ
り，$(5n-2)$枚。したがって，A 列から D 列まで
にはったすべての色紙の枚数は
$$4(5n-2)=20n-8（枚）$$

05 連立方程式

基本問題

1 (1) $x=-1$，$y=2$　　(2) $x=2$，$y=1$

(3) $x=-3$，$y=-1$　　(4) $x=3$，$y=9$

2 (1) $x=7$，$y=-6$　　(2) $x=5$，$y=\dfrac{2}{3}$

(3) $x=15$，$y=6$　　(4) $x=6$，$y=1$

(5) $x=7$，$y=-1$　　(6) $x=3$，$y=2$

(7) $x=7$，$y=1$　　(8) $x=1$，$y=-1$

3 $a=-3$，$b=4$

解説

1 (1) $\begin{cases} 2x-y=-4 & \cdots① \\ x+2y=3 & \cdots② \end{cases}$

①×2＋②より
$$\begin{array}{r} 4x-2y=-8 \\ +)\ \ x+2y=3 \\ \hline 5x\quad\ \ =-5 \end{array}\quad x=-1$$

$x=-1$ を②に代入して
$$-1+2y=3\quad 2y=4\quad y=2$$
よって　$x=-1$，$y=2$

(2) $\begin{cases} 2x+3y=7 & \cdots① \\ 3x+7y=13 & \cdots② \end{cases}$

①×3−②×2 より

$$\begin{array}{r} 6x+\ 9y=21 \\ -)6x+14y=26 \\ \hline -5y=-5 \end{array}\quad y=1$$

$y=1$ を①に代入して
$$2x+3=7\quad 2x=4\quad x=2$$
よって　$x=2$，$y=1$

(3) $\begin{cases} x=2y-1 & \cdots① \\ x-y=-2 & \cdots② \end{cases}$

①を②に代入して　$2y-1-y=-2\quad y=-1$
$y=-1$ を①に代入して　$x=-2-1\quad x=-3$
よって　$x=-3$，$y=-1$

(4) $\begin{cases} 11x-4y=-3 & \cdots① \\ y=7x-12 & \cdots② \end{cases}$

②を①に代入して　$11x-4(7x-12)=-3$
$$11x-28x+48=-3\quad -17x=-51$$
$$x=3$$
$x=3$ を②に代入して　$y=21-12\quad y=9$
よって　$x=3$，$y=9$

2 (1) $\begin{cases} \dfrac{1}{4}x+\dfrac{1}{3}y=-\dfrac{1}{4} & \cdots① \\ 6x+5y=12 & \cdots② \end{cases}$

①×24−②より
$$\begin{array}{r} 6x+8y=-6 \\ -)6x+5y=12 \\ \hline 3y=-18 \end{array}\quad y=-6$$

$y=-6$ を②に代入して
$$6x-30=12\quad 6x=42\quad x=7$$
よって　$x=7$，$y=-6$

(2) $\begin{cases} 0.2x+0.6y=1.4 & \cdots① \\ 5x+3y=27 & \cdots② \end{cases}$

②×2−①×10 より
$$\begin{array}{r} 10x+6y=54 \\ -)\ \ 2x+6y=14 \\ \hline 8x\quad\ \ =40 \end{array}\quad x=5$$

$x=5$ を②に代入して
$$25+3y=27\quad 3y=2\quad y=\dfrac{2}{3}$$
よって　$x=5$，$y=\dfrac{2}{3}$

(3) $\begin{cases} \dfrac{x}{3}-\dfrac{y}{2}=2 & \cdots① \\ \dfrac{x}{5}+\dfrac{y}{3}=5 & \cdots② \end{cases}$

①×6 より　$2x-3y=12$　$\cdots①'$

②×15 より　$3x+5y=75$　$\cdots②'$

よって，②′×2−①′×3 より

$$6x+10y=150$$
$$\underline{-)6x-\ 9y=\ \ 36}$$
$$19y=114\qquad y=6$$

$y=6$ を①′に代入して

$$2x-18=12\qquad 2x=30\qquad x=15$$

よって $x=15,\ y=6$

(4) $\begin{cases}0.01x+0.08y=0.14 & \cdots① \\ 0.3x-0.5y=1.3 & \cdots②\end{cases}$

①×100 より $x+8y=14$ …①′

②×10 より $3x-5y=13$ …②′

よって，①′×3−②′ より

$$3x+24y=42$$
$$\underline{-)3x-\ 5y=13}$$
$$29y=29\qquad y=1$$

$y=1$ を①′に代入して

$$x+8=14\qquad x=6$$

よって $x=6,\ y=1$

(5) $\begin{cases}3(x-y)+2y=22 & \cdots① \\ 6x-5(y+2)=37 & \cdots②\end{cases}$

①より $3x-3y+2y=22$

$\qquad\quad 3x-y=22$ …①′

②より $6x-5y-10=37$

$\qquad\quad 6x-5y=47$ …②′

よって，②′−①′×2 より

$$6x-5y=47$$
$$\underline{-)6x-2y=44}$$
$$-3y=\ \ 3\qquad y=-1$$

$y=-1$ を①′に代入して

$$3x+1=22\qquad 3x=21\qquad x=7$$

よって $x=7,\ y=-1$

(6) $\begin{cases}x:(y+3)=3:5 & \cdots① \\ (x+4):(y-1)=7:1 & \cdots②\end{cases}$

①より $5x=3(y+3)\qquad 5x=3y+9$

$\qquad\quad 5x-3y=9$ …①′

②より $x+4=7(y-1)\qquad x+4=7y-7$

$\qquad\quad x-7y=-11$ …②′

よって，①′−②′×5 より

$$5x-\ 3y=\ \ 9$$
$$\underline{-)5x-35y=-55}$$
$$32y=\ 64\qquad y=2$$

$y=2$ を①′に代入して

$$5x-6=9\qquad 5x=15\qquad x=3$$

よって $x=3,\ y=2$

(7) $3x-2y=2x+5y=19$

$\begin{cases}3x-2y=19 & \cdots① \\ 2x+5y=19 & \cdots②\end{cases}$

②×3−①×2 より

$$6x+15y=57$$
$$\underline{-)6x-\ 4y=38}$$
$$19y=19\qquad y=1$$

$y=1$ を①に代入して

$$3x-2=19\qquad 3x=21\qquad x=7$$

よって $x=7,\ y=1$

(8) $\dfrac{3x-1}{2}=\dfrac{2y+5}{3}=\dfrac{3x-y}{4}$

$\dfrac{3x-1}{2}=\dfrac{2y+5}{3}$ より，$3(3x-1)=2(2y+5)$

$9x-3=4y+10\qquad 9x-4y=13$ …①

$\dfrac{3x-1}{2}=\dfrac{3x-y}{4}$ より，$2(3x-1)=3x-y$

$6x-2=3x-y\qquad 3x+y=2$ …②

②×3−①より

$$9x+3y=\ \ 6$$
$$\underline{-)9x-4y=13}$$
$$7y=-7\qquad y=-1$$

$y=-1$ を②に代入して

$$3x-1=2\qquad 3x=3\qquad x=1$$

よって $x=1,\ y=-1$

3 $\begin{cases}2x-5y=4 & \cdots① \\ ax+by=1 & \cdots②\end{cases}\qquad\begin{cases}3x+y=-11 & \cdots③ \\ ax-by=17 & \cdots④\end{cases}$

①+③×5 より

$$2x-5y=\ \ \ \ 4$$
$$\underline{+)15x+5y=-55}$$
$$17x\ \ \ \ \ \ =-51$$
$$x=-3$$

$x=-3$ を③に代入して

$$-9+y=-11\qquad y=-2$$

よって $x=-3,\ y=-2$

$x=-3,\ y=-2$ を②，④に代入して

$\begin{cases}-3a-2b=\ \ 1 & \cdots②′ \\ -3a+2b=17 & \cdots④′\end{cases}$

②′+④′より $-6a=18\qquad a=-3$

$a=-3$ を②′に代入して

$$9-2b=1\qquad -2b=-8\qquad b=4$$

よって $a=-3,\ b=4$

11

1 (1) $x=-1$, $y=2$　　(2) $x=3$, $y=6$

(3) $x=2$, $y=1$　　(4) $x=2$, $y=7$

(5) $x=-2$, $y=3$　　(6) $x=20$, $y=12$

(7) $x=2$, $y=\dfrac{1}{3}$　　(8) $x=4$, $y=-2$

2 イ, エ　　**3** $a=7$, $x=9$, $y=3$

4 $\begin{cases} 2x+y=3800 \\ x+2y=3100 \end{cases}$

大人1人…1500円, 中学生1人…800円

5 160人

6 男子の生徒数…130人, 女子の生徒数…120人

7 Aさんの家からC商店までの道のり…900m,
C商店からBさんの家までの道のり…300m

解説

1 (1) $\begin{cases} -3x+y=5 & \cdots① \\ x+2y=3 & \cdots② \end{cases}$

①×2−②より

$\qquad -6x+2y=10$

$-)\underline{\quad x+2y=\;3\quad}$

$\qquad -7x\quad=7\qquad x=-1$

$x=-1$ を②に代入して

$\quad -1+2y=3\quad 2y=4\qquad y=2$

よって　$x=-1$, $y=2$

(2) $\begin{cases} x-y=-3 & \cdots① \\ 5x-2y=3 & \cdots② \end{cases}$

①×2−②より

$\qquad 2x-2y=-6$

$-)\underline{5x-2y=3\quad}$

$\qquad -3x\quad=-9\qquad x=3$

$x=3$ を①に代入して　$3-y=-3\qquad y=6$

よって　$x=3$, $y=6$

(3) $\begin{cases} 2x-3y=1 & \cdots① \\ 3x+2y=8 & \cdots② \end{cases}$

①×2+②×3より

$\qquad 4x-6y=2$

$+)\underline{9x+6y=24}$

$\quad 13x\quad=26\qquad x=2$

$x=2$ を②に代入して

$\quad 6+2y=8\quad 2y=2\qquad y=1$

よって　$x=2$, $y=1$

(4) $\begin{cases} 2x+y=11 & \cdots① \\ y=3x+1 & \cdots② \end{cases}$

②を①に代入して

$\quad 2x+3x+1=11\quad 5x=10\quad x=2$

$x=2$ を②に代入して　$y=6+1\quad y=7$

よって　$x=2$, $y=7$

(5) $\begin{cases} \dfrac{x}{2}-\dfrac{y+1}{4}=-2 & \cdots① \\ x+4y=10 & \cdots② \end{cases}$

①×4より　$2x-(y+1)=-8$

$\quad 2x-y-1=-8\quad 2x-y=-7\quad \cdots①'$

①'×4+②より

$\qquad 8x-4y=-28$

$+)\underline{\quad x+4y=\;\;10\quad}$

$\qquad 9x\quad=-18\qquad x=-2$

$x=-2$ を②に代入して

$\quad -2+4y=10\quad 4y=12\qquad y=3$

よって　$x=-2$, $y=3$

(6) $\begin{cases} \dfrac{x}{4}-\dfrac{y}{3}=1 & \cdots① \\ \dfrac{x}{5}-\dfrac{y}{6}=2 & \cdots② \end{cases}$

①×12より　$3x-4y=12\quad \cdots①'$

②×30より　$6x-5y=60\quad \cdots②'$

①'×2−②'より

$\qquad 6x-8y=\;\;24$

$-)\underline{6x-5y=\;\;60}$

$\qquad -3y=-36\qquad y=12$

$y=12$ を①'に代入して

$\quad 3x-48=12\quad 3x=60\quad x=20$

よって　$x=20$, $y=12$

(7) $\begin{cases} x-3y=1 & \cdots① \\ 0.7(x+y)-y=1.3 & \cdots② \end{cases}$

②×10より　$7(x+y)-10y=13$

$\quad 7x+7y-10y=13\quad 7x-3y=13\quad \cdots②'$

②'−①より

$\qquad 7x-3y=13$

$-)\underline{\quad x-3y=\;1\quad}$

$\qquad 6x\quad=12\qquad x=2$

$x=2$ を①に代入して

$\quad 2-3y=1\quad -3y=-1\qquad y=\dfrac{1}{3}$

よって　$x=2$, $y=\dfrac{1}{3}$

(8) $4x+y=x-5y=14$

$\begin{cases} 4x+y=14 & \cdots① \\ x-5y=14 & \cdots② \end{cases}$

①×5＋②より

$\begin{array}{r} 20x+5y=70 \\ +)x-5y=14 \\ \hline 21x=84 \quad x=4 \end{array}$

$x=4$ を①に代入して

$16+y=14 \quad y=-2$

よって $x=4,\ y=-2$

2 それぞれの左辺に $x=3,\ y=-2$ を代入すると

（アの左辺）＝1，（イの左辺）＝8，（ウの左辺）＝13，

（エの左辺）＝-3　となる。等号が成立しているのは

イ，エ

3 $\begin{cases} x-y=6 & \cdots① \\ 2x+y=3a & \cdots② \\ x:y=3:1 & \cdots③ \end{cases}$

③より　$x=3y$　…③′

③′を①に代入して　$3y-y=6$　$2y=6$　$y=3$

$y=3$ を③′に代入して　$x=9$

よって　$x=9,\ y=3$

解$\begin{cases} x=9 \\ y=3 \end{cases}$を②に代入して

$18+3=3a \quad 21=3a$

よって　$a=7$

4 大人2人と中学生1人で3800円であるから

$2x+y=3800$

大人1人と中学生2人で3100円であるから

$x+2y=3100$

よって，$\begin{cases} 2x+y=3800 & \cdots① \\ x+2y=3100 & \cdots② \end{cases}$

①×2－②より

$\begin{array}{r} 4x+2y=7600 \\ -)x+2y=3100 \\ \hline 3x=4500 \quad x=1500 \end{array}$

$x=1500$ を②に代入して

$1500+2y=3100 \quad 2y=1600 \quad y=800$

よって，**大人1人…1500円，中学生1人…800円**

5 昨年度の男子の生徒数を x 人，女子の生徒数を y 人とする。今年の男子の生徒数は $0.95x$ 人，女子の生徒数は $1.1y$ 人であるから

$\underbrace{}_{(1-0.05)\times x}$

$\underbrace{}_{(1+0.1)\times y}$

$\begin{cases} x+y=360 & \cdots① \\ 0.95x+1.1y-(x+y)=12 & \cdots② \end{cases}$

②より　$-0.05x+0.1y=12$

両辺を100倍して　$-5x+10y=1200$　…②′

①より，$y=360-x$　…①′　①′を②′に代入して

$-5x+10(360-x)=1200$

$-15x+3600=1200$

$15x=2400 \quad x=160$

$\left.\begin{array}{l} x=160 \text{ を①′に代入して,} \\ y=360-160=200 \end{array}\right)$

よって，昨年度の男子の生徒数は **160人**

6 男子の生徒数を x 人，女子の生徒数を y 人とすると，○と答えた男子生徒は $0.7x$ 人，女子生徒は $0.45y$ 人で，全体では，$0.58(x+y)$ 人であるから

$\begin{cases} 0.7x+0.45y=0.58(x+y) & \cdots① \\ 0.7x=0.45y+37 & \cdots② \end{cases}$

①×100より　$70x+45y=58(x+y)$

$70x-58x+45y-58y=0$

$12x-13y=0$　…①′

②×100より　$70x=45y+3700$

両辺÷5より　$14x=9y+740$

$14x-9y=740$　…②′

②′×6－①′×7より

$\begin{array}{r} 84x-54y=4440 \\ -)84x-91y=0 \\ \hline 37y=4440 \\ y=120 \end{array}$

$y=120$ を①′に代入して

$12x-13\times120=0 \quad 12x-1560=0$

$12x=1560 \quad x=130$

よって　**男子の生徒数…130人，**

**　　　　女子の生徒数…120人**

7 Aさんの家からC商店までの道のりを x m，C商店からBさんの家までの道のりを y m とすると，Aさんが午前8時に家を出て，Bさんの家に着くまでにかかった時間は，$\dfrac{x}{50}+\dfrac{y}{60}$（分）である。

AさんがBさんの家を出てC商店に着くまでにかかった時間は $\dfrac{y}{50}$（分），

帰りにかかった時間は $\dfrac{y}{60}$（分）である。

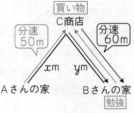

8時から9時39分までは99分間であるから，次のような式がつくれる。

分とmで単位を統一していることを確認しておく

$$\begin{cases} x+y=1200 & \cdots ① \\ \dfrac{x}{50}+\dfrac{y}{60}+60+\dfrac{y}{50}+5+\dfrac{y}{60}=99 & \cdots ② \end{cases}$$

勉強時間　買い物の時間

②を整理すると

$$\dfrac{x+y}{50}+\dfrac{2y}{60}=99-65 \qquad \dfrac{x+y}{50}+\dfrac{y}{30}=34$$

両辺×150 より

$3(x+y)+5y=5100$

$3x+3y+5y=5100$

$3x+8y=5100 \quad \cdots ②'$

②'−①×3 より

$$\begin{array}{r} 3x+8y=5100 \\ -)\ 3x+3y=3600 \\ \hline 5y=1500 \qquad y=300 \end{array}$$

$y=300$ を①に代入して

$x+300=1200 \qquad x=900$

よって　Aさんの家からC商店までの道のり…900m，

C商店からBさんの家までの道のり…300m

06 比例と反比例

基本問題

1 (1) ○　(2) ×　(3) ○

2 (1) $y=4x$　(2) $y=3$

3 (1) $y=\dfrac{12}{x}$　(2) $y=-\dfrac{3}{2}$

4 ① $y=\dfrac{1}{2}x$　② $y=\dfrac{18}{x}$

解説

1 (1) $y=\left(\dfrac{1}{4}x\right)^2$ より，$y=\dfrac{1}{16}x^2$ となり，x の値を1つ決めると y の値がただ1つ決まるので，これは関数である。

(2) $x=12$ としても，縦1cm，横5cmなら $y=5$，縦2cm，横4cmなら $y=8$ となって，x の値を1つ決めても y の値は1つに決まらないから，これは関数ではない。

(3) $y=20-5x$ となり，x の値を1つ決めると y の値もただ1つ決まるので関数である。

2 (1) $y=ax$ に $x=3$，$y=12$ を代入すると

$12=3a \qquad a=4$

よって　$y=4x$

(2) $y=ax$ に $x=4$，$y=-2$ を代入すると

$-2=4a \qquad a=-\dfrac{1}{2}$

$y=-\dfrac{1}{2}x$ に $x=-6$ を代入すると

求めているものは何かに注意

$y=-\dfrac{1}{2}\times(-6)=3$　よって　$y=3$

3 (1) $y=\dfrac{a}{x}$ に $x=2$，$y=6$ を代入すると

$6=\dfrac{a}{2} \qquad a=12$　よって　$y=\dfrac{12}{x}$

(2) $y=\dfrac{a}{x}$ より　$a=xy$

この式に $x=\dfrac{3}{4}$，$y=-4$ を代入すると

$a=\dfrac{3}{4}\times(-4)=-3$

$y=-\dfrac{3}{x}$ に $x=2$ を代入して，$y=-\dfrac{3}{2}$

> **⚠ 注意しよう**
> 反比例の関係 $y=\dfrac{a}{x}$ より $a=xy$　すなわち，反比例のときは対応する x，y の値をかけ合わせると比例定数になる。このことを知っていると比例定数は(1)では $a=2\times6=12$，(2)では $a=\dfrac{3}{4}\times(-4)=-3$ となることがすぐにわかる。

4 ① $y=ax$ に $x=6$，$y=3$ を代入すると

$3=6a \qquad a=\dfrac{1}{2}$　よって①の式は　$y=\dfrac{1}{2}x$

② $y=\dfrac{b}{x}$ に $x=6$，$y=3$ を代入すると

$3=\dfrac{b}{6} \qquad b=18$　よって②の式は　$y=\dfrac{18}{x}$

トレーニングテスト

1 比例…イ，反比例…エ

2 (1) $y=-\dfrac{3}{2}x$　(2) $y=3$　(3) $y=-21$

3 (1) $y=-\dfrac{32}{x}$　(2) $y=6$　(3) $y=-1$

4 ウ

5 $a=-6$

6 6個

7 (1) $\dfrac{3}{4}\leqq y\leqq 2$　(2) (ア)…-6，(イ)…9

解説

1 ア…$y=x^2$ これは x の2乗に比例する関数であるから，y は x に比例しない。

イ…$y=90x$ これは比例の関係である。

ウ…$y=200-x$ これは1次関数であるから，比例でも反比例でもない。

エ…$y=\dfrac{20}{x}$ これは反比例の関係である。

よって，**比例するもの…イ，反比例するもの…エ**

2 (1) $y=ax$ に $x=6$，$y=-9$ を代入すると

$-9=6a$ $a=-\dfrac{3}{2}$

よって $y=-\dfrac{3}{2}x$

(2) $y=ax$ に $x=2$，$y=-6$ を代入すると

$-6=2a$ $a=-3$

$y=-3x$ に $x=-1$ を代入すると

$y=-3\times(-1)=3$ よって $y=3$

(3) $y=ax$ に $x=5$，$y=3$ を代入すると

$3=5a$ $a=\dfrac{3}{5}$

$y=\dfrac{3}{5}x$ に $x=-35$ を代入すると

$y=\dfrac{3}{5}\times(-35)=-21$

よって $y=-21$

3 (1) $y=\dfrac{a}{x}$ に $x=4$，$y=-8$ を代入すると

$-8=\dfrac{a}{4}$ $a=-32$

よって $y=-\dfrac{32}{x}$

(2) $y=\dfrac{a}{x}$ に $x=3$，$y=-4$ を代入すると

$-4=\dfrac{a}{3}$ $a=-12$

$y=-\dfrac{12}{x}$ に $x=-2$ を代入すると

$y=-\dfrac{12}{-2}=6$

よって $y=6$

(3) $y=\dfrac{a}{x}$ に $x=4$，$y=\dfrac{3}{2}$ を代入すると

$\dfrac{3}{2}=\dfrac{a}{4}$ $a=6$

$y=\dfrac{6}{x}$ に $x=-6$ を代入すると $y=\dfrac{6}{-6}=-1$

よって $y=-1$

4 $3x-2y=0$ を y について解くと

$-2y=-3x$ $y=\dfrac{3}{2}x$

これは比例の式で $x=2$ のとき $y=3$ であるから，選ぶグラフは，⑦である。

5 点 A と点 B は原点 O に関して対称であるから，A$(-2，3)$，B$(2，-3)$ である。

$y=\dfrac{a}{x}$ に $x=-2$，$y=3$ を代入すると

$3=-\dfrac{a}{2}$ よって $a=-6$

6 $y=\dfrac{a}{x}$ の両辺に x をかけて $a=xy$

この式に $x=\dfrac{4}{5}$，$y=15$ を代入すると $a=\dfrac{4}{5}\times15=12$

よって $y=\dfrac{12}{x}$ したがって $(x，y)=(1，12)，(2，6)$，$(3，4)，(4，3)，(6，2)，(12，1)$ の**6個**

└ 負の整数は入れないこと

7 (1) $y=\dfrac{6}{x}$ に $x=3$ を代入して $y=\dfrac{6}{3}=2$

$y=\dfrac{6}{x}$ に $x=8$ を代入して $y=\dfrac{6}{8}=\dfrac{3}{4}$

よって，y の変域は $\dfrac{3}{4}\leqq y\leqq2$

(2) $1\leqq x\leqq3$ で y は負の値をとるので比例定数 a は負であり，グラフは右のようになる。

$y=\dfrac{a}{x}$ に $x=1$，$y=-18$ を代入すると

$-18=\dfrac{a}{1}$ $a=-18$

$y=-\dfrac{18}{x}$ に $x=3$ を代入して

$y=-\dfrac{18}{3}=\boxed{-6}$ …(ア)

$y=-\dfrac{18}{x}$ に $x=-2$ を代入して $y=\boxed{9}$ …(イ)

要点をおさえる！

▶ 基本問題

1 (1) $y=3x$, ○　　(2) $y=\dfrac{120}{x}$, ×

　　(3) $y=6\pi x+18\pi$, ○

2 (1) 5　　(2) 10　　(3) 2

3 ① $y=-3x+3$　　② $y=\dfrac{3}{2}x+3$

　　③ $y=x-1$

4 (1) $y=2x-3$　　(2) $y=-\dfrac{5}{2}x+5$

　　(3) $y=3x-10$　　(4) $y=-x+2$

　　(5) $y=\dfrac{1}{3}x+\dfrac{10}{3}$

解説

1 (1) $y=\dfrac{1}{2}\times x\times 6$　　よって　$\underline{y=3x}\cdots$1次関数
　　　└ 比例は1次関数である

　(2) $x\times y=24\times 5$　　よって　$y=\dfrac{120}{x}\cdots$反比例

　(3) $y=\underset{\text{└ 側面積}}{3\times2\times\pi\times x}+\underset{\text{└ 底面積　2つあることに注意}}{3\times3\times\pi\times2}$
　　　よって　$y=6\pi x+18\pi\cdots$1次関数

2 (1) $3-(-2)=5$

　(2) $y=2x+5$ に $x=-2$ を代入すると，$y=1$
　　　$y=2x+5$ に $x=3$ を代入すると，$y=11$
　　　よって　$11-1=10$

　(3) 変化の割合$=\dfrac{y\text{の増加量}}{x\text{の増加量}}=\dfrac{10}{5}=2$
　　　　　　　　　　└ 傾きと一緒

3 ① (切片)=3 であるから，$y=ax+3$ と表せる。
　　(1，0)を通るから　$0=a+3$　　$a=-3$
　　よって　$y=-3x+3$

　② (切片)=3 であるから，$y=bx+3$ と表せる。
　　(−2，0)を通るから　$0=-2b+3$
　　$b=\dfrac{3}{2}$　　よって　$y=\dfrac{3}{2}x+3$

　③ (切片)=−1 であるから，$y=cx-1$ と表せる。
　　(1，0)を通るから　$0=c-1$　　$c=1$
　　よって　$y=x-1$

4 (1) $y=2x+b$ が(3，3)を通るから　$3=6+b$
　　$b=-3$　　よって　$y=2x-3$

　(2) $y=ax+5$ が(2，0)を通るから　$0=2a+5$
　　$a=-\dfrac{5}{2}$　　よって　$y=-\dfrac{5}{2}x+5$

(3) 2直線が平行ならば，傾きは等しいので，$y=3x+b$
　　と表せる。(4，2)を通るから　$2=12+b$
　　$b=-10$
　　よって　$y=3x-10$

(4) y 軸上で交わるのだから切片は等しい。よって，
　　$y=ax+2$ と表せる。(−3，5)を通るから
　　$5=-3a+2$　　$3a=-3$　　$a=-1$
　　よって　$y=-x+2$

(5) (傾き)=(変化の割合)$=\dfrac{4-2}{2-(-4)}=\dfrac{2}{6}=\dfrac{1}{3}$

　　$y=\dfrac{1}{3}x+b$ が(2，4)を通るから　$4=\dfrac{2}{3}+b$

　　$b=\dfrac{10}{3}$

　　よって　$y=\dfrac{1}{3}x+\dfrac{10}{3}$

別解 連立方程式を用いて解くこともできる。
　　$y=ax+b$ が(−4，2)，(2，4)を通るから
　　$\begin{cases}2=-4a+b&\cdots① \\ 4=2a+b&\cdots②\end{cases}$

　　①−②より　$-2=-6a$　　$a=\dfrac{1}{3}$

　　$a=\dfrac{1}{3}$ を①に代入して　$2=-\dfrac{4}{3}+b$　　$b=\dfrac{10}{3}$

　　よって　$y=\dfrac{1}{3}x+\dfrac{10}{3}$

1 ①, ④

2 (1) $a=11$

(2) $y=2x+1$

(3) $y=2x-4$

(4) $a=-\dfrac{1}{2}$

3 6

4 $-5\leqq y\leqq 3$

5

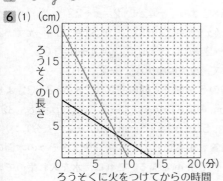

6 (1) (cm)

(2) 8分15秒後

7 $A\left(a,\ \dfrac{1}{2}a+3\right)$ $AB=AC=\dfrac{1}{2}a+3$ より

$C\left(\dfrac{3}{2}a+3,\ \dfrac{1}{2}a+3\right)$

$y=\dfrac{1}{3}x+2$ に $x=\dfrac{3}{2}a+3$ を代入すると,

$y=\dfrac{1}{2}a+3$ であるから, 点 C は $y=\dfrac{1}{3}x+2$ の

グラフ上の点である。

解説

1 ① $y=3x$ … 1次関数

② $xy=30$ よって $y=\dfrac{30}{x}$ …反比例

③ $y=\dfrac{1}{3}\times\pi\times x^2\times 5$

└ 錐体の体積は $\dfrac{1}{3}$ をかける

よって $y=\dfrac{5}{3}\pi x^2$ … 2 乗に比例する関数

└ π は数字の後, 文字の前に書く

④ $y=2x+10$ … 1次関数

2 (1) $y=-3x+a$ に $x=2$, $y=5$ を代入して

$5=-6+a$ $a=11$

(2) $y=2x+b$ が (1, 3) を通るから

$3=2+b$ $b=1$ よって $y=2x+1$

(3) (傾き) $=\dfrac{6-2}{5-3}=\dfrac{4}{2}=2$

$y=2x+b$ が (3, 2) を通るから $2=6+b$

$b=-4$ よって $y=2x-4$

(4) $y=-\dfrac{6}{x}$ に $x=-2$ を代入して $y=3$

よって P(-2, 3)

$y=ax+2$ が P(-2, 3) を通るから

$3=-2a+2$ $a=-\dfrac{1}{2}$

3 (変化の割合) $=\dfrac{(y\text{の増加量})}{(x\text{の増加量})}=3$,

$(x\text{の増加量})=2$ より, $3=\dfrac{(y\text{の増加量})}{2}$

よって $(y\text{の増加量})=3\times 2=6$

4 $y=-2x+1$ に $x=-1$ を代入して $y=3$

$y=-2x+1$ に $x=3$ を代入して $y=-5$

よって, y の変域は $-5\leqq y\leqq 3$

5 $y=-\dfrac{4}{5}x+4$ に $x=5$ を代入して $y=0$

よって, この直線は 2 点(5, 0), (0, 4)を通る直線

である。

6 (1) 最初の長さ 20cm はグラフの切片を表し, 1 分間

に短くなる長さ 2cm はグラフの傾きを表している。

よって, B の式は, $y=-2x+20$

2 点(0, 20), (10, 0)を通る直線である。

(2) A の式は, $y=-\dfrac{2}{3}x+9$ であるから,

$$\begin{cases} y=-\dfrac{2}{3}x+9 & \cdots① \\ y=-2x+20 & \cdots② \end{cases}$$

を解いて x の値を求める。

①を②に代入して $-\dfrac{2}{3}x+9=-2x+20$

両辺×(-3)より

$2x-27=6x-60$ $2x-6x=-60+27$

$-4x=-33$ $x=\dfrac{33}{4}=8\dfrac{1}{4}$(分後)

$\dfrac{1}{4}$ 分は $60\times\dfrac{1}{4}=15$(秒)であるから,

8分15秒後

7 $y=\dfrac{1}{2}x+3$ に $x=a$ を代入すると, $y=\dfrac{1}{2}a+3$

よって $A\left(a,\ \dfrac{1}{2}a+3\right)$ したがって $AB=\dfrac{1}{2}a+3$

$AB=AC$ より $AC=\dfrac{1}{2}a+3$

よって (C の x 座標) = (A の x 座標) + (AC の長さ)

$=a+\dfrac{1}{2}a+3=\dfrac{3}{2}a+3$

Step 1

要点をおさえる！

したがって $C\left(\dfrac{3}{2}a+3,\ \dfrac{1}{2}a+3\right)$

$y=\dfrac{1}{3}x+2$ に $x=\dfrac{3}{2}a+3$ を代入すると

$y=\dfrac{1}{3}\left(\dfrac{3}{2}a+3\right)+2=\dfrac{1}{2}a+1+2=\dfrac{1}{2}a+3$

であるから点 C は $y=\dfrac{1}{3}x+2$ のグラフ上の点である。

08 1次関数の利用

基本問題

1

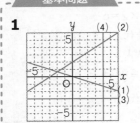

2 (1) $(3,\ -3)$ 　　(2) $(-1,\ 0)$

　(3) $(-1,\ -7)$ 　(4) $(-2,\ 10)$

3 (1) $y=2x+16$ 　x の変域… $8\leqq x\leqq 17$

　　　　　　　　 y の変域… $32\leqq y\leqq 50$

　(2) 12 分後

解説

1 (1) $x+3y=0$ より　$y=-\dfrac{1}{3}x$

　(2) $2x-3y+6=0$ より　$y=\dfrac{2}{3}x+2$

　(3) $-3y-9=0$ より　$y=-3$ （x 軸に平行な直線）

　(4) $\dfrac{x}{6}=\dfrac{2}{3}$ より　$x=4$ （y 軸に平行な直線）

2 (1) $\begin{cases} y=-2x+3 & \cdots① \\ y=x-6 & \cdots② \end{cases}$

　①を②に代入して

　　$-2x+3=x-6$ 　$-2x-x=-6-3$

　　$-3x=-9$ 　$x=3$

　$x=3$ を②に代入して　$y=-3$

　よって，交点の座標は　$(3,\ -3)$

　(2) $\begin{cases} 2x-y+2=0 & \cdots① \\ y=0 & \cdots② \end{cases}$ ← x 軸

　②を①に代入して

　　$2x+2=0$ 　$2x=-2$ 　$x=-1$

　よって，交点の座標は　$(-1,\ 0)$

(3) $\begin{cases} x+y=-8 & \cdots① \\ 4x-y=3 & \cdots② \end{cases}$

　①+②より　$5x=-5$ 　$x=-1$

　$x=-1$ を①に代入して　$-1+y=-8$ 　$y=-7$

　よって，交点の座標は　$(-1,\ -7)$

(4) $\begin{cases} y=-2x+6 & \cdots① \\ y=\dfrac{1}{2}x+11 & \cdots② \end{cases}$

　①を②に代入して　$-2x+6=\dfrac{1}{2}x+11$

　両辺×2 より　$-4x+12=x+22$

　　$-4x-x=22-12$ 　$-5x=10$ 　$x=-2$

　$x=-2$ を①に代入して　$y=4+6=10$

　よって，交点の座標は　$(-2,\ 10)$

3 (1) 最初の 8 分間で水面の高さは $2\times 2\times 8=32$ より
　32cm の高さになる。よって　$(x,\ y)=(8,\ 32)$
　また，$50-32=18$(cm)，$18\div 2=9$(分)より，
　水道管を 1 本にしてから 9 分後に水そうの水面の
　高さが 50cm となる。これは，水を入れ始めてか
　ら $8+9=17$ より，17 分後である。
　よって，$(x,\ y)=(17,\ 50)$
　2 点 $(8,\ 32)$，$(17,\ 50)$ を通る直線の式を求め
　ればよいが，この直線の傾きは 2（1 分間に上昇す
　る高さ）であるから，$y=2x+b$ とおき，これが
　$(8,\ 32)$ を通ることから　$32=16+b$ 　$b=16$
　よって　$y=2x+16$
　x の変域は $8\leqq x\leqq 17$，y の変域は $32\leqq y\leqq 50$

　(2) $y=40$ は，$32\leqq y\leqq 50$ の範囲にあるので，
　$y=2x+16$ に $y=40$ を代入して，
　　$40=2x+16$ 　$2x=24$ 　$x=12$
　よって　**12 分後**

トレーニングテスト

1 (1) 2点 B, C 間…12, 点 A と直線 BC の間…8

(2) $y=\dfrac{23}{25}x-\dfrac{23}{5}$

2 (1) (cm) y　　　　　　　(2) $y=5x-40$

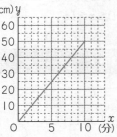

3 (1) 3分　　(2) $y=40x+80$　　(3) 1200m

4 (1) $y=x$ $(0\leqq x\leqq6)$

(2) $y=3x-12$ $(6\leqq x\leqq10)$

(3)
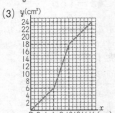

解説

1 (1) 点 B は直線 $y=\dfrac{1}{2}x+2$ 上にあり，x 座標が 10 な

ので，y 座標は，$y=\dfrac{1}{2}x+2$ に $x=10$ を代入し

て　$y=\dfrac{1}{2}\times10+2=7$　よって　B(10, 7)

点 C は直線 $y=-x+5$ 上にあり，x 座標が 10 な

ので，y 座標は，$y=-x+5$ に $x=10$ を代入して

$y=-10+5=-5$

よって　C(10, −5)

したがって，2点 B, C 間の距離は

$7-(-5)=12$

次に，$\begin{cases} y=\dfrac{1}{2}x+2 & \cdots① \\ y=-x+5 & \cdots② \end{cases}$ とおく。

①を②に代入して　$\dfrac{1}{2}x+2=-x+5$

両辺×2より　$x+4=-2x+10$　$3x=6$　$x=2$

$x=2$ を②に代入して　$y=-2+5=3$

よって　A(2, 3)

直線 BC は y 軸に平行だから，点 A と直線 BC と

の距離は $10-2=8$

(2) $\triangle ABC=\dfrac{1}{2}\times12\times8=48$

求める直線と線分 BC の交点を E(10, t)とする。

点 D は直線 $y=-x+5$ と x 軸との交点だから

D(5, 0)

$\triangle DCE=\dfrac{1}{2}\times(t+5)\times(10-5)=\dfrac{5}{2}(t+5)$

$\triangle DCE=\dfrac{1}{2}\triangle ABC$ より　$\dfrac{5}{2}(t+5)=48\times\dfrac{1}{2}$

$5t+25=48$　$5t=23$　$t=\dfrac{23}{5}$

よって　E$\left(10, \dfrac{23}{5}\right)$

したがって，2点 D(5, 0)，E$\left(10, \dfrac{23}{5}\right)$ を通る直

線を求めると，傾きは $\left(\dfrac{23}{5}-0\right)\div(10-5)=\dfrac{23}{25}$

だから，直線の式を $y=\dfrac{23}{25}x+b$ とおく。

この式に $x=5$，$y=0$ を代入して

$0=\dfrac{23}{5}+b$　$b=-\dfrac{23}{5}$

よって，求める直線の式は　$y=\dfrac{23}{25}x-\dfrac{23}{5}$

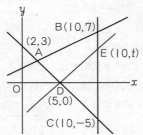

✿ 合格プラス

$\triangle DCB$ の面積は，$\dfrac{1}{2}\times12\times5=30$ で，$\triangle ABC$ の面積

の $\dfrac{1}{2}$ とはならないから，点 E は線分 BC 上で，点 B より

$48\times\dfrac{1}{2}=24$

も下にあると見当がつけられる。

2 (1) 1分間に水面の高さは 5cm 上昇し，毎日，空の状

態から水を入れるので　$y=5x$

$0\leqq x\leqq10$ なのでこの範囲でグラフをかくことに

注意する。

(2) 水面が 1分間に 5cm 上昇する割合で水を入れて

いるので $y=5x+b$　…①とおける。

毎日，$5\times10=50$(cm)まで水を入れている。こ

の高さになるのが入れ始めてから $10+8=18$(分

後)なので①は(18, 50)を通るから

$50=5\times18+b$ $b=50-90=-40$

よって $y=5x-40$ （$10\leqq x\leqq18$）

3 (1) グラフが横ばい（$y=1000$）となっているのは，$20\leqq x\leqq23$ であるから，**3分**かかった。

(2) グラフは，（23，1000），（48，2000）を通るから

(傾き)$=\dfrac{2000-1000}{48-23}=\dfrac{1000}{25}=40$

$y=40x+b$ が（23，1000）を通るから

$1000=40\times23+b$ $1000=920+b$

$b=1000-920$ $b=80$

よって $y=40x+80$

(3) 母は分速 240m で追いかけるので母の式は，$y=240x+c$ とおける。これが（23，0）を通るので $0=240\times23+c$ $c=-5520$

よって $y=240x-5520$

$\begin{cases} y=40x+80 & \cdots① \\ y=240x-5520 & \cdots② \end{cases}$

②を①に代入して

$240x-5520=40x+80$

$240x-40x=80+5520$

$200x=5600$ $x=28$

$x=28$ を①に代入して

$y=40\times28+80=1120+80=1200$

よって，家から **1200m** のところで追いつく。

4 (1) 点 P が辺 AB 上を動くのは，$0\leqq x\leqq6$ のとき。

$y=2\times x\times\dfrac{1}{2}$ より $y=x$

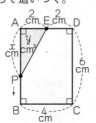

(2) 点 P が辺 BC 上を動くのは，$6\leqq x\leqq10$ のとき。

右の図で，$AB+BP=x$ であるから $BP=x-6$

$y=\underset{\text{上底＋下底}}{\underline{(2+x-6)}}\times6\times\dfrac{1}{2}$

$y=3x-12$

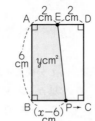

(3) 点 P が辺 CD 上を動くのは，$10\leqq x\leqq16$ のとき。

右の図で，$AB+BC+CP=x$ であるから

$DP=6+4+6-x$

$\quad=16-x$

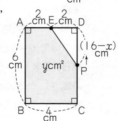

$y=6\times4-2\times(16-x)\times\dfrac{1}{2}$ $y=x+8$

よって

$\begin{cases} (i)\ y=x\ (0\leqq x\leqq6) \\ (ii)\ y=3x-12\ (6\leqq x\leqq10) \\ (iii)\ y=x+8\ (10\leqq x\leqq16) \end{cases}$ のグラフをかく。

ポイントチェック①

❶ $2\times3\times5^2$

❷ ㋐ 9 ㋑ -36 ㋒ -6 ㋓ $\dfrac{7}{6}$
㋔ -11 ㋕ -3

❸ ㋐ $x-y$ ㋑ $\dfrac{a+b}{12}$ ❹ $23x+15y<300$

❺ $x=2$ ❻ 44 歳 ❼ $-18b$

❽ $a=\dfrac{2}{3}S-b$ ❾ $x=-4,\ y=5$

❿ みかん 1 個… 90 円，桃 1 個… 135 円

⓫ ㋐ $y=4x$ ㋑ $y=-\dfrac{5}{x}$ ⓬ $a=\dfrac{2}{3}$

⓭ ㋐ $y=4x-7$ ㋑ $y=3x-6$ ㋒ $y=-x+4$

⓮ ㋐ 10.8 ㋑ 12

解説

❶ $\begin{array}{r} 2)\underline{150} \\ 3)\underline{\ 75} \\ 5)\underline{\ 25} \\ 5 \end{array}$

$150=2\times3\times5^2$

❷ ㋐ $3-(-6)=3+6=9$

㋑ $-4\times\underset{(-3)\times(-3)}{\underline{(-3)^2}}=-4\times9=-36$

㋒ $\underset{-(4\times4)}{\underline{-4^2}}+2\times5=-16+10=-6$

㋓ $\dfrac{1}{2}-\dfrac{4}{5}\times\left(-\dfrac{5}{6}\right)=\dfrac{1}{2}+\dfrac{4\times\overset{1}{5}}{\underset{1}{5}\times6}$

$=\dfrac{1}{2}+\dfrac{4}{6}=\dfrac{3}{6}+\dfrac{4}{6}=\dfrac{7}{6}$

㋔ $(-9)+(-2)^3\times\dfrac{1}{4}=-9+(-8)\times\dfrac{1}{4}$

$=-9-\left(8\times\dfrac{1}{4}\right)=-9-2=-11$

㋕ $\dfrac{4^2\times(-3)^2}{11^2-(-13)^2}=\dfrac{16\times9}{121-169}=-\dfrac{\overset{}{16\times9}}{48}=-3$

❸ ㋐ $4(2x-y)-(7x-3y)$

$$=8x-4y-7x+3y$$
$$=x-y$$

⑦ $\dfrac{3a-b}{4}-\dfrac{2a-b}{3}=\dfrac{3(3a-b)-4(2a-b)}{12}$

$$=\dfrac{9a-3b-8a+4b}{12}=\dfrac{a+b}{12}$$

❹ $23\times x+15\times y<300$ ← 単位がそろっているか確認すること

$23x+15y<300$

❺ $\dfrac{1}{2}x-1=\dfrac{x-2}{5}$

両辺×10より $5x-10=2(x-2)$

$5x-10=2x-4$　$5x-2x=-4+10$

$3x=6$　$x=2$

❻ 太郎の今の年齢を x 歳とおく。

父は今日，$(4x-4)$ 歳になった。

よって

　　20年後の父　　20年後の太郎

$4x-4+20=2(x+20)$

$4x+16=2x+40$

$4x-2x=40-16$

$2x=24$

$x=12$

$4\times12-4=44$ より，父は，今日 **44 歳**になった。

❼ $6ab^2\times(3b)^2\div(-3ab^3)$

$=6ab^2\times9b^2\div(-3ab^3)$

$=-\dfrac{6ab^2\times9b^2}{3ab^3}=-\dfrac{54ab^4}{3ab^3}=-18b$

❽ $S=\dfrac{3(a+b)}{2}$

$\dfrac{3(a+b)}{2}=S$　$3(a+b)=2S$　$a+b=\dfrac{2}{3}S$

$a=\dfrac{2}{3}S-b$

❾ $\begin{cases}2x+3y=7 &\cdots① \\ 3x-y=-17 &\cdots②\end{cases}$

①+②×3 より

$\begin{array}{r}2x+3y=7 \\ +)\;9x-3y=-51 \\ \hline 11x=-44\end{array}$

$x=-4$

$x=-4$ を①に代入して

$-8+3y=7$　$3y=15$　$y=5$

よって　$x=-4,\ y=5$

❿ みかん1個を x 円，桃1個を y 円とする。

$\begin{cases}10x+6y=1710 &\cdots① \\ 6x+10y=1890 &\cdots②\end{cases}$

①×5−②×3 より

$\begin{array}{r}50x+30y=8550 \\ -)\;18x+30y=5670 \\ \hline 32x=2880\end{array}$

$x=90$

$x=90$ を①に代入して

$900+6y=1710$　$6y=810$　$y=135$

よって，**みかん1個…90円，桃1個…135円**

⓫ ⑦ $y=ax$ に $x=2$，$y=8$ を代入して

$8=2a$　$a=4$　よって　$y=4x$

⑦ $y=\dfrac{a}{x}$ に $x=5$，$y=-1$ を代入して

$-1=\dfrac{a}{5}$　$a=-5$　よって　$y=-\dfrac{5}{x}$

⓬ $y=\dfrac{24}{x}$ に $x=6$ を代入して　$y=\dfrac{24}{6}=4$

よって，A$(6,\ 4)$

$y=ax$ が $(6,\ 4)$ を通るから　$4=6a$

よって　$a=\dfrac{2}{3}$

⓭ ⑦ $y=4x+b$ が $(5,\ 13)$ を通るから

$13=20+b$　$b=-7$

よって　$y=4x-7$

⑦ (変化の割合)$=\dfrac{3}{1}=3$

$y=3x+b$ に $x=6$，$y=12$ を代入して

$12=18+b$　$b=-6$

よって　$y=3x-6$

⑰ (傾き)$=\dfrac{2-8}{2-(-4)}=\dfrac{-6}{6}=-1$

$y=-x+b$ が $(2,\ 2)$ を通るから

$2=-2+b$　$b=4$

よって　$y=-x+4$

⓮ ⑦ グラフの切片が6であるから，水は6cmのところ

まで入っていたことがわかる。

$30\times60\times6=\underline{10800}(\text{cm}^3)=\boxed{10.8}(\text{L})\ \cdots⑦$

$\llcorner 1000\text{cm}^3=1\text{L}$

⑦ 図2のグラフから，水の深さは1分間に

$\dfrac{11-6}{2-0}=\dfrac{5}{2}(\text{cm})$ ずつ増えていくから，

$36-6=30(\text{cm})$ 増えるのにかかる時間は

$30\div\dfrac{5}{2}=30\times\dfrac{2}{5}=12$

よって　$\boxed{12}$ 分後　$\cdots⑦$

09 図形の移動と作図

基本問題

1 エ

2(1)

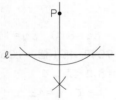

(2)

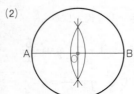

(3)

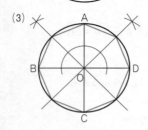

解説

1 [手順] を追って移動させてみると次のようになる。

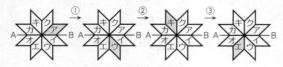

① 時計回りに 90°の回転移動をすると，ア→ウ

② ぴったり重なるよう平行移動をすると，ウ→キ

③ AB を対称軸として対称移動をすると，キ→エ

2(1) P を中心とし，ℓ と 2 点で交わる円弧をかく。その 2 つの交点からの距離が等しい P 以外の点をとり，それを P と結ぶ。

(2) 半径の等しい，A を中心とする円弧と B を中心とする円弧が 2 点で交わるようにかき，2 交点を通る直線をひくと，この直線は線分 AB の垂直二等分線となる。垂直二等分線と AB との交点が O である。

(3) O を中心とし，AC，BD と交わる円弧をかく。OA と円弧，OB と円弧のそれぞれの交点からの距離の等しい O 以外の点を 1 つ求め，その点と O を結ぶ直線をひくと，これが ∠AOB の二等分線となる。この二等分線と円 O との 2 つの交点を求める。同

様の手順で ∠AOD の二等分線をひき，円 O との 2 つの交点を求める。以上で求めた 4 つの交点と A，B，C，D を順次つなぐと正八角形の作図が完成する。

別解

線分 AB の垂直二等分線，線分 AD の垂直二等分線をかき，円 O との交点をそれぞれ 2 つずつ合計 4 つとり，A，B，C，D と順次つないでも，正八角形の作図はできる。

トレーニングテスト

1(1) $\dfrac{\pi}{8}$ cm²　(2) $\dfrac{3}{2}\pi$cm

2〜**5**

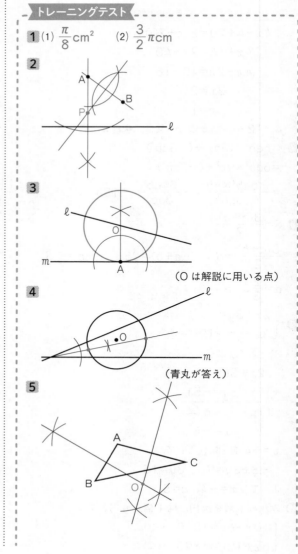

（O は解説に用いる点）

（青丸が答え）

22

6

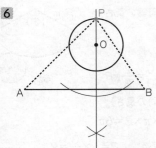

7

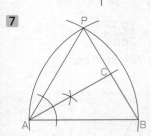

（P は解説に用いる点）

8

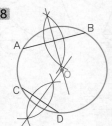

9

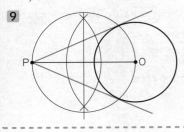

解説

1 (1) △OAB は直角二等辺三角形であるから，
∠ABO＝45° である。したがって，求める面積は，
半径 1cm，中心角 45° のおうぎ形の面積であるか
ら，

（おうぎ形の面積）＝$\pi \times 1^2 \times \dfrac{45}{360} = \dfrac{\pi}{8}$（cm²）

(2) 点 O がえがく線は，下の図のようになる。

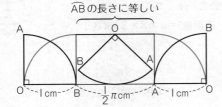

$\stackrel{\frown}{AB}$ の長さに等しい

（点 O がえがく線の長さ）

$= 2 \times \pi \times 1 \times \dfrac{90}{360} \times 2 + 2 \times \pi \times 1 \times \dfrac{90}{360}$

$= \pi + \dfrac{1}{2}\pi = \dfrac{3}{2}\pi$（cm）

Step 1

要点をおさえる！

2 線分 AB の垂直二等分線は 2 点 A，B からの距離が等
しい点の集合である。したがって，A から ℓ に下ろし
た垂線と AB の垂直二等分線の交点が点 P となる。

3 A を通る m の垂線を作図し，ℓ との交点を O とすると，
O が円の中心となる。よって，半径が OA の円をかけば，
この円は m と接する円となり，題意を満たす。

4 2 直線 ℓ，m からの距離の等しい点の集合は，ℓ と m
のなす角の二等分線である。よって，角の二等分線と
円 O との交点が求める点。2 点あることに注意。
（問題文には ・ で示す指示があるが，本書では解答を青
で示しているので，・で示す。）

5 線分 AB の垂直二等分線は 2 点 A，B からの距離が等
しい点の集合である。同様に，線分 AC の垂直二等分
線は 2 点 A，C からの距離が等しい点の集合である。
よって，AB の垂直二等分線と AC の垂直二等分線の
交点は 3 点 A，B，C から等しい距離にある点である
から，この点が求める円の中心 O となる。

6 円 O の周上にあって線分 AB からもっとも遠い点を P
としたとき，△PAB の面積は最大となる。題意を満た
す点 P は，中心 O を通る AB の垂線が円 O と交わる
2 点のうち，AB から遠いほうの点である。

7 線分 AB を 1 辺とする正三角形 PAB をかくと，
∠PAB＝60° であるから，∠PAB の二等分線を作図し，
PB との交点を C とする。
（作図は，∠CAB＝60° の直角三角形でもよい。）

別解

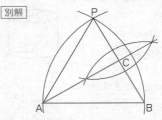

PB の垂直二等分線と PB の交点を C としてもよい。
PB の垂直二等分線は頂点 A を通る。

8 円の中心は，円周上のどの点からも距離が等しいので，
A，B，C，D を円周上の 4 点と考えて，AB の垂直二
等分線と CD の垂直二等分線の交点を求めればよい。

9 線分 OP の垂直二等分線を作図し，垂直二等分線と
OP との交点 X を中心とする半径 XO の円をかく。

円Xと円Oとの交点が求める接線の接点となる。接点をQ，Rとすると，∠PQOと∠PROは，円Xにおける半円の弧に対する円周角であるので，∠PQO＝∠PRO＝90°となり，接線と接点を通る円の半径は垂直に交わるという条件を満たす。

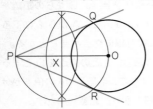

10 空間図形

基本問題

1 (1) ○ (2) × (3) ○ (4) ×

2 (1) $36\pi\text{cm}^3$ (2) $12\pi\text{cm}^3$ (3) $36\pi\text{cm}^3$

3 (1) $36\pi\text{cm}^2$ (2) 252cm^2

4 (1) $33\pi\text{cm}^2$ (2) 108cm^2

解説

1 (1) 正しい。

(2) ℓ//P，ℓ//Qであっても
P//Qとならない場合が
右の例である。

(3) 正しい。

(4) ℓ//P，P⊥Qであってもℓ⊥Qとならない場合が
(2)と同様，右上の例である。

2 (1) 底面の半径3cm，高さ4cmの
円柱となるから，

（体積）＝$\pi \times 3^2 \times 4$
　　　　＝36π（cm^3）

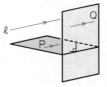

(2) 底面の半径3cm，高さ4cmの
円錐となるから

（体積）＝$\dfrac{1}{3} \times \pi \times 3^2 \times 4$
　　　　＝12π（cm^3）

(3) 半径3cmの球となるから，公式
$\dfrac{4}{3}\pi r^3$ に代入して

（体積）＝$\dfrac{4}{3} \times \pi \times 3^3 = 36\pi$（$\text{cm}^3$）

3 (1) おうぎ形の半径（母線の長さ）を
$R\text{cm}$ とおくと，

（おうぎ形の弧の長さ）
　＝$2 \times \pi \times R \times \dfrac{120}{360} = \dfrac{2}{3}\pi R$

一方，（底面の円周の長さ）
　　　　＝$2 \times \pi \times 3 = 6\pi$

よって，$\dfrac{2}{3}\pi R = 6\pi$　　$R = 6 \times \dfrac{3}{2} = 9$

（表面積）＝$\pi \times 9^2 \times \dfrac{120}{360} + \pi \times 3^2$
　　　　　＝$27\pi + 9\pi = 36\pi$（cm^2）

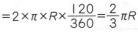

★ 合格プラス

底面の半径が r，母
線の長さが R であ
る円錐の展開図で，
側面のおうぎ形の
中心角を $a°$ とすると，

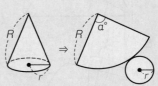

$2\pi R \times \dfrac{a°}{360°} = 2\pi r$ であるから，

$R \times \dfrac{a°}{360°} = r$ となり　$\boxed{a° = 360° \times \dfrac{r}{R}}$

また，

（側面積）＝$\pi R^2 \times \dfrac{a°}{360°} = \pi R^2 \times 360° \times \dfrac{r}{R} \times \dfrac{1}{360°}$
　　　　　＝$\boxed{\pi Rr}$

よって，$\boxed{（表面積）= \pi Rr + \pi r^2}$
と公式化できる。

覚えておけば，すばやく処理
できる。

← 本冊 p.44 ［大切］の円
錐の表面積の公式はこ
のようにして求められる

(2) 底面が台形で，高さが8cm
の四角柱であるから，
（表面積）

　＝$\dfrac{1}{2} \times (6+9) \times 4 \times 2$

　　　$+ (4+6+5+9) \times 8$

　＝$60 + 192 = 252$（cm^2）

4 (1) 底面の半径3cm，母線の長さ8cm
の円錐であるから，「合格プラス」
の公式を使って，

（表面積）＝$\pi \times 8 \times 3 + \pi \times 3^2$
　　　　　$\underset{\text{としてもよい}}{\overset{\pi \times 8^2 \times \frac{2\times\pi\times3}{2\times\pi\times8}}{\uparrow}}$

　　　　　＝$24\pi + 9\pi$

　　　　　＝33π（cm^2）

(2) 底面は1辺6cmの正方形, 側面
は底辺が6cm, 高さが6cmの
二等辺三角形であるから,

(表面積)$=\frac{1}{2}\times6\times6\times4+6\times6$

$=72+36$

$=108(\text{cm}^2)$

ココが立面図
となって現れる

トレーニングテスト

1 ア

2 ア

3 ④

4 (1) $768\pi\text{cm}^3$ (2) $\frac{2}{3}\pi\text{cm}^3$

5 (1) $(100a-10a^2)\text{cm}^3$ (2) $40\pi\text{cm}^2$

6 ウ, ア, イ

7 (1) $30\pi\text{cm}^2$ (2) $48\pi\text{cm}^2$

8 $\frac{20}{3}\text{cm}^3$

解説

1 (1) ア…一直線上にある3点をふくむ平面は, 下の図
のように無数にあるから, 正しくない。

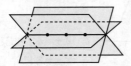

イ…交わる2直線をふくむ平面は, 下の図のよう
に1つに決まるから, 正しい。

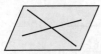

ウ…平行な2直線をふくむ平面は, 下の図のよう
に1つに決まるから, 正しい。

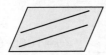

エ…1つの直線とその直線上にない1点をふくむ
平面は, 下の図のように1つに決まるから,
正しい。

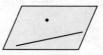

2 ア…$\frac{1}{3}\times\pi\times3^2\times10=30\pi(\text{cm}^3)$

イ…$\pi\times3^2\times4=36\pi(\text{cm}^3)$

ウ…$\frac{4}{3}\times\pi\times3^3=36\pi(\text{cm}^3)$

よって, もっとも小さいのは ア

3 立方体の1辺の長さを a とすると, 表面積は

①…$18a^2$ ②…$18a^2$ ③…$18a^2$ ④…$16a^2$

よって, ④

4 (1) できる回転体は, 底面の半径
12cm, 高さ16cmの円錐
であるから,

(体積)$=\frac{1}{3}\times\pi\times12^2\times16$

$=768\pi(\text{cm}^3)$

(2) できる回転体は, 半径1cmの半
球であるから,

(体積)$=\frac{4}{3}\times\pi\times1^3\times\frac{1}{2}$

$=\frac{2}{3}\pi(\text{cm}^3)$

5 (1) 見取図にすると, 右のよ
うに底面が縦 $a$cm, 横
$(10-a)$cmの長方形で
高さが10cmの直方体
となるから,

(体積)$=a(10-a)\times10$

$=100a-10a^2(\text{cm}^3)$

(2) 側面のおうぎ形を合わせて円ができたのだから, 円
錐Aと円錐Bの母線の長さは等しい。母線の長さ
を Rcmとおくと,
図2の円周の長さから

$2\times\pi\times5+2\times\pi\times3=2\times\pi\times R$

よって, $R=8$

「合格プラス」の公式より,

(円錐Aの側面積)$=\pi\times8\times5=40\pi(\text{cm}^2)$

$\pi\times8^2\times\dfrac{2\times\pi\times5}{2\times\pi\times8}$

としてもよい

6 高さを h cm とすると，

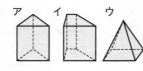

ア… $\dfrac{1}{2} \times 4 \times 4 \times h$

$= 8h(cm^3)$

ウ… $\dfrac{1}{3} \times 4 \times 4 \times h = \dfrac{16}{3}h(cm^3)$

よって，ウ＜ア

ここで，アとイは高さが等しく，どちらも柱体であるから，底面積の大きいほうが体積も大きい。底面積はアよりイのほうが大きいので，体積も同様に　ア＜イ

以上より，　ウ＜ア＜イ

7 (1) 見取図にすると，右の図のように，底面の半径 3cm，母線の長さ 7cm の円錐であるから，p.24 の「合格プラス」の公式より，

（表面積）$= \pi \times 7 \times 3 + \pi \times 3^2$

$= 21\pi + 9\pi = 30\pi(cm^2)$

(2) 見取図，展開図をかくと右の図のようになる。展開図の長方形の横の長さは，底面の円周の長さに等しいので，6π cm

よって，（表面積）

$= 6\pi \times 5 + \pi \times 3^2 \times 2$

$= 30\pi + 18\pi = 48\pi(cm^2)$

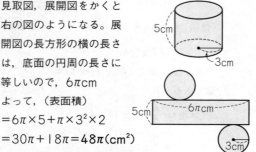

8 立方体 ABCD-EFGH の体積は，

$2 \times 2 \times 2 = 8(cm^3)$

三角錐 A-EFH の体積は，

$\dfrac{1}{3} \times \dfrac{1}{2} \times 2 \times 2 \times 2 = \dfrac{4}{3}(cm^3)$

よって，点 C をふくむ側の立体の体積は，

$8 - \dfrac{4}{3} = \dfrac{20}{3}(cm^3)$

! **注意しよう**

立方体 ABCD-EFGH を 3 点 B，D，G を通る平面で切ると，切り口は正三角形となる。立方体の 1 辺の長さを a とすると，頂点 C をふくむ側の三角錐の体積は，次のようになり，入試頻出だ。

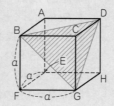

（三角錐 C-BGD の体積）

$= \dfrac{1}{3} \times \underbrace{\dfrac{1}{2} \times a \times a}_{\triangle BCD} \times \underbrace{a}_{CG} = \dfrac{1}{6}a^3$

---

11 平行線と角

1 (1) $\angle x = 49°$ (2) $\angle x = 32°$ (3) $\angle x = 25°$

(4) $\angle x = 81°$ (5) $\angle x = 47°$ (6) $\angle x = 34°$

2 (1) $\angle x = 44°$ (2) $\angle x = 33°$ (3) $\angle x = 106°$

(4) $\angle x = 79°$ (5) $\angle x = 59°$ (6) $\angle x = 125°$

3 (1) $144°$ (2) $30°$

(3) 十四角形 (4) $3960°$

解説

1 (1)

$\angle x + 41° = 90°$

$\angle x = 49°$

(2)

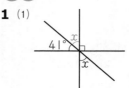

$\angle x = 180°$

$- (38° + 48° + 62°)$

$\angle x = 32°$

(3)

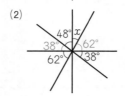

$2\angle x + 44° + 50° + 36°$

$= 180°$

$2\angle x = 50°$　$\angle x = 25°$

(4)

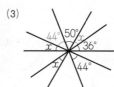

$\angle x = 43° + 38°$

$\angle x = 81°$

$\ell / \! / n / \! / m$

(5)

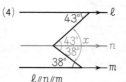

$70° - 35° = 35°$

$\angle x = 82° - 35°$

$\angle x = 47°$

$\ell / \! / n / \! / k / \! / m$

(6)

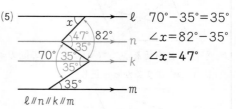
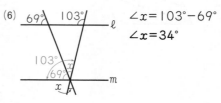

$\angle x = 103° - 69°$

$\angle x = 34°$

2 (1)

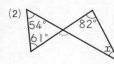

〈スリッパ型〉であるから，
$$\angle x+32°=76°$$
$$\angle x=44°$$

(2)

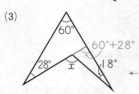

$$\angle x+82°=54°+61°$$
$$\angle x=33°$$

(3)

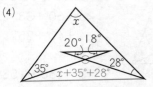

〈ブーメラン型〉であるから，
$$\angle x=60°+28°+18°$$
$$\angle x=106°$$

←図の青文字を求めて，三角形
の外角の性質から求める

(4)

〈ブーメラン型〉と考えると，図の青い角は
$$\angle x+35°+28°$$
三角形の内角の和より
$$(\angle x+35°+28°)+20°+18°=180°$$
$$\angle x=79°$$

別解

〈星型〉の一種であるから，
$$\angle x+35°+28°+20°+18°=180°$$
$$\angle x=79°$$

(5)

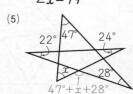

〈星型〉であるから，
$$47°+22°+\angle x+28°$$
$$+24°=180°$$
$$\angle x=59°$$

(6)

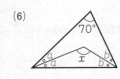

図のように∠a，∠bとおく。
$$2\angle a+2\angle b+70°=180°$$
$$2\angle a+2\angle b=110°$$
$$\angle a+\angle b=55°$$
$$\angle x+\angle a+\angle b=180°$$
よって，$\angle x+55°=180°$　　$\angle x=125°$

3 (1) (正十角形の１つの内角の大きさ)
$$=\frac{180°×(10-2)}{10}=\frac{180°×8}{10}=144°$$

別解　正十角形の１つの外角の大きさは

$360°÷10=36°$より
１つの内角の大きさは　　$180°-36°=144°$

(2) (正十二角形の１つの外角の大きさ)
$$=\frac{360°}{12}=30°$$

(3) n角形とすると，内角の和は
$$180°×(n-2)=2160°$$
$$n-2=12\qquad n=14\qquad よって，十四角形$$

(4) 正n角形とすると，$\dfrac{360°}{n}=15°$
$$15°×n=360°$$
$$15n=360\qquad n=24$$
よって，(正二十四角形の内角の和)
$$=180°×(24-2)=3960°$$

Step 1 要点をおさえる！

▶**トレーニングテスト**

1 (1) $\angle x=70°$ (2) $\angle x=50°$
(3) $\angle x=135°$ (4) $\angle x=37°$
2 (1) $\angle x=25°$ (2) $\angle BAC=130°$
(3) $\angle ABC=35°$ (4) $\angle x=45°$
3 (1) $\angle x=72°$ (2) $\angle x=22°$
4 (1) $\angle x=110°$ (2) $\angle x=65°$
5 (1) $\angle x=19°$ (2) $\angle x=134°$
6 $b=90-\dfrac{1}{2}a$

解説

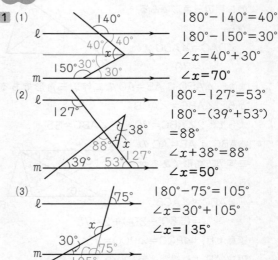

1 (1)
$$180°-140°=40°$$
$$180°-150°=30°$$
$$\angle x=40°+30°$$
$$\angle x=70°$$

(2)
$$180°-127°=53°$$
$$180°-(39°+53°)$$
$$=88°$$
$$\angle x+38°=88°$$
$$\angle x=50°$$

(3)
$$180°-75°=105°$$
$$\angle x=30°+105°$$
$$\angle x=135°$$

27

(4)

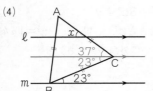

△ABC は正三角形で
あるので ∠C＝60°
C を通り，ℓ，m に平
行な直線をひいて
　　∠x＝60°－23°
　　∠x＝37°

2 (1) △ABD は AB＝AD の
二等辺三角形であるか
ら，∠ABD＝∠ADB
　　＝(180°－40°)÷2
　　＝70°

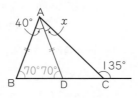

△ABC において，1 つの外角は隣り合わない残り
2 つの内角の和に等しいことより
　　40°＋∠x＋70°＝135°
　　∠x＝135°－110°　　よって，∠x＝25°

(2) ∠ABD＝∠a，∠ACE＝∠b とおく。

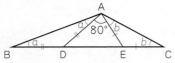

△ABC の内角の和は 180° であるから，
　　2∠a＋2∠b＋80°＝180°
　　2∠a＋2∠b＝100°　　よって，∠a＋∠b＝50°
　　∠BAC＝∠a＋∠b＋80°
　　∠BAC＝50°＋80°
　　よって，∠**BAC**＝**130°**

(3) △CAD は，CA＝CD
の二等辺三角形である
から，
　　∠DAC＝∠ADC
　　　　＝70°

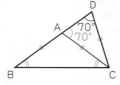

また，△ABC は AB＝AC の二等辺三角形である
から，∠ABC＝∠ACB
よって，2∠ABC＝70°　　∠**ABC**＝**35°**

(4) △ABC は AB＝AC の
二等辺三角形であるか
ら，
　　∠ABC＝∠ACB
　　　　＝(180°－30°)÷2＝75°

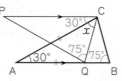

題意より，∠PQC＝∠PCQ＝75°
PC∥AB より錯角は等しいので，
　　∠PCA＝∠BAC＝30°
よって，30°＋∠x＝75°であるから，∠x＝**45°**

3 (1)

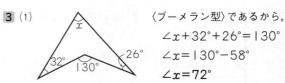

〈ブーメラン型〉であるから，
　　∠x＋32°＋26°＝130°
　　∠x＝130°－58°
　　∠x＝**72°**

(2)

〈ブーメラン型〉と考えて
　　(33°＋40°＋25°)＋∠x＋60°＝180°
　　∠x＝180°－98°－60°＝22°

別解

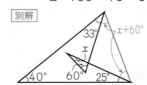

〈星型〉の一種であるから，
　　∠x＋60°＋33°
　　　　＋40°＋25°
　　　　＝180°
　　∠x＝180°－158°
　　∠x＝**22°**

4 (1) ∠BAD＝∠a，　∠BCD＝∠b とおく。
△ABC の内角の和は 180°
であるから，
　　2∠a＋2∠b＋40°
　　＝180°
　　2∠a＋2∠b＝140°
　　∠a＋∠b＝70°
△ADC の内角の和も 180° であるから，
　　∠x＋∠a＋∠b＝180°
　　∠x＝180°－70°
よって，∠x＝**110°**

(2) 右の図で，∠CAD＝∠a，
∠ACD＝∠b とおく。
　　∠BAC＝180°－2∠a
　　∠BCA＝180°－2∠b
△ABC の内角の和は
180° であるから，
　　50°＋(180°－2∠a)＋(180°－2∠b)＝180°
　　2∠a＋2∠b＝230°
　　∠a＋∠b＝115°
△ADC の内角の和は 180° であるから，
　　∠x＋∠a＋∠b＝180°
　　よって，∠x＝180°－(∠a＋∠b)＝180°－115°
　　∠x＝**65°**

5 (1) 正五角形の 1 つの内角の大きさは，

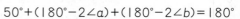

$$\frac{180°\times(5-2)}{5}=108°$$

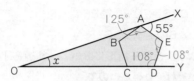

また，∠OAE＝180°－55°＝125°

四角形 ODEA の内角の和は 360° であるから，

$\angle x+108°+108°+125°=360°$

$\angle x=360°-341°$　$\angle x=19°$

(2) 多角形の外角の和はつね
に 360° であるから，

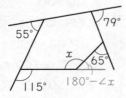

$(180°-\angle x)+65°$
　$+79°+55°+115°$
　$=360°$

$180°-\angle x=360°-314°$

$\angle x=180°-46°$　$\angle x=134°$

6 AD∥BC より錯角は等しい
ので，

$\angle CBP=\angle APB=a°$

よって，

$\angle QBC=\dfrac{1}{2}a°$

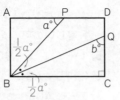

△BCQ の内角の和は 180° であるから，

$\dfrac{1}{2}a°+90°+b°=180°$

$b°=180°-90°-\dfrac{1}{2}a°$

よって，$b=90-\dfrac{1}{2}a$

（※ b について解く問題なので，単位（°）はいらない）

12 三角形

基本問題

1 (証明)△AMC と △DMB において，

仮定より，MC＝MB　…①

対頂角であるから，∠AMC＝∠DMB　…②

AC∥BD より錯角は等しいので，

　∠ACM＝∠DBM　…③

①〜③より，1 組の辺とその両端の角がそれぞ
れ等しいので，△AMC≡△DMB

対応する辺の長さは等しいので，

　AM＝DM　（終）

2 (証明)△DBC と △ECB において，

仮定より，DB＝EC　…①

共通な辺であるから，BC＝CB　…②

△ABC は AB＝AC の二等辺三角形であるから，

∠DBC＝∠ECB　…③

①〜③より，2 組の辺とその間の角がそれぞれ

等しいので，△DBC≡△ECB

対応する角の大きさは等しいので，

　∠FCB＝∠FBC

2 つの角が等しいので，△FBC は FB＝FC の二

等辺三角形である。（終）

3 (1) (証明)△BDM と △CEM において，

仮定より，BM＝CM　…①

また，∠BDM＝∠CEM＝90°　…②

対頂角であるから，∠BMD＝∠CME　…③

①〜③より，直角三角形において，

斜辺と 1 つの鋭角がそれぞれ等しいので，

　△BDM≡△CEM

対応する辺の長さは等しいので，

　BD＝CE　（終）

(2) (証明)△ABH と △CAI において，

仮定より，AB＝CA　…①

また，∠AHB＝∠CIA＝90°　…②

ここで，∠ABH＝180°－∠AHB－∠BAH

　　　　　　＝90°－∠BAH

また，∠CAI＝180°－∠BAC－∠BAH

　　　　　　＝90°－∠BAH

よって，∠ABH＝∠CAI　…③

①〜③より，直角三角形において，

斜辺と 1 つの鋭角がそれぞれ等しいので，

　△ABH≡△CAI

対応する辺の長さは等しいので，

　BH＝AI，AH＝CI

よって，HI＝AI＋AH＝BH＋CI　（終）

解説

3 (2) △ABH の内角の和が 180°
であるから，

∠ABH＋∠BAH＋90°
＝180°

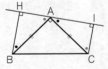

よって，∠ABH＝90°－∠BAH
また，一直線になるから，
　　∠BAH＋90°＋∠CAI＝180°
よって，∠CAI＝90°－∠BAH
以上より，∠ABH＝∠CAI がいえる。

■ トレーニングテスト

1 (証明) △PBD と △PEA において，
仮定より △ABC≡△DEF であるから，対応する
角の大きさは等しいので，
　　∠PBD＝∠PEA　…①
また，∠PDF＝∠PAF
　　∠PDB＝180°－∠PDF
　　∠PAE＝180°－∠PAF
よって，∠PDB＝∠PAE　…②
また，対応する辺の長さも等しいので，
　　BF＝EF，DF＝AF
ここで，BD＝BF－DF　　EA＝EF－AF
よって，BD＝EA　…③
①～③より，1組の辺とその両端の角がそれぞ
れ等しいので，△PBD≡△PEA
対応する辺の長さは等しいので，
　　BP＝EP　(終)

2 (証明) △ABC は AB＝AC の二等辺三角形であ
るから，∠ABC＝∠DCE
仮定より，∠DBF＝∠ABC
よって，∠DCE＝∠DBF
また，仮定より，∠BDE＝∠CDE
ここで，∠BFE＝180°－∠DBF－∠BDE
　　　　∠DEC＝180°－∠DCE－∠CDE
よって，∠BFE＝∠DEC
対頂角であるから，∠DEC＝∠BEF
よって，∠BFE＝∠BEF
2つの角が等しいので，△BFE は BF＝BE の二
等辺三角形である。(終)

3 (証明) △ABF と △BCG において，
仮定より，∠AFB＝∠BGC＝90°　…①
四角形 ABCD は正方形であるので，
　　AB＝BC　…②
ここで，∠BAF＋∠ABF＝90°
よって，∠BAF＝90°－∠ABF

また，∠CBG＝90°－∠ABF
よって，∠BAF＝∠CBG　…③
①～③より，直角三角形において，斜辺と1つ
の鋭角がそれぞれ等しいので，
　　△ABF≡△BCG　(終)

4 (証明) △CDF と △GDE において，
AB＝CD，AB＝GD であるから，
　　CD＝GD　…①
∠EGD は ∠EAB を折り返した角であるから，
　　∠EGD＝90°
よって，∠FCD＝∠EGD＝90°　…②
また，∠GDE＝90°－∠EDF
　　　　∠CDF＝90°－∠EDF
よって，∠CDF＝∠GDE　…③
①～③より，1組の辺とその両端の角がそれぞ
れ等しいので　△CDF≡△GDE　(終)

5 Ⅰ…イ　　a…90　　Ⅱ…エ

6 (証明) △ABG と △ADC において，
正方形 ADEB の辺であるから，AB＝AD　…①
正方形 ACFG の辺であるから，AG＝AC　…②
　　∠BAG＝90°＋∠BAC
　　∠DAC＝90°＋∠BAC
よって，∠BAG＝∠DAC　…③
①～③より，2組の辺とその間の角がそれぞれ
等しいので，△ABG≡△ADC　(終)

 解説

4 直角三角形の合同を用いて証明してもよい。
(証明) △CDF と △GDE において
AB＝CD，AB＝GD であるから　CD＝GD　…①
∠EGD は ∠EAB を折り返した角であるから，
　　∠EGD＝90°
よって，∠FCD＝∠EGD＝90°　…②
AD∥BC より錯角は等しいので，∠BFE＝∠DEF
折り返した角であるから　∠BFE＝∠DFE
よって，∠DEF＝∠DFE より2つの角が等しいので，
△DEF は DE＝DF の二等辺三角形である。すなわち，
　　DF＝DE　…③
①～③より直角三角形において，斜辺と他の1辺がそ
れぞれ等しいので，△CDF≡△GDE　(終)

13 平行四辺形

基本問題

1 （証明）△AOP と △COQ において，

平行四辺形の対角線はそれぞれの中点で交わる

ので，AO＝CO …①

AD∥BC より錯角は等しいので，

∠PAO＝∠QCO …②

対頂角であるから，

∠AOP＝∠COQ …③

①〜③より，１組の辺とその両端の角がそれぞ

れ等しいので，△AOP≡△COQ

対応する辺の長さは等しいので，

AP＝CQ （終）

2 （証明）四角形 ABCD は平行四辺形であるから，

AD∥BC，AD＝BC

また，四角形 BEFC も平行四辺形であるから，

BC∥EF，BC＝EF

よって，AD∥EF …① AD＝EF …②

①，②より，１組の対辺が平行でその長さが等

しいので，四角形 AEFD は平行四辺形である。

（終）

3 （証明）△AFM と △CEM において，

仮定より，AM＝CM …①

∠AMF＝∠CME＝90° …②

AD∥BC より錯角は等しいので，

∠FAM＝∠ECM …③

①〜③より，１組の辺とその両端の角がそれぞ

れ等しいので，△AFM≡△CEM

対応する辺の長さは等しいので，

FM＝EM …④

①，②，④より，対角線がそれぞれの中点で垂

直に交わるので，四角形 AECF はひし形である。

（終）

4 18cm²

解説

4 △ACE＝△ABE であるから，△EMC＝△AMB

└ △ACE，△ABE から
△AME を除いた

$\triangle AMB = \dfrac{1}{2} \triangle ABO$

$\triangle ABO = \dfrac{1}{4} \times （正方形 ABCD）$

よって，

$\triangle AMB = \dfrac{1}{2} \times \dfrac{1}{4} \times 12 \times 12$

$= 18$

よって，△EMC＝18(cm²)

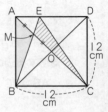

トレーニングテスト

1 ウ

2 △ABC，△BCD，△ADE

3 ア…360 イ…D ウ…180

（証明の続き）

③，④より ∠A＝∠CBE

同位角が等しいので，AD∥BC …⑤

また，∠A＝∠C であるから，∠C＝∠CBE

錯角が等しいので，AB∥DC …⑥

⑤，⑥より，２組の対辺が平行であるから，

定義より四角形 ABCD は平行四辺形である。

4 （証明）△ABE と △CDF において，

仮定より，∠AEB＝∠CFD＝90° …①

四角形 ABCD は平行四辺形であるから，

AB＝CD …②

AB∥DC より，錯角は等しいので，

∠ABE＝∠CDF …③

①〜③より，直角三角形において，斜辺と１つ

の鋭角がそれぞれ等しいので，

△ABE≡△CDF

よって，AE＝CF …④

また，∠AEF＝∠CFE＝90° であるから，錯角

が等しく，AE∥CF …⑤

④，⑤より，１組の対辺が平行で，その長さが

等しいから，四角形 AECF は平行四辺形である。

（終）

5 (1) ア…対辺 イ…∠DBE

(2) （証明の続き）ウ

△ABC と △DCB において，

共通な辺であるから，BC＝CB …⑥

仮定より，AC＝DB …④

AC∥DE より同位角は等しいので，

∠ACB＝∠DEB　…⑦

⑤と⑦より，∠ACB＝∠DBC　…⑧

④，⑥，⑧より，2組の辺とその間の角がそ
れぞれ等しいので，△ABC≡△DCB

対応する辺の長さは等しいので，

AB＝DC　（終）

解説

1 平行四辺形が長方形になるための条件は，さらに「対
角線の長さが等しい」がいえることである。選択肢の
中で適当なのは**ウ**

2 AB を共通の底辺とし
て，高さも等しいので，
　△ABE＝△ABC

BC を共通の底辺とし
て，高さも等しいので，△ABC＝△BCD

AE を共通の底辺として，高さも等しいので，
　△ABE＝△ADE

よって，△ABE＝△ABC＝△BCD＝△ADE

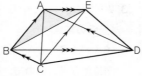

14 データの整理と分析

基本問題

1 (1) 階級…20.0m 以上 25.0m 未満

　　度数…5人

(2) ア…14，イ…24，ウ…0.56，エ…0.96

2 中央値…4冊，最頻値…3冊，平均値…4.65冊

3 (1) 第1四分位数…9点

　　第2四分位数…12点

　　第3四分位数…17点

(2) 8点

(3)

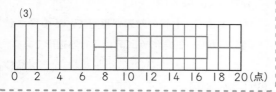

解説

度数分布表	
階級(m)	度数(人)
以上　　未満 10.0～15.0	1
15.0～20.0	2
20.0～25.0	5
25.0～30.0	2
計	10

1 (1) データを整理すると，
右のような度数分布表
になる。度数がもっと
も多いのは，**20.0m
以上 25.0m 未満**の階
級の**5人**である。

(2) ア…4＋10＝**14**　　イ…21＋3＝**24**

ウ…8.0秒以上 8.5秒未満の階級の相対度数は
10÷25＝0.4 であるから，0.16＋0.4＝**0.56**

エ…9.0秒以上 9.5秒未満の階級の相対度数は
3÷25＝0.12 であるから，0.84＋0.12＝**0.96**

2 中央値…20人の生徒のデータの値の小さいほうから
数えて10番目と11番目の生徒の読んだ本
の冊数の平均値であるが，どちらの生徒も4
冊読んでいるので**4冊**。

最頻値…度数がもっとも多いのは，3冊の4人である
から，**3冊**。

平均値…(1×1＋2×3＋3×4＋4×3＋5×3＋6×2
＋7×1＋8×1＋9×0＋10×2)÷20

＝93÷20＝**4.65(冊)**

3 (1) データの値を大きさの順に並べると，次のようにな
る。

　　小さいほう　　　中央　　　大きいほう

7, 8, 9, 10, 12, 12, 14, 15, 17, 18, 20

　　　　第1　　　　第2　　　　第3
　　四分位数　　四分位数　　四分位数
　　　　　　　　（中央値）

第2四分位数(中央値)は小さいほうから数えて6
番目の値で**12点**。

第1四分位数は小さいほうから数えて3番目の値
で**9点**。

第3四分位数は小さいほうから数えて9番目の値
で**17点**。

(2) (四分位範囲)＝(第3四分位数)－(第1四分位数)

＝17－9＝8　　よって，**8点**。

(3) 箱ひげ図は，次の手順でかく。

・第1四分位数を左端に，第3四分位数を右端と
する長方形(箱)をかく。

・長方形(箱)の中に第2四分位数(中央値)の縦線を
ひく。

・最小値，最大値の縦線をひき，箱と線分(ひげ)で
つなぐ。

1 (1) ア…2，イ…3，ウ…6　(2) 0.2

2 (ア) 3.3 冊　(イ) 3.5 冊

3 6 冊

4 $x=0.26$，$y=0.37$

5 (1) 0.5 時間

(2) 8.0 時間以上 8.5 時間未満

(3)
階級 （時間）	度数 （人）	累積度 数(人)	相対度 数	累積相 対度数
以上　　未満 6.5〜7.0	6	6	0.15	0.15
7.0〜7.5	10	16	0.25	0.40
7.5〜8.0	12	28	0.30	0.70
8.0〜8.5	8	36	0.20	0.90
8.5〜9.0	2	38	0.05	0.95
9.0〜9.5	2	40	0.05	1.00
計	40		1.00	

6 イ

解説

1 (1) ア…2 番と 8 番の生徒で 2 人より　**2**

イ…5 番と 9 番と 10 番の生徒で 3 人より　**3**

ウ…3 番，4 番，7 番，11 番，14 番，15 番の
生徒で 6 人より　**6**

(2) 8.5 秒以上 9.0 秒未満の階級の度数は 3，度数の
合計は 15 であるから，3÷15=**0.2**

2 (ア) 1+3+7+2+4+0+5+5+2+4=33

33÷10=**3.3(冊)**

(イ) 少ない順に並べて，5 番目の生徒は B で 3 冊，6
番目の生徒は E（または J）で 4 冊であるから，

(3+4)÷2=**3.5(冊)**

3 ヒストグラムから，38 人の生徒が読んだ本の冊数の
合計を求めると，

1×3+2×7+3×10+4×8+5×6+6×3+7×1

=3+14+30+32+30+18+7

=134(冊)

残りの生徒 2 人が読んだ冊数の合計を x 冊として 40
人の読んだ冊数の合計を考えると

134+x=3.5×40　x=140−134

x=**6(冊)**

4 度数の合計は，1+5+7+4+2=19(人)

10.0m 以上 12.0m 未満の階級の度数は 5 であるから，

5÷19=0.263…　よって，x=**0.26**

12.0m 以上 14.0m 未満の階級の度数は 7 であるから，

7÷19=0.368…　よって，y=**0.37**

5 (1) 階級は 6.5 時間〜7.0 時間のように 0.5 時間ごと
に区切られている。

(2) 睡眠時間 8.0 時間は，**8.0 時間以上 8.5 時間未満**
の階級にふくまれる。

(3) たとえば，睡眠時間が 7.0 時間以上 7.5 時間未満
の累積度数は 6+10=16(人)，睡眠時間が 7.0 時
間以上 7.5 時間未満の累積相対度数は

0.15+0.25=0.40 のように求められる。

6 データの値を大きさの順に並べると，次のようになる。

小さいほう　　中央　　大きいほう

12, 14, 16, 16, 21, 25, 25, 27, 30, 36

第1
四分位数

第2
四分位数
（中央値）

第3
四分位数

最小値は 12，最大値は 36，第 2 四分位数（中央値）
は(21+25)÷2=23，第 1 四分位数は 16，第 3 四
分位数は 27 である。これらにあてはまる箱ひげ図は
イである。

⚠ **注意しよう**

第 2 四分位数（中央値）を 21 や 25 などと答えないよう
に。データの個数が 10 個で偶数個のとき，中央の 2 つ
のデータの値の平均値が第 2 四分位数（中央値）となる。

15 確率

1 4 通り

2 $\dfrac{1}{3}$

3 (1) $\dfrac{3}{8}$　(2) $\dfrac{1}{6}$　(3) $\dfrac{3}{5}$　(4) $\dfrac{3}{5}$

解説

1 2 数の和が偶数となるのは，

(1, 3)，(1, 5)，(2, 4)，(3, 5)の**4 通り**。

2 1 個のさいころの出る目は 1 から 6 までの 6 通り。

そのうち 3 の倍数は，3，6 の 2 通りであるから，

$\dfrac{2}{6}=\dfrac{1}{3}$

3 (1) 3枚の硬貨の表裏の出方は，
右の図より

$$2\times2\times2=8(通り)$$

2枚は表で1枚は裏となる
のは，(○○●)，(○●○)，
(●○○)の3通りであるから，

$$\frac{3}{8}$$

表を○，裏を●で表
す。左から数えて

1枚目 2枚目 3枚目

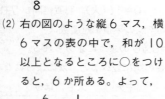

(2) 右の図のような縦6マス，横
6マスの表の中で，和が10
以上となるところに○をつけ
ると，6か所ある。よって，

$$\frac{6}{6\times6}=\frac{1}{6}$$

大のさいころの目＼小のさいころの目	1	2	3	4	5	6
1						
2						
3						
4						○
5					○	○
6				○	○	○

(3) 1個ずつ2回玉を取り出すと
き，取り出し方の総数は，右
の図より

$$5\times5-5=20(通り)$$

このうち，1回目と2回目で
玉の色が異なっているのは，
○のところの12通りある。

よって $\dfrac{12}{20}=\dfrac{3}{5}$

1回目＼2回目	赤1	赤2	赤3	白1	白2
赤1				○	○
赤2				○	○
赤3				○	○
白1	○	○	○		
白2	○	○	○		

(4) 1−(2本ともはずれる確率)で求める。2本くじを
続けてひいて，2本ともはずれる場合は，

$$4\times3=12(通り)$$

くじのひき方の総数が6×5=30(通り)であるので，
2本ともはずれる確率は，$\dfrac{12}{30}=\dfrac{2}{5}$

それ以外は，2本ともあたりか，どちらか1本だ
けあたりのいずれかであるから，少なくとも1本
はあたっている。

よって，求める確率は，$1-\dfrac{2}{5}=\dfrac{3}{5}$

---

1 $\dfrac{2}{3}$

2 (1) $\dfrac{8}{25}$ (2) $\dfrac{21}{25}$

3 $\dfrac{2}{9}$

4 $\dfrac{2}{5}$

5 (1) $y=-x+8$ (2) $\dfrac{5}{12}$

6 (1) 4 (2) $\dfrac{1}{12}$ (3) $\dfrac{1}{3}$ (4) $\dfrac{1}{18}$

解説

1 2人のじゃんけんの手の出し方を表
にすると右のようになる。
勝ち負けが決まるのは○の6通り
だから，$\dfrac{6}{3\times3}=\dfrac{2}{3}$

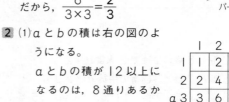

2 (1) a と b の積は右の図のよ
うになる。
a と b の積が12以上に
なるのは，8通りあるか
ら，

$$\frac{8}{5\times5}=\frac{8}{25}$$

a＼b	1	2	3	4	5
1	1	2	3	4	5
2	2	4	6	8	10
3	3	6	9	12	15
4	4	8	12	16	20
5	5	10	15	20	25

(2) a と b のうち，両方が偶
数である確率は，

$$\frac{2\times2}{25}=\frac{4}{25}$$

であるから，a と b のう
ち，少なくとも一方が奇
数である確率は

$$1-\frac{4}{25}=\frac{21}{25}$$

a＼b	1	2	3	4	5
1	1,1	1,2	1,3	1,4	1,5
2	2,1	2,2	2,3	2,4	2,5
3	3,1	3,2	3,3	3,4	3,5
4	4,1	4,2	4,3	4,4	4,5
5	5,1	5,2	5,3	5,4	5,5

3 2回とも赤，2回とも白になるのは
右の図より1回ずつである。

よって $\dfrac{2}{3\times3}=\dfrac{2}{9}$

1回目＼2回目	赤	白	青
赤	○		
白		○	
青			

4 縦にカードの分数，横にさいころの目をかいた表を作成すると次のようになる。

さいころ

	1	2	3	4	5	6
$\frac{1}{2}$	$\frac{1}{2}$	1	$\frac{3}{2}$	2	$\frac{5}{2}$	3
$\frac{2}{3}$	$\frac{2}{3}$	$\frac{4}{3}$	2	$\frac{8}{3}$	$\frac{10}{3}$	4
$\frac{3}{4}$	$\frac{3}{4}$	$\frac{3}{2}$	$\frac{9}{4}$	3	$\frac{15}{4}$	$\frac{9}{2}$
$\frac{4}{5}$	$\frac{4}{5}$	$\frac{8}{5}$	$\frac{12}{5}$	$\frac{16}{5}$	4	$\frac{24}{5}$
$\frac{5}{6}$	$\frac{5}{6}$	$\frac{5}{3}$	$\frac{5}{2}$	$\frac{10}{3}$	$\frac{25}{6}$	5

カード（左側縦ラベル）

積が 3 以上となるのは全部で 12 通りあるから，

$$\frac{12}{5\times6}=\frac{2}{5}$$

5 (1) $x+5+y=13$ が成り立つので，この式を y について解くと，$y=-x+8$

(2) 3 種類となる残り方は，●▲✚ か ▲✚★ の 2 通りある。

(ⅰ) ●▲✚ の場合　▲ は 3 枚残る。また ● は 1 枚，2 枚，3 枚の 3 通りの残り方があり，✚ も 1 枚，2 枚，3 枚の残り方がある。

よって，$x=1$，2，3，$y=3$，4，5 のときであるから，$3\times3=9$（通り）

(ⅱ) ▲✚★ の場合　✚ は 3 枚残る。また ▲ は 1 枚，2 枚，3 枚の 3 通りの残り方があり，★ は 1 枚，2 枚の 2 通りの残り方がある。

よって，$x=4$，5，6，$y=1$，2 のときであるから，$3\times2=6$（通り）

(ⅰ)，(ⅱ)は同時に起こらないので，題意を満たす場合の数は，$9+6=15$（通り）

よって，$\dfrac{15}{6\times6}=\dfrac{5}{12}$

6 (1) A(2，0)，B(6，2)，P(2，2)であるから，AP$=2$，PB$=4$

∠APB$=90°$

よって，

$\triangle$PAB$=2\times4\times\dfrac{1}{2}$
$=4$

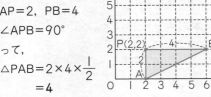

(2) AB：$y=\dfrac{1}{2}x-1$ である。

(1)より P(2，2)のとき
$\triangle$PAB$=4$ であるから，
AB に平行で(2，2)を
通る直線 $y=\dfrac{1}{2}x+1$
上にある P は題意を満たすことになる。
よって，(2，2)，(4，3)，(6，4)の 3 通り。

求める確率は　$\dfrac{3}{6\times6}=\dfrac{1}{12}$

AB と同じ傾きの直線上の格子点

(3) 高さを(2)のときの 2
倍にすれば $\triangle$PAB の
面積は 8 となる。
(2，4)を通って AB
と平行な直線の式を求
めると，$y=\dfrac{1}{2}x+3$

この直線上もふくめ，

これより上に P があれば題意を満たす。よって，
(1，4)，(1，5)，(1，6)，(2，4)，(2，5)，
(2，6)，(3，5)，(3，6)，(4，5)，(4，6)，
(5，6)，(6，6)の 12 通り。

求める確率は，$\dfrac{12}{6\times6}=\dfrac{1}{3}$

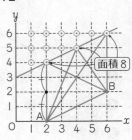

面積8

(4) $\triangle$PAB が直角二等辺
三角形となるときは，
∠P$=90°$，∠A$=90°$，
∠B$=90°$の場合があ
るが，∠A$=90°$のと
き，P は(0，4)とな
り，ありえない。

∠P$=90°$となるのは，P(3，3)
∠B$=90°$となるのは，P(4，6)のとき，
よって，2 通りであるから，求める確率は，

$$\frac{2}{6\times6}=\frac{1}{18}$$

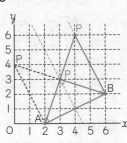

ポイントチェック②

❶ (1)

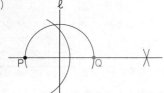

(2)

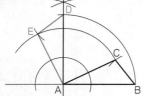

❷ ウ　　**❸** 表面積…27πcm²，体積…18πcm³

❹ $\dfrac{64}{3}$ cm³　　**❺** ∠x＝22°

❻ （証明）

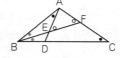

仮定より，
$$∠ABE＝∠FBC$$
$$∠BAE＝∠BCF$$
三角形の１つの外角は隣り合わない残り２つの内角の和に等しいので，
$$∠AEF＝∠ABE＋∠BAE$$
$$∠AFE＝∠FBC＋∠BCF$$
よって，∠AEF＝∠AFE
したがって，２つの角が等しいので，△AEF は AE＝AF の二等辺三角形である。
よって，AE＝AF　（終）

❼ （証明）

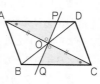

△AOP と △COQ において，
平行四辺形の対角線はそれぞれの中点で交わるので，
$$AO＝CO　…①$$
AD∥BC より錯角は等しいので，
$$∠PAO＝∠QCO　…②$$
対頂角であるから，∠AOP＝∠COQ　…③
①〜③より，１組の辺とその両端の角がそれぞれ等しいので，△AOP≡△COQ　（終）

❽ ア　　**❾** ア，イ，カ　　**❿** $\dfrac{5}{9}$

解説

❶ (1) P を通る ℓ の垂線をひく。ℓ とこの垂線の交点 M から P までの距離を，垂線上で P と反対側にとり Q とする。

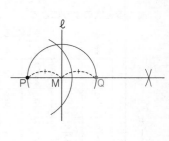

別解　図のように ℓ 上に適当な２点 A，B をとり，これらを中心に P までの距離を半径とする円弧を２つかく。P 以外の交点を Q とする。

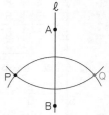

(2) BA を延長し，A を通る BA の垂線をひく。AB＝AD となる点 D を垂線上にとる。A を中心し，AC を半径とする円弧と，D を中心とし，BC を半径とする円弧の交点を E とする。

❷ アの線分 BD，イの線分 DF は交わるので条件を満たさない。エの線分 DH は平行なので条件を満たさない。ウの線分 AD だけが条件を満たす。

❸ （表面積）＝$4×π×3^2×\dfrac{1}{2}+π×3^2＝18π+9π$　←底面積も忘れない
　　　　　＝$27π$（cm²）　←単位も忘れない

（体積）＝$\dfrac{4}{3}×π×3^3×\dfrac{1}{2}＝18π$（cm³）

❹ DE＝$\dfrac{1}{2}$BC より　DE＝4cm，
DE∥BC より，
∠EDF＝90° である。
組み立てると，△DEF を底面，AD(BC) を高さとする三角錐となる。よって，

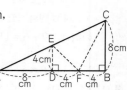

（体積）＝$\dfrac{1}{3}×\dfrac{1}{2}×4×4×8$
　　　　＝$\dfrac{64}{3}$（cm³）

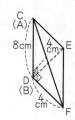

36

⑤ △ABC は AB＝AC の二
等辺三角形であるから

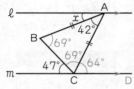

$\angle ACB = \angle ABC$
$=(180°-42°)÷2=69°$
よって，
$\angle ACD = 180°-(47°+69°)=64°$
$\ell // m$ より錯角は等しいので，
$\angle x + 42° = 64°$
よって，$\angle x = 22°$

⑧ 中央値は若い年齢の順に数えて 16 番目の選手が入っ
ている階級の階級値のことである。16 歳…5 人，
17 歳…7 人，18 歳…6 人であるから，18 歳。
最頻値はもっとも人数の多い階級の階級値であるから，
7 人である 17 歳。 よって，ア

⑨ ア…最小値は 30 点より大きく 35 点より小さい。最
大値は 85 点より大きく 90 点より小さい。
ここで，90−30＝60，85−35＝50 であるか
ら，範囲は 50 点より大きく 60 点より小さい。
よって，正しい。

イ…第 2 四分位数が 60 点未満であるから，60 点未
満が 50 人以上いる。よって，正しい。

ウ…第 2 四分位数が 60 点未満であるから，60 点以
上が 50 人以上とはいえない。よって，正しくない

エ…箱ひげ図からは最頻値を読みとることはできない。
よって，正しくない。

オ…箱ひげ図からは平均値を読みとることはできない。
よって，正しくない。

カ…第 1 四分位数は 40 点より大きく 45 点より小さ
い。第 3 四分位数は 75 点より大きく 80 点より
小さい。
ここで，80−40＝40，75−45＝30 であるか
ら，四分位範囲は 30 点より大きく 40 点より小
さい。よって，正しい。

⑩ 1−（2 回とも奇数のカードが出る確率）で求める。
カードは全部で 6 枚あり，奇数のカードは 4 枚ある。
1 回目に奇数が出る場合は 4 通り。カードはもとにも
どすので，2 回目に奇数が出る場合も同様に 4 通りで
ある。よって，2 回のうち，少なくとも 1 回は偶数の
カードが出る確率は，$1-\dfrac{4×4}{6×6}=1-\dfrac{4}{9}=\dfrac{5}{9}$

基本問題

		Step 1

1 (1) $6b+3$　　(2) $4y-1$

　(3) x^2+2　　(4) $2xy-\dfrac{1}{2}$

2 (1) $4x^2-17x-15$　(2) $6x^2+x-1$

　(3) a^3+2a^2-9a+2　(4) $2a^3+a^2-a$

3 (1) $x^2+3x-10$　(2) a^2b^2+ab-2

　(3) $9a^2+12a+4$　(4) $x^2-4xy+4y^2$

　(5) a^2b^2-16　(6) x^4-9

　(7) $-2x-2$　(8) $4ab$

　(9) $x^2+2xy+y^2-6x-6y+9$

　(10) $a^2-2ab+b^2-4$

4 (1) $2xy(4y-3)$　(2) $3ab(2a+b-3)$

　(3) $(x+8)(x-3)$　(4) $(x-5)(x+3)$

　(5) $(a+7)^2$　(6) $(x-3)^2$

　(7) $(x+5)(x-5)$　(8) $(5a+4b)(5a-4b)$

　(9) $a(x+1)^2$　(10) $2y(x-3)(x-4)$

（要点をおさえる！）

解説

1 (1) $(12ab^2+6ab)÷2ab=\dfrac{12ab^2}{2ab}+\dfrac{6ab}{2ab}=6b+3$

(2) $(-12xy^2+3xy)÷(-3xy)=\dfrac{12xy^2}{3xy}-\dfrac{3xy}{3xy}$
$=4y-1$

(3) $\left(\dfrac{x^3}{4}+\dfrac{x}{2}\right)÷\dfrac{x}{4}=\dfrac{x^3×4}{4×x}+\dfrac{x×4}{2×x}=x^2+2$

(4) $\left(xy^2-\dfrac{1}{4}y\right)÷\dfrac{1}{2}y=\dfrac{xy^2×2}{y}-\dfrac{y×2}{4×y}=2xy-\dfrac{1}{2}$

2 (1) $(4x+3)(x-5)=4x^2-20x+3x-15$
$=4x^2-17x-15$

(2) $(2x+1)(3x-1)=6x^2-2x+3x-1$
$=6x^2+x-1$

(3) $(a-2)(a^2+4a-1)=a^3+4a^2-a-2a^2-8a+2$
$=a^3+2a^2-9a+2$

(4) $a(a+1)(2a-1)=(a^2+a)(2a-1)$
$=2a^3-a^2+2a^2-a=2a^3+a^2-a$

3 (1) $(x+5)(x-2)=x^2+(5-2)x+5×(-2)$
$=x^2+3x-10$

(2) $(ab-1)(ab+2)$
$=(ab)^2+(-1+2)ab+(-1)×2$
$=a^2b^2+ab-2$

(3) $(3a+2)^2=9a^2+2\times3a\times2+4=\boldsymbol{9a^2+12a+4}$

(4) $(x-2y)^2=x^2-2\times x\times2y+4y^2$
$=\boldsymbol{x^2-4xy+4y^2}$

(5) $(ab-4)(ab+4)=(ab)^2-4^2=\boldsymbol{a^2b^2-16}$

(6) $(-3+x^2)(3+x^2)=(x^2-3)(x^2+3)=\boldsymbol{x^4-9}$

(7) $(x+2)(x-1)-x(x+3)$
$=x^2+x-2-x^2-3x=\boldsymbol{-2x-2}$

(8) $(a+b)^2-(a-b)^2$
$=a^2+2ab+b^2-(a^2-2ab+b^2)$
$=a^2+2ab+b^2-a^2+2ab-b^2=\boldsymbol{4ab}$

別解 $a+b=A$, $a-b=B$ とおくと
　　与式 $=A^2-B^2=(A+B)(A-B)$
　　$=\{(a+b)+(a-b)\}\{(a+b)-(a-b)\}$
　　$=2a\times2b=\boldsymbol{4ab}$

(9) $(x+y-3)^2$
$=(x+y)^2-6(x+y)+9$
$=\boldsymbol{x^2+2xy+y^2-6x-6y+9}$

別解 $x+y=A$ とおくと
　　与式 $=(A-3)^2=A^2-6A+9$
　　$=(x+y)^2-6(x+y)+9$
　　から計算してもよい。

(10) $(a-b+2)(a-b-2)$
$=(a-b)^2-2^2$
$=\boldsymbol{a^2-2ab+b^2-4}$

別解 $a-b=A$ とおくと
　　与式 $=(A+2)(A-2)$
　　$=A^2-2^2=(a-b)^2-4$
　　から計算してもよい。

4 (1) $8xy^2-6xy=\boldsymbol{2xy(4y-3)}$

(2) $6a^2b+3ab^2-9ab=\boldsymbol{3ab(2a+b-3)}$

(3) $x^2+5x-24$
$=\boldsymbol{(x+8)(x-3)}$ かけて -24／たして 5｝8と(-3)

(4) $x^2-2x-15$
$=\boldsymbol{(x-5)(x+3)}$ かけて -15／たして -2｝-5と3

(5) $a^2+14a+49=\boldsymbol{(a+7)^2}$ かけて 49／たして 14｝7と7

(6) $x^2-6x+9=\boldsymbol{(x-3)^2}$ かけて 9／たして -6｝-3と(-3)

(7) $x^2-25=\boldsymbol{(x+5)(x-5)}$ $25=5^2$／2乗$-$2乗

(8) $25a^2-16b^2$
$=\boldsymbol{(5a+4b)(5a-4b)}$ $25a^2=(5a)^2$／$16b^2=(4b)^2$　2乗$-$2乗

(9) $ax^2+2ax+a=a(x^2+2x+1)=\boldsymbol{a(x+1)^2}$

(10) $2x^2y-14xy+24y=2y(x^2-7x+12)$
$=\boldsymbol{2y(x-3)(x-4)}$

■トレーニングテスト

1 (1) $\dfrac{1}{3}x^2y-\dfrac{2}{3}xy^2$　(2) $5a-2b$

2 (1) $2x^2+5x-3$　(2) x^2-64

(3) $9x^2+6xy+y^2$　(4) x^2-16y^2

3 (1) $6x-19$　(2) $2x^2+23$

(3) 4　(4) $x^2-11xy-3y^2$

(5) $4x^2+y^2$　(6) $8ab$

4 (1) $(x+2)(x+5)$　(2) $(x-7)(x+3)$

(3) $(x-6)(x-12)$　(4) $3(a-4)^2$

(5) $(x+6)(x-6)$　(6) $3(x+3)(x-3)$

(7) $(x-6)(x+1)$　(8) $(x-12)(x+4)$

5 (1) 3200　(2) 104

6 (1) エ

(2) (証明) 中央の数を n とすると，連続する5つの整数は，$n-2$, $n-1$, n, $n+1$, $n+2$ と表せる。
$(n+2)(n+1)-(n-2)(n-1)$
$=n^2+3n+2-(n^2-3n+2)$
$=n^2+3n+2-n^2+3n-2$
$=6n$
よって，連続する5つの整数の，もっとも大きい数と2番目に大きい数の積から，もっとも小さい数と2番目に小さい数の積をひくと，中央の数の6倍になる。（終）

(3) (証明) 2けたの正の整数 M の十の位の数を x, 一の位の数を y とすると，
$M=10x+y$, $N=x+y$ と表せる。
$M^2-N^2=(M+N)(M-N)$
$=(10x+y+x+y)(10x+y-x-y)$
$=(11x+2y)\times9x=9x(11x+2y)$
$=9(11x^2+2xy)$
x は0より大きい1けたの整数，y は0以上の1けたの整数であるから，$11x^2+2xy$ は整数である。よって，$9(11x^2+2xy)$ は9の倍数である。
したがって，M^2-N^2 は9の倍数である。（終）

(4)（証明）n を 2 以上の整数とし，2 つの続いた正の偶数のうち，大きいほうを $2n$ とする。

このとき，2 つの続いた正の偶数は $2n-2$，$2n$ と表せるので，

$(2n-2)^2+(2n)^2-2$
$=4n^2-8n+4+4n^2-2=8n^2-8n+2$
$=2(4n^2-4n+1)=2(2n-1)^2$

n は 2 以上の整数であるから，$2n-1$ は奇数である。よって，2 つの続いた正の偶数の平方の和から 2 をひくと，奇数の平方の 2 倍になる。（終）

解説

1 (1) $\dfrac{1}{3}xy(x-2y)=\dfrac{xy\times x}{3}-\dfrac{xy\times 2y}{3}$
$=\dfrac{1}{3}x^2y-\dfrac{2}{3}xy^2$

(2) $(45a^2-18ab)\div 9a=\dfrac{45a^2}{9a}-\dfrac{18ab}{9a}=5a-2b$

2 (1) $(2x-1)(x+3)=2x^2+6x-x-3$
$=2x^2+5x-3$

(2) $(x+8)(x-8)=x^2-8^2=x^2-64$

(3) $(3x+y)^2=(3x)^2+2\times 3x\times y+y^2$
$=9x^2+6xy+y^2$

(4) $(x+4y)(x-4y)=x^2-(4y)^2=x^2-16y^2$

3 (1) $(x-3)(x+5)-(x-2)^2$
$=x^2+2x-15-(x^2-4x+4)$
$=x^2+2x-15-x^2+4x-4=6x-19$

(2) $(x+4)^2+(x-1)(x-7)$
$=x^2+8x+16+x^2-8x+7=2x^2+23$

(3) $(2x+1)^2-(2x-1)(2x+3)$
$=4x^2+4x+1-(4x^2+4x-3)$
$=4x^2+4x+1-4x^2-4x+3$
$=4$

(4) $(x+y)(x-3y)-9xy=x^2-2xy-3y^2-9xy$
$=x^2-11xy-3y^2$

(5) $(2x+y)(2x-y)+2y^2=4x^2-y^2+2y^2$
$=4x^2+y^2$

(6) $(a+2b)^2-(a-2b)^2$
$=a^2+4ab+4b^2-(a^2-4ab+4b^2)$
$=a^2+4ab+4b^2-a^2+4ab-4b^2=8ab$

別解 $a+2b=A$，$a-2b=B$ とおくと，
与式 $=A^2-B^2=(A+B)(A-B)$

$=\{(a+2b)+(a-2b)\}\{(a+2b)-(a-2b)\}$
$=2a\times 4b=8ab$

4 (1) $x^2+7x+10$
$=(x+2)(x+5)$ 〔かけて 10 たして 7 〕 2 と 5

(2) $x^2-4x-21$
$=(x-7)(x+3)$ 〔かけて -21 たして -4 〕 -7 と 3

(3) $x^2-18x+72$
$=(x-6)(x-12)$ 〔かけて 72 たして -18 〕 -6 と (-12)

(4) $3a^2-24a+48=3(a^2-8a+16)$
← まずは共通因数でくくる
$=3(a-4)^2$ 〔かけて 16 たして -8 〕 -4 と (-4)

(5) $x^2-36=(x+6)(x-6)$ 〔 $36=6^2$ 2 乗－2 乗 〕

(6) $3x^2-27=3(x^2-9)=3(x+3)(x-3)$
└ まずは共通因数でくくる

(7) $(x-2)(x-5)+2(x-8)$
$=x^2-7x+10+2x-16=x^2-5x-6$
$=(x-6)(x+1)$ 〔かけて -6 たして -5 〕 -6 と 1

(8) $(x-5)^2+2(x-5)-63$
$=x^2-10x+25+2x-10-63=x^2-8x-48$
$=(x-12)(x+4)$ 〔かけて -48 たして -8 〕 -12 と 4

別解 $x-5=A$ とおくと
与式 $=A^2+2A-63=(A-7)(A+9)$
$=\{(x-5)-7\}\{(x-5)+9\}=(x-12)(x+4)$

5 (1) $66^2-34^2=(66+34)(66-34)=100\times 32$
$=3200$

(2) $\dfrac{208^2}{105^2-103^2}=\dfrac{208^2}{(105+103)(105-103)}$
$=\dfrac{208^2}{208\times 2}=\dfrac{208}{2}=104$

6 (1) $n=m+1$ とすると
ア…$m+n=m+m+1=2m+1$ よって奇数
イ…$n-m=m+1-m=1$ よって奇数
ウ…$m+n+2=m+m+1+2=2m+3$
$=2(m+1)+1$ よって奇数
エ…m が偶数のとき n は奇数であるから，
$m=2p$，$n=2p+1$ と表せる。（p は正の整数）
$mn=2p(2p+1)=2(2p^2+p)$ よって偶数
m が奇数のとき n は偶数であるから，
$m=2p-1$，$n=2p$ と表せる。（p は正の整数）
$mn=(2p-1)\times 2p=2(2p^2-p)$
よって偶数
したがって，偶数となるのはエ。

17 平方根

基本問題

1 (1) C   (2) 4，$\sqrt{17}$，$3\sqrt{2}$ (3) 2，3，4

2 (1) $565 \leqq a < 575$

    (2) 5.7×10^2 g

3 (1) ウ，オ   (2) 0.2449

4 (1) 5   (2) $\dfrac{\sqrt{5}}{2}$ (3) $5\sqrt{5}$

    (4) $4\sqrt{3}$ (5) $3\sqrt{6}$ (6) $2\sqrt{2}$

    (7) $76-10\sqrt{3}$ (8) $-3-\sqrt{3}$

解説

1 (1) $\sqrt{49} < \sqrt{53} < \sqrt{64}$ より $7 < \sqrt{53} < 8$ であるから，C
   （平方数の平方根ではさむ）

    (2) $3\sqrt{2}=\sqrt{3^2 \times 2}=\sqrt{18}$ $4=\sqrt{4^2}=\sqrt{16}$
    $\sqrt{16} < \sqrt{17} < \sqrt{18}$ であるから，$4 < \sqrt{17} < 3\sqrt{2}$

    (3) $\sqrt{1} < \sqrt{3} < \sqrt{4} < \sqrt{9} < \sqrt{16} < \sqrt{17} < \sqrt{25}$
    であるから，$1 < \sqrt{3} < 2 < 3 < 4 < \sqrt{17} < 5$
    したがって，$\sqrt{3}$ より大きく，$\sqrt{17}$ より小さい整数は，2，3，4

2 (1) 10g 未満を四捨五入すると，
    a の値の範囲は，565g 以上
    575g 未満となるから $565 \leqq a < 575$

    (2) 570g の 10g 未満は信用できないが上から 2 けたの数までは信用できる。よって 5.7×10^2 g

3 (1) エの $\sqrt{0.04}$ は $\sqrt{(0.2)^2}=0.2$ より有理数。またオの π（円周率）は，3.14159265… で，無理数である。よって，無理数はウとオ。

    (2) $\sqrt{0.06}=\sqrt{\dfrac{6}{100}}=\dfrac{\sqrt{6}}{10}=\dfrac{2.449}{10}=0.2449$

---

4 (1) $\sqrt{30} \div \sqrt{6} \times \sqrt{5}=\sqrt{\dfrac{30 \times 5}{6}}=\sqrt{5 \times 5}=5$

    (2) $\dfrac{1}{\sqrt{3}} \times \sqrt{\dfrac{15}{4}}=\sqrt{\dfrac{1 \times 15}{3 \times 4}}=\sqrt{\dfrac{5}{4}}=\dfrac{\sqrt{5}}{2}$

    (3) $\sqrt{45}+2\sqrt{5}=\sqrt{9 \times 5}+2\sqrt{5}=3\sqrt{5}+2\sqrt{5}$
    $=5\sqrt{5}$

    (4) $\sqrt{27}-\sqrt{48}+\sqrt{75}$
    $=\sqrt{9 \times 3}-\sqrt{16 \times 3}+\sqrt{25 \times 3}$
    $=3\sqrt{3}-4\sqrt{3}+5\sqrt{3}=4\sqrt{3}$

    (5) $2\sqrt{24}-\sqrt{54}+\dfrac{12}{\sqrt{6}}$
    $=2\sqrt{4 \times 6}-\sqrt{9 \times 6}+\dfrac{12 \times \sqrt{6}}{\sqrt{6} \times \sqrt{6}}$
    $=2 \times 2\sqrt{6}-3\sqrt{6}+\dfrac{12\sqrt{6}}{6}$
    $=4\sqrt{6}-3\sqrt{6}+2\sqrt{6}=3\sqrt{6}$

    (6) $\dfrac{\sqrt{18}}{3}-\dfrac{8}{\sqrt{2}}+\sqrt{50}$
    $=\dfrac{\sqrt{9 \times 2}}{3}-\dfrac{8 \times \sqrt{2}}{\sqrt{2} \times \sqrt{2}}+\sqrt{25 \times 2}$
    $=\dfrac{3\sqrt{2}}{3}-\dfrac{8\sqrt{2}}{2}+5\sqrt{2}$
    $=\sqrt{2}-4\sqrt{2}+5\sqrt{2}=2\sqrt{2}$

    (7) $(5\sqrt{3}-1)^2=(5\sqrt{3})^2-2 \times 5\sqrt{3} \times 1+1^2$
    $=25 \times 3-10\sqrt{3}+1=75-10\sqrt{3}+1$
    $=76-10\sqrt{3}$

    (8) $(\sqrt{3}+2)(\sqrt{3}-3)$
    $=(\sqrt{3})^2+(2-3)\sqrt{3}+2 \times (-3)$
    $=3-\sqrt{3}-6=-3-\sqrt{3}$

トレーニングテスト

1 イ，9

2 3.0×10^5 km

3 (1) -3 (2) $n=3$ (3) 10 個

4 (1) $n=10$ (2) $n=12$

    (3) $n=1$，6，9   (4) $n=7$

5 (1) 12   (2) $7\sqrt{3}$ (3) $6\sqrt{2}$

    (4) $-\sqrt{2}$ (5) $\sqrt{3}$ (6) $5\sqrt{5}$

    (7) $-2\sqrt{3}$ (8) $6\sqrt{3}$ (9) $3\sqrt{2}-2\sqrt{6}$

    (10) $-\sqrt{3}$ (11) $3\sqrt{10}$ (12) $-9+6\sqrt{10}$

    (13) $\dfrac{7\sqrt{2}}{4}$ (14) $\dfrac{11}{5}$

6 (1) $4\sqrt{2}$ (2) 5   (3) $4\sqrt{6}$ (4) $-2\sqrt{2}$

1 $\sqrt{(-9)^2}=\sqrt{81}=\sqrt{9^2}=9$　　よって，**イ　$-9 \to 9$**

> ❗ **注意しよう**
>
> $a>0$ のとき $\sqrt{a^2}=a$, $\sqrt{(-a)^2}=a$ である。
> また，$\sqrt{(3-\pi)^2}=3-\pi$ は誤りである。$3-\pi<0$ だから，
> $\sqrt{(3-\pi)^2}=\pi-3$ となる。しっかり注意しよう。

2 $300000=3\times10^5$　有効数字は上から 2 けたであるから，**3.0×10^5(km)**

> ❗ **注意しよう**
>
> 測定値 291000 として，有効数字が 1 けた，2 けた，3 けたであるなら，表し方は次のようになる。
> 有効数字 1 けた… 3×10^5
> 有効数字 2 けた… 2.9×10^5
> 有効数字 3 けた… 2.91×10^5

3 (1) $\dfrac{2}{5}=0.4$　$\sqrt{6}=2.449\cdots$ であるから，絶対値が

小さい順に並べると 0.4, -0.9, $2.449\cdots$, -3
となる。よって，**-3**

(2) $\sqrt{5}<n<\sqrt{13}$ の辺々を 2 乗して，$5<n^2<13$
よって，$n^2=9$ より **$n=3$**

(3) $5<\sqrt{n}<6$ の辺々を 2 乗して，$25<n<36$
$n=26,\ 27,\ 28,\ 29,\ 30,\ 31,\ 32,\ 33,$
$34,\ 35$
よって，**10 個。**

4 (1) $\sqrt{90n}=\sqrt{3^2\times2\times5\times n}=3\sqrt{2\times5\times n}$
$n=2\times5\times a^2$（a は自然数）のとき $\sqrt{90n}$ は自然数となる。n が最小となるのは $a=1$ のときであるから，$n=2\times5\times1^2=\mathbf{10}$

(2) $\sqrt{3n}$ が自然数となるのは，$n=3\times a^2$（a は自然数）のとき。$a=2$ のとき，$n=3\times2^2=12$ となってはじめて 2 けたとなる。よって，**$n=12$**

(3) $\sqrt{10-n}$ が自然数となるのは，$10-n=a^2$（a は自然数）のとき。
$n=10-a^2$
$a=1$ のとき $n=10-1^2=9$
$a=2$ のとき $n=10-2^2=6$
$a=3$ のとき $n=10-3^2=1$
a が 4 以上のとき n は負の数となって不可。
よって，**$n=1,\ 6,\ 9$**

(4) $\dfrac{\sqrt{50-2n}}{3}=\sqrt{\dfrac{50-2n}{9}}=\sqrt{\dfrac{2(25-n)}{9}}$
$25-n=2\times9\times a^2$（a は自然数）のとき，
$\dfrac{\sqrt{50-2n}}{3}$ は自然数となる。$n=25-18a^2$
$a=1$ のとき，$n=7$，a が 2 以上のとき n は負の数となって不可。よって，**$n=7$**

5 (1) $3\sqrt{2}\times\sqrt{8}=3\sqrt{2\times8}=3\sqrt{16}=3\times4=\mathbf{12}$

(2) $\sqrt{21}\times\sqrt{7}=\sqrt{3\times7\times7}=\mathbf{7\sqrt{3}}$

(3) $\sqrt{18}\times\sqrt{8}\div\sqrt{2}=\sqrt{\dfrac{18\times8}{2}}$
$=\sqrt{9\times4\times2}=3\times2\sqrt{2}=\mathbf{6\sqrt{2}}$

(4) $\sqrt{56}\div(-\sqrt{2})\div\sqrt{14}=-\sqrt{\dfrac{56}{2\times14}}$
$=-\sqrt{\dfrac{56}{28}}=\mathbf{-\sqrt{2}}$

(5) $\sqrt{27}-2\sqrt{3}=\sqrt{9\times3}-2\sqrt{3}$
$=3\sqrt{3}-2\sqrt{3}=\mathbf{\sqrt{3}}$

(6) $\dfrac{10}{\sqrt{5}}+\sqrt{45}=\dfrac{10\times\sqrt{5}}{\sqrt{5}\times\sqrt{5}}+\sqrt{9\times5}$
$=\dfrac{10\sqrt{5}}{5}+3\sqrt{5}=2\sqrt{5}+3\sqrt{5}=\mathbf{5\sqrt{5}}$

(7) $8\sqrt{3}-\dfrac{45}{\sqrt{3}}+\sqrt{75}$
$=8\sqrt{3}-\dfrac{45\times\sqrt{3}}{\sqrt{3}\times\sqrt{3}}+\sqrt{25\times3}$
$=8\sqrt{3}-\dfrac{45\sqrt{3}}{3}+5\sqrt{3}$
$=8\sqrt{3}-15\sqrt{3}+5\sqrt{3}=\mathbf{-2\sqrt{3}}$

(8) $\sqrt{48}-\sqrt{27}+5\sqrt{3}$
$=\sqrt{16\times3}-\sqrt{9\times3}+5\sqrt{3}$
$=4\sqrt{3}-3\sqrt{3}+5\sqrt{3}=\mathbf{6\sqrt{3}}$

(9) $\sqrt{6}(\sqrt{3}-4)+\sqrt{24}$
$=\sqrt{2\times3\times3}-4\sqrt{6}+\sqrt{4\times6}$
$=3\sqrt{2}-4\sqrt{6}+2\sqrt{6}=\mathbf{3\sqrt{2}-2\sqrt{6}}$

(10) $\sqrt{27}-12\div\sqrt{3}=\sqrt{9\times3}-\dfrac{12}{\sqrt{3}}$
$=3\sqrt{3}-\dfrac{12\times\sqrt{3}}{\sqrt{3}\times\sqrt{3}}$
$=3\sqrt{3}-\dfrac{12\sqrt{3}}{3}=3\sqrt{3}-4\sqrt{3}=\mathbf{-\sqrt{3}}$

(11) $(2\sqrt{10}-5)(\sqrt{10}+4)$
$=2\sqrt{10}\times\sqrt{10}+8\sqrt{10}-5\sqrt{10}-20$
$=20+8\sqrt{10}-5\sqrt{10}-20=\mathbf{3\sqrt{10}}$

(12) $(\sqrt{5}+7\sqrt{2})(\sqrt{5}-\sqrt{2})$
$=(\sqrt{5})^2+(7\sqrt{2}-\sqrt{2})\times\sqrt{5}+7\sqrt{2}\times(-\sqrt{2})$
$=5+6\sqrt{2}\times\sqrt{5}-14=5+6\sqrt{10}-14$
$=\mathbf{-9+6\sqrt{10}}$

$(13)\ \left(\dfrac{\sqrt{7}-\sqrt{12}}{\sqrt{2}}\right)\left(\dfrac{\sqrt{7}}{2}+\sqrt{3}\right)+\sqrt{18}$

$=\left(\dfrac{\sqrt{7}}{\sqrt{2}}-\sqrt{6}\right)\left(\dfrac{\sqrt{7}}{2}+\sqrt{3}\right)+\sqrt{18}$

$=\dfrac{7}{2\sqrt{2}}+\dfrac{\sqrt{21}}{\sqrt{2}}-\dfrac{\sqrt{42}}{2}-\sqrt{18}+\sqrt{18}$

$=\dfrac{7\sqrt{2}}{4}+\dfrac{\sqrt{42}}{2}-\dfrac{\sqrt{42}}{2}-\sqrt{18}+\sqrt{18}=\dfrac{7\sqrt{2}}{4}$

$(14)\ \dfrac{(\sqrt{10}-1)^2}{5}-\dfrac{(\sqrt{2}-\sqrt{6})(\sqrt{2}+\sqrt{6})}{\sqrt{10}}$

$=\dfrac{10-2\sqrt{10}+1}{5}-\dfrac{2-6}{\sqrt{10}}$

$=\dfrac{11-2\sqrt{10}}{5}+\dfrac{4\sqrt{10}}{10}$

$=\dfrac{11}{5}-\dfrac{2\sqrt{10}}{5}+\dfrac{2\sqrt{10}}{5}=\dfrac{11}{5}$

6 (1) $x^2-y^2=(x+y)(x-y)$

$=(\sqrt{2}+1+\sqrt{2}-1)\{\sqrt{2}+1-(\sqrt{2}-1)\}$

$=2\sqrt{2}\times2=4\sqrt{2}$

(2) $x^2-2xy+y^2=(x-y)^2$

$=(\sqrt{5}+3-3)^2=(\sqrt{5})^2=5$

(3) $x^2y+xy^2=xy(x+y)$

$=(\sqrt{6}+2)(\sqrt{6}-2)(\sqrt{6}+2+\sqrt{6}-2)$

$=\{(\sqrt{6})^2-2^2\}\times2\sqrt{6}$

$=2\times2\sqrt{6}=4\sqrt{6}$

(4) $x^2-7xy+12y^2=(x-3y)(x-4y)$

$=\{3\sqrt{2}+8-3(\sqrt{2}+2)\}\{3\sqrt{2}+8-4(\sqrt{2}+2)\}$

$=(3\sqrt{2}+8-3\sqrt{2}-6)(3\sqrt{2}+8-4\sqrt{2}-8)$

$=2\times(-\sqrt{2})=-2\sqrt{2}$

18 2次方程式

基本問題

1 ア，エ，カ

2 (1) ① $x=\pm\sqrt{3}$ ② $x=\pm5$

    ③ $x=-1\pm\sqrt{7}$ ④ $x=4\pm\dfrac{\sqrt{5}}{5}$

(2) ① $x=0,\ 6$ ② $x=8$

    ③ $x=2,\ -5$ ④ $x=9,\ -5$

3 (1) ① $x=-3\pm2\sqrt{2}$ ② $x=\dfrac{5}{2}\pm\dfrac{\sqrt{37}}{2}$

(2) ① $x=\dfrac{3\pm\sqrt{21}}{2}$ ② $x=\dfrac{3\pm\sqrt{5}}{4}$

4 (1) -3 と 17 (2) 12cm (3) 十二角形

解説

1 ア… $x^2-2x=0$ と整理できるので2次方程式。

ア… ア…（※略）

イ…これは1次方程式。

ウ…左辺を展開した式が右辺である。整理すると $0=0$ となるので方程式ではない。

エ… $4x^2-x-3=0$ と整理できるので2次方程式。

オ…整理すると $2x-3=0$ となるから1次方程式。

カ… $x^2+4x-1=0$ と整理できるので2次方程式。

よって，**ア，エ，カ**

2 (1) ① $x^2-3=0$ $x^2=3$ $x=\pm\sqrt{3}$

    ② $5x^2=125$ $x^2=25$ $x=\pm5$

    ③ $(x+1)^2=7$ $x+1=\pm\sqrt{7}$ $x=-1\pm\sqrt{7}$

    ④ $5(x-4)^2=1$ $(x-4)^2=\dfrac{1}{5}$

     $x-4=\pm\sqrt{\dfrac{1}{5}}$ $x-4=\pm\dfrac{\sqrt{5}}{5}$

     $x=4\pm\dfrac{\sqrt{5}}{5}$

(2) ① $x(x-6)=0$ $x=0,\ 6$

    ② $(x-8)^2=0$ $x=8$

    ③ $x^2+3x-10=0$ $(x-2)(x+5)=0$

     $x=2,\ -5$

    ④ $x^2-4x-45=0$ $(x-9)(x+5)=0$

     $x=9,\ -5$

3 (1) ① $x^2+6x+1=0$ $x^2+6x=-1$

     $x^2+6x+9=-1+9$ $\left(\dfrac{6}{2}\right)^2$ をたす

     $(x+3)^2=8$

     $x+3=\pm\sqrt{8}$ $x+3=\pm2\sqrt{2}$

     $x=-3\pm2\sqrt{2}$

    ② $x^2-5x-3=0$ $x^2-5x=3$

     $x^2-5x+\dfrac{25}{4}=3+\dfrac{25}{4}$ $\left(-\dfrac{5}{2}\right)^2$ をたす

     $\left(x-\dfrac{5}{2}\right)^2=\dfrac{37}{4}$

     $x-\dfrac{5}{2}=\pm\sqrt{\dfrac{37}{4}}$ $x-\dfrac{5}{2}=\pm\dfrac{\sqrt{37}}{2}$

     $x=\dfrac{5}{2}\pm\dfrac{\sqrt{37}}{2}$

(2) ① $x^2-3x-3=0$

     $x=\dfrac{-(-3)\pm\sqrt{(-3)^2-4\times1\times(-3)}}{2\times1}$

     $x=\dfrac{3\pm\sqrt{9+12}}{2}=\dfrac{3\pm\sqrt{21}}{2}$

    ② $4x^2-6x+1=0$

$$x=\frac{-(-6)\pm\sqrt{(-6)^2-4\times4\times1}}{2\times4}$$

$$x=\frac{6\pm\sqrt{20}}{8}\qquad x=\frac{6\pm2\sqrt{5}}{8}\qquad x=\frac{3\pm\sqrt{5}}{4}$$

4 (1) 2つの数を x, $14-x$ とおく。

$x(14-x)=-51$ を整理して，

$x^2-14x-51=0$ …Ⓐ

$$x=\frac{-(-14)\pm\sqrt{(-14)^2-4\times1\times(-51)}}{2\times1}$$

$$=\frac{14\pm\sqrt{196+204}}{2}=\frac{14\pm\sqrt{400}}{2}$$

$$=\frac{14\pm20}{2}\qquad x=-3,\ 17$$

$x=-3$ のとき，$14-x=17$，

$x=17$ のとき，$14-x=-3$

よって，2つの数は，**−3と17**

別解 Ⓐ以降は，因数分解を用いてもよい。

$(x+3)(x-17)=0$

$x=-3,\ 17$　　以下同じ

⭐ **合格プラス**

$x^2-14x-51=0$ を解くのに，解の公式を用いればもちろん解けるが，因数分解で解ければ速い。この問題では $51=17\times3$ であることを見抜ければできる。他にも次のようなかけ算は覚えておくと因数分解や約分などに重宝するので便利である。$57=19\times3$，←51, 57, 87, 91 などは素数と間違えやすいが素数ではないことに注意 $87=29\times3$，　$91=13\times7$

(2) 半径を x cm とおく。

$$\pi\times x^2\times\frac{120°}{360°}=48\pi\qquad\frac{1}{3}\pi x^2=48\pi$$

両辺を π で割って　$\frac{1}{3}x^2=48$

$x^2=144\qquad x=\pm12\qquad x>0$ であるから，

$x=12$　　よって，半径は **12cm**

(3) $\dfrac{n(n-3)}{2}=54\quad n(n-3)=108$

$n^2-3n-108=0$

$(n-12)(n+9)=0\qquad n=12,\ -9$

$n>0$ より　$n=12$　　よって，**十二角形**

トレーニングテスト

1 (1) $x=-5,\ 3$ 　　(2) $x=-12,\ -3$

(3) $x=\dfrac{5\pm\sqrt{17}}{2}$ 　　(4) $x=\dfrac{-7\pm\sqrt{41}}{4}$

(5) $x=-2\pm\sqrt{7}$ 　　(6) $x=\dfrac{7\pm\sqrt{13}}{2}$

(7) $x=\dfrac{4\pm\sqrt{13}}{3}$ 　　(8) $x=3,\ \dfrac{5}{2}$

2 (1) $a=9$, （もう1つの解）$x=6$

(2) $a=-3$, $b=-18$

3 $x=6$

4 2m

5 12cm

6 (1) 30m 　　(2) 2秒後と5秒後

(3) ア…$45+5x$　イ…3　ウ…60

解説

1 (1) $x^2+2x-15=0$ 　　$(x+5)(x-3)=0$

$x=-5,\ 3$

(2) $x^2+15x+36=0$ 　　$(x+12)(x+3)=0$

$x=-12,\ -3$

(3) $x^2-5x+2=0$

$$x=\frac{-(-5)\pm\sqrt{(-5)^2-4\times1\times2}}{2\times1}$$

$$x=\frac{5\pm\sqrt{25-8}}{2}\qquad x=\frac{5\pm\sqrt{17}}{2}$$

(4) $2x^2+7x+1=0$ 　　$x=\dfrac{-7\pm\sqrt{7^2-4\times2\times1}}{2\times2}$

$$x=\frac{-7\pm\sqrt{49-8}}{4}\qquad x=\frac{-7\pm\sqrt{41}}{4}$$

(5) $(x+2)^2=7$ 　　$x+2=\pm\sqrt{7}$ 　　$x=-2\pm\sqrt{7}$

(6) $(x-3)^2=x$ 　　$x^2-6x+9=x$

$x^2-7x+9=0$

$$x=\frac{-(-7)\pm\sqrt{(-7)^2-4\times1\times9}}{2\times1}$$

$$x=\frac{7\pm\sqrt{49-36}}{2}\qquad x=\frac{7\pm\sqrt{13}}{2}$$

(7) $(3x+4)(x-2)=6x-9$

$3x^2-6x+4x-8=6x-9$

$3x^2-8x+1=0$

$$x=\frac{-(-8)\pm\sqrt{(-8)^2-4\times3\times1}}{2\times3}$$

$$x=\frac{8\pm\sqrt{64-12}}{6}\qquad x=\frac{8\pm\sqrt{52}}{6}$$

$$x=\frac{8\pm2\sqrt{13}}{6}\qquad x=\frac{4\pm\sqrt{13}}{3}$$

(8) $x-2=A$ とおくと
$$2A^2-3A+1=0$$
$$A=\frac{-(-3)\pm\sqrt{(-3)^2-4\times2\times1}}{2\times2}$$
$$A=\frac{3\pm1}{4} \qquad A=1, \frac{1}{2}$$
A を $x-2$ にもどす。
$x-2=1$ のとき $x=3$
$x-2=\frac{1}{2}$ のとき $x=\frac{5}{2}$

2 (1) $x^2-ax+2a=0$ に $x=3$ を代入して，
$9-3a+2a=0$ これを解いて，$a=9$
もとの式に $a=9$ を代入して，
$x^2-9x+18=0$ $(x-3)(x-6)=0$
$x=3, 6$ よって，もう 1 つの解は，$x=6$

(2) $x^2-x-2=0$ を解くと，$(x-2)(x+1)=0$
$x=2, -1$
よって，$x^2+ax+b=0$ の解は，$x=6, -3$
それぞれ代入して連立方程式をつくると，
$$\begin{cases}36+6a+b=0 & \cdots① \\ 9-3a+b=0 & \cdots②\end{cases}$$
①－②より，$27+9a=0$ よって，$a=-3$
これを②に代入して，$9+9+b=0$
よって，$b=-18$

3 題意より，$x^2=2x+24$ これを解いて，
$x^2-2x-24=0$ $(x-6)(x+4)=0$
$x=6, -4$ $x>0$ であるから，$x=6$

4 図のように，道を端に寄せて
考えると，花壇の面積は，
縦 $(18-x)$m，横 $(22-x)$m
の長方形の面積となるから，
$(18-x)(22-x)=320$
が成り立つ。これを解いて，
$396-18x-22x+x^2=320$
$x^2-40x+76=0$
$(x-2)(x-38)=0$ $x=2, 38$
$x<18$ であるから，$x=2$ よって，**2m**

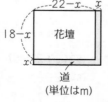

5 直方体の容器の底面は
縦 $(x-8)$cm，横 $(x-6)$cm，
高さは 4cm であるから，
$4(x-8)(x-6)=96$
$(x-8)(x-6)=24$
$x^2-14x+48=24$

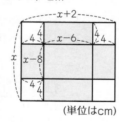

（単位はcm）

$x^2-14x+24=0$
$(x-2)(x-12)=0$
$x=2, 12$
$x>8$ であるから，
$x=12$ よって，もとの紙の縦の長さは **12cm**

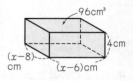

6 (1) $35x-5x^2$ に $x=1$ を代入して，$35-5=30$(m)
(2) $35x-5x^2=50$ を整理して，$x^2-7x+10=0$
$(x-2)(x-5)=0$ $x=2, 5$
よって，**2 秒後と 5 秒後**

(3) ボール A を打ち上げてから x 秒後に，ボール A が
風船 B に当たったとすると，風船 B は放されてか
ら，$(9+x)$ 秒たっているから，風船 B の地上から
の高さは $5(9+x)$m
よって，ア は $\boxed{45+5x}$(m)
$35x-5x^2=45+5x$
$-5x^2+30x-45=0$
両辺$\div(-5)$ より，$x^2-6x+9=0$
$(x-3)^2=0$
よって，イ は $x=\boxed{3}$
$x=3$ を $45+5x$ に代入して，
$45+5\times3=45+15=60$
よって，ウ は $\boxed{60}$ m

19 関数 $y=ax^2$

1 (1) $y=\frac{2}{5}x^2$ (2) $y=36$

2 ア **3** (1) $0\leqq y\leqq16$ (2) $a=\frac{1}{3}$

4 (1) 21 (2) 12 (3) $a=2$

解説

1 (1) $y=ax^2$ に $x=-5$，$y=10$ を代入する。
$10=25a$ $a=\frac{2}{5}$ よって，$y=\frac{2}{5}x^2$

(2) $y=ax^2$ に $x=2$，$y=16$ を代入する。
$16=4a$ $a=4$ よって，$y=4x^2$
ここに，$x=-3$ を代入して，$y=4\times(-3)^2$
よって，$y=36$

2 $y=\frac{1}{2}x^2$ は $x=2$ のとき，$y=2$
よって，グラフは点 $(2, 2)$ を通る。グラフはア

44

3 (1) 最小値は，$x=0$ のときの $y=0$

   最大値は，$x=4$ のときの $y=16$

   よって，y の変域は，$0≦y≦16$

(2) 最小値の $y=0$ は $x=0$ のとき。最大値の $y=12$ は $x=6$ のときであるから，$y=ax^2$ に $x=6$，$y=12$ を代入する。$12=36a$

   よって，$a=\dfrac{1}{3}$

4 (1) $x=2$ を $y=3x^2$ に代入すると，$y=12$

   $x=5$ を $y=3x^2$ に代入すると，$y=75$

   よって，

   （変化の割合）$=\dfrac{（y の増加量）}{（x の増加量）}=\dfrac{75-12}{5-2}=\dfrac{63}{3}=21$

   別解 関数 $y=ax^2$ において，x の値が p から q まで増加するときの変化の割合は，$a(p+q)$ として求めることができる。← 本冊 p.82 ［参考］参照

   よって，$y=3x^2$ において x の値が 2 から 5 まで増加するときの変化の割合は，$3×(2+5)=21$

(2) $\dfrac{9a-a}{3-1}=6$ より，$4a=6$　$a=\dfrac{3}{2}$

   └ 本冊 p.82 の［参考］の方法を用いると，変化の割合は $a(1+3)=4a$ と求められる

   よって，$\dfrac{25a-9a}{5-3}=\dfrac{16a}{2}=8a=8×\dfrac{3}{2}$

   $\qquad\qquad\qquad\qquad=12$

(3) $\dfrac{2(a+1)^2-2a^2}{a+1-a}=2(a^2+2a+1-a^2)$

   └ (2)と同様に $2(a+a+1)=2(2a+1)$ としてもよい

   $\qquad\qquad\qquad=2(2a+1)$

   よって，$2(2a+1)=10$　$2a+1=5$

   $\qquad 2a=4$　$a=2$

トレーニングテスト

1 (1) 5　　　(2) ア

2 (1) $y=\dfrac{9}{4}$　(2) ⑦ 0　　① $\dfrac{25}{4}$

3 $a=\dfrac{3}{2}$

4 $y=-2x+3$

5 (1) $a=\dfrac{1}{3}$　(2) $b=-\dfrac{1}{3}$　(3) $c=\dfrac{1}{2}$

   (4) $y=cx^2\cdots$イ，$y=ex^2\cdots$エ

6 (1) 4　　　(2) $a=\dfrac{1}{3}$

7 (1) $a=1$　　(2) $b=4$　　(3) $a=\dfrac{1}{4}$

解説

1 (1) $y=x^2$ に $x=1$ を代入して，$y=1^2=1$

   $y=x^2$ に $x=4$ を代入して，$y=4^2=16$

   よって，求める変化の割合は $\dfrac{16-1}{4-1}=5$

   別解 本冊 p.82 の［参考］を用いると
   $1×(1+4)=5$ のように求められる。

(2) a は x^2 の係数が正だから，グラフはアかウである。また，x の 2 乗に比例する関数のグラフは比例定数の絶対値が大きいほど開き方が小さいので，a のグラフはアである。なお，このときウは b のグラフである。

2 (1) $y=\dfrac{1}{4}x^2$ に $x=-3$ を代入して，$y=\dfrac{1}{4}×(-3)^2$

   よって，$y=\dfrac{9}{4}$

(2) $x=0$ のとき，最小値 $y=0$ であるから⑦は $\boxed{0}$

   $x=5$ のとき，最大値 $y=\dfrac{25}{4}$ であるから

   ①は $\boxed{\dfrac{25}{4}}$

3 $y=ax^2$ に $x=2$ を代入して，$y=4a$

   よって，A$(2, 4a)$

   $y=-x^2$ に $x=2$ を代入して，$y=-4$

   よって，B$(2, -4)$

   AB$=4a-(-4)=4a+4$

   したがって，$4a+4=10$　$4a=6$

   よって，$a=\dfrac{3}{2}$

4 $y=x^2$ に $x=-3$ を代入して，$y=9$

   よって，A$(-3, 9)$

   $y=x^2$ に $x=1$ を代入して，$y=1$

   よって，B$(1, 1)$

   （直線 AB の傾き）$=\dfrac{1-9}{1-(-3)}=\dfrac{-8}{4}=-2$

   直線 AB：$y=-2x+b$ と表せる。B$(1, 1)$ を通るから，$1=-2+b$　よって，$b=3$

   直線 AB：$y=-2x+3$

   別解 右の図で直線 AB の傾きは関数 $y=ax^2$ において，x の値が p から q まで増加するときの変化の割合に等しいから，

   （直線 AB の傾き）$=a(p+q)$

   直線 AB：$y=a(p+q)x+b$ とおく。A(p, ap^2) を通るから，$ap^2=ap(p+q)+b$　$b=-apq$

よって，**直線 AB**：$y=a(p+q)x-apq$ と公式化できる（本冊 p.83 [**参考**] でも述べた）。これを用いると，

直線 AB：$y=1\times(-3+1)x-1\times(-3)\times1$

$y=-2x+3$

5 (1) 〈条件①〉より $y=ax^2$ は $(3, 3)$ を通るから，

$3=9a$　　よって，$a=\dfrac{1}{3}$

(2) 〈条件②〉より a と b の絶対値は等しいので，

$b=-\dfrac{1}{3}$

(3) 〈条件③〉より $\dfrac{9c-c}{3-1}=\dfrac{8c}{2}=2$　　$4c=2$

よって，$c=\dfrac{1}{2}$
　　└ $c(1+3)=4c$ としてもよい

(4) 〈条件④〉より $c<d$　　$a=\dfrac{1}{3}$，$c=\dfrac{1}{2}$ であるから，

$0<a<c<d$ が成り立つ。よって，

グラフのア…$y=dx^2$，イ…$y=cx^2$，ウ…$y=ax^2$

また，$e<b<0$ より，$y=ex^2$ は $y=bx^2$ より y 軸

に近い方のグラフである。**ウとオは** x **軸について**

対称であるからオ…$y=bx^2$ である。よって，

エ…$y=ex^2$ となる。

したがって　$y=cx^2$ …イ　$y=ex^2$ …エ

6 (1) $\dfrac{3^2-1^2}{3-1}=\dfrac{8}{2}=4$
　　└ $1\times(1+3)=4$ としてもよい

(2) 四角形 OACB は正方形であるので，2 本の対角線

の長さは等しく，それぞれの中点で垂直に交わる。

よって，C の座標を $(0, c)$ とすると，

$c^2\times\dfrac{1}{2}=18$ より，

$c^2=36$

$c>0$ より，

$c=6$　AB $=6$

となるので A$(3, 3)$

これが $y=ax^2$ のグラフ上にあるので

$3=9a$　　$a=\dfrac{1}{3}$

7 (1) $y=ax^2$ のグラフは A$(2, 4)$ を通るから，$4=4a$

$a=1$

(2) $y=2x^2$ に $x=2$ を代入して，$y=8$

よって，A$(2, 8)$

$y=2x+b$ のグラフは A$(2, 8)$ を通るから

$8=2\times2+b$　　$b=4$

(3) A$(2, 4a)$ である

から，

B$(-2, 4a)$

と表せる。つねに，

CA $=$ CB であるか

ら，△ABC が直角

二等辺三角形となるのは $\angle$ACB $=90°$ のとき。

AB の中点を M$(0, 4a)$ とすると，直角二等辺三

角形の性質より，AM $=$ BM $=$ CM である。

AM $=2$，CM $=4a-(-1)=4a+1$

よって，$4a+1=2$　　$4a=1$　　$a=\dfrac{1}{4}$

20 相似な図形

基本問題

1 (1) 四角形 ABCD $\backsim$ 四角形 AEFG

(2) AG : AD $=4:5$

(3) DC $=\dfrac{15}{2}$ cm

(4) $\angle$AGF $=120°$

2 (1) (証明) △ABC と △DBA において，

AB : DB $=6:3=2:1$　　…①

CB : AB $=12:6=2:1$　　…②

共通な角であるから，

$\angle$ABC $=\angle$DBA　　…③

①〜③より，2 組の辺の比とその間の角がそ

れぞれ等しいので，△ABC $\backsim$ △DBA　（終）

(2) 2 倍　　　　(3) AC $=10$ cm

3 (1) CD $=12$　　(2) AE : EC $=16:9$

解説

1 (1) 対応の順に注意する。

四角形 ABCD $\backsim$ 四角形 AEFG

(2) AG : AD $=$ AE : AB $=8:(8+2)=8:10$

$=4:5$

(3) (2)より，GF : DC $=4:5$ である。

DC $=x$ とおくと，$6:x=4:5$

$4x=30$ より，$x=\dfrac{15}{2}$ (cm)

(4) $\angle$AEF $=\angle$ABC $=90°$

四角形 AEFG の内角の和は $360°$ であるから，

$\angle$AGF $=360°-(60°+90°+90°)=120°$

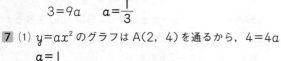

2 (2) △ABC∽△DBA であるから，

AC：DA＝AB：DB＝6：3＝2：1

よって，AC の長さは DA の長さの**2倍**

(3) (2)より，AC の長さは DA の長さの 2 倍なので，

AC＝**10cm**

3 (1) △ABC∽△CBD（2 組の角がそれぞれ等しい）であるから，CD＝x とおくと，

AC：CD＝AB：CB

20：x＝25：15

20：x＝5：3

5x＝60

x＝12

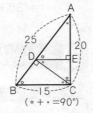

別解 直角三角形の直角の頂点から斜辺にひいた垂線の長さは面積を 2 通りに表すことでも求められる。

CD＝x とおくと，

$\dfrac{1}{2}×15×20＝\dfrac{1}{2}×25×x$

$x＝\dfrac{15×20}{25}＝12$

(2) △ABC∽△DCE（2 組の角がそれぞれ等しい）であるから，BC：CE＝AB：DC，CE＝y とおくと

15：y＝25：12　　25y＝180

$y＝\dfrac{36}{5}$

よって，AE＝20－$\dfrac{36}{5}＝\dfrac{64}{5}$

AE：EC＝$\dfrac{64}{5}：\dfrac{36}{5}$＝64：36＝**16：9**

トレーニングテスト

1 (1) 115　　(2) CD＝6cm　　(3) AD＝$\dfrac{25}{6}$cm

2 16m

3 (証明)△ABC と △AED において，

AB：AE＝9：6＝3：2　…①

AC：AD＝12：8＝3：2　…②

共通な角であるから，∠BAC＝∠EAD　…③

①～③より，2 組の辺の比とその間の角がそれぞれ等しいので，△ABC∽△AED　　(終)

4 (証明)△BCQ と △CPD において，

仮定より　∠BQC＝∠CDP＝90°　…①

AD∥BC より錯角は等しいので，

∠BCQ＝∠CPD　…②

①，②より，2 組の角がそれぞれ等しいので，

△BCQ∽△CPD　　(終)

5 (1) (証明)△FGH と △IEH において，

仮定より AB∥EI で，平行線の錯角は等しいから，∠HFG＝∠HIE　…①

対頂角は等しいから，

∠FHG＝∠IHE　…②

①，②より，2 組の角がそれぞれ等しいので，

△FGH∽△IEH　　(終)

(2) (証明)点 C と点 G を結ぶ。

△CDE と △CBG において，

四角形 ABCD は正方形であるから，

CD＝CB　…③

また，∠CDE＝∠CBG＝90°　…④

仮定より，DE＝BG　…⑤

③～⑤より，2 組の辺とその間の角がそれぞれ等しいので，

△CDE≡△CBG

よって，CE＝CG　…⑥

∠DCE＝∠BCG　…⑦

CF は∠BCE の二等分線であるから，

∠ECF＝∠BCF　…⑧

⑦，⑧より∠DCF＝∠FCG　…⑨

AB∥DC で，平行線の錯角は等しいから，

∠DCF＝∠CFG　…⑩

⑨，⑩より，∠FCG＝∠CFG

よって，△GCF において 2 つの角が等しいから，△GCF は二等辺三角形となり，

CG＝FG　…⑪

⑥，⑪より，CE＝FG　　(終)

6 (1) ∠APQ＝(30＋a)°

(2) (証明)△PSR と △ASQ において，

RP∥AC より錯角は等しいので，

∠PRS＝∠AQS　…①

∠RPS＝∠QAS　…②

①，②より，2 組の角がそれぞれ等しいので，

△PSR∽△ASQ　　(終)

1 (1) △ABC は AB＝AC の二等辺

三角形であるから

$\angle ACB=(180°-50°)\times\dfrac{1}{2}$

$\quad\quad\quad=65°$

△ACD と △AFE において，

共通な角であるから，∠CAD＝∠FAE …①

仮定より，∠ADC＝∠AEF …②

①，②より，2組の角がそれぞれ等しいので

$\quad$△ACD∽△AFE

対応する角の大きさは等しいので

$\quad$∠AFE＝∠ACD＝65°

よって，∠AFB＝180°－65°＝$\boxed{115}$°

(2) △ABE と △CDE において

AE：CE＝3：9＝1：3 …①

BE：DE＝4：12＝1：3 …②

対頂角であるから ∠AEB＝∠CED …③

①〜③より2組の辺の比とその間の角がそれぞれ

等しいので，△ABE∽△CDE

対応する辺の長さの比は等しいので

AB：CD＝AE：CE 2：CD＝1：3

CD＝6(cm)

(3) △ABC と △ACD において

仮定より，∠ABC＝∠ACD …①

共通な角なので，∠BAC＝∠CAD …②

①，②より2組の角がそれぞれ等しいので

$\quad$△ABC∽△ACD

対応する辺の長さの比は等しいので，

AC：AD＝AB：AC 5：AD＝6：5

$6AD=25 \quad AD=\dfrac{25}{6}$(cm)

2 塀に映った木の影が2m

であるから，

1：0.5＝2：1 より塀

がなければ木の影は，右

の図のように 8m にな

っていると考えられる。

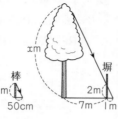

(木の高さ)：(木の影の長さ)

＝(棒の高さ)：(棒の影の長さ)＝2：1

であるから，木の高さを xm とすると，

$\quad x$：8＝2：1 $\quad x$＝16 よって，**16m**

---

6 (1) △ABC は正三角形であるので，

$\quad\quad$∠PAQ＝60°－a°

△APQ は直角三角形だから，

$\quad\quad$∠APQ＝90°－∠PAQ

$\quad\quad\quad=90°-(60°-a°)$

$\quad\quad\quad=30°+a°$

$\quad\quad\quad=(30+a)°$

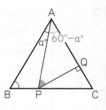

21 平行線と比

1 (1) $x=15$ (2) $x=6$ (3) $x=10$

2 (1) $x=5.4$ (2) $x=\dfrac{15}{2}$ (3) $x=4$

3 PR＝1cm

4 (1) EQ＝6 (2) 3倍 (3) 8：27

 解説

1 (1) DE：BC＝AE：AC 12：x＝8：(8＋2)

$\quad 8x=120$ よって，$x=15$

(2) AD：AB＝DE：BC x：(x＋3)＝8：12

$\quad 12x=8(x+3)$ $\quad 12x=8x+24$

$\quad 4x=24$ よって，$x=6$

(3) AB：AD＝BC：DE x：(15－x)＝8：4

$\quad 4x=8(15-x)$ $\quad 4x=120-8x$

$\quad 12x=120$ よって，$x=10$

2 (1) 4：6＝3.6：x $\quad 4x=21.6$ $\quad x=5.4$

(2) 2：(7－2)＝3：x $\quad 2：5＝3：x$

$\quad 2x=15 \quad x=\dfrac{15}{2}$

(3) 3：6＝x：8 $\quad 6x=24$

$\quad x=4$

注意 右のように y をおくと

$\quad x$：y：8

$\quad=3：(10-6)：6$

よって，x：8＝3：6

$\quad 6x=24 \quad x=4$

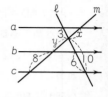

3 CF＝FA，CE＝EB であるから，中点連結定理により，

$\quad FE=\dfrac{1}{2}AB=2$(cm)

DP＝PE，DR＝RF であるから，中点連結定理により，

$\quad PR=\dfrac{1}{2}FE=1$(cm)

4 (1) 角の二等分線の性質により

　　　　BP：PC＝AB：AC＝8：6＝4：3

　　　BC＝7であるから　BP＝4，PC＝3

　　△ABC∽△DEFであるから対応する角の大きさは

　　等しいので，∠ABC＝∠DEF，∠BAC＝∠EDF

　　△ABPと△DEQにおいて

　　　　∠ABP＝∠DEQ　…①

　　　　∠BAP＝$\frac{1}{2}$∠BAC　　∠EDQ＝$\frac{1}{2}$∠EDF

　　よって，∠BAP＝∠EDQ　…②

　　①，②より2組の角がそれぞれ等しいので

　　　　△ABP∽△DEQ

　　　　AB：DE＝BP：EQ　　8：12＝4：EQ

　　　　EQ＝$\frac{12×4}{8}$＝6

(2) △ABP：△APC

　　＝BP：PC

　　＝4：3

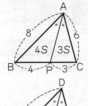

　　△ABP：△DEQ

　　＝BP²：EQ²

　　＝2²：3²

　　＝4：9

> BP：EQ
> ＝4：6
> ＝2：3

　　よって，$\frac{△DEQ}{△APC}＝\frac{9}{3}＝3$（倍）

(3) 回転体も相似な立体となる。相似な立体の体積比は

　　相似比の3乗に等しい。

　　（相似比）は2：3より

　　（体積比）は2³：3³＝8：27

**トレーニングテスト**

1 EF＝$\frac{15}{4}$cm

2 $x＝21$

3 EF＝$\frac{19}{2}$cm

4(1) ∠BMN＝80°　　(2) 20cm

5 $\frac{2}{15}$倍

6(1) $\frac{1}{4}$倍　　　　(2) 15cm²

7 DE＝6cm

8 700cm³

解説

1 △ABE∽△DCE（2組
の角がそれぞれ等しい）
であるから，

　　BE：CE＝AB：DC
　　　　　　＝3：5

　　△CEF∽△CBD（2組の角がそれぞれ等しい）であるか
ら，

　　EF：BD＝CE：CB　　EF：6＝5：8

　　EF＝$\frac{30}{8}＝\frac{15}{4}$（cm）

2 12：（30－12）＝14：x　　12：18＝14：x

　　2：3＝14：x　　$x＝\frac{3×14}{2}＝21$（cm）

3 対角線ACをひくと，中点連
結定理の逆により，図中のP
はACの中点になる。
よって，
△ABCにおいて

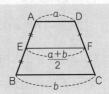

　　EP＝$\frac{1}{2}$BC＝6（cm）

　　△CDAにおいて

　　PF＝$\frac{1}{2}$AD＝$\frac{7}{2}$（cm）

　　よって，EF＝6＋$\frac{7}{2}＝\frac{19}{2}$（cm）

✪ **合格プラス**

台形ABCDで，AB，DCの中
点をそれぞれE，Fとすると，
EF＝$\frac{1}{2}$（AD＋BC）となる。

4(1) 点M，Nはそれぞれ辺
AB，CBの中点である
から，中点連結定理に
より　MN∥AC
平行線の同位角は等しいから
　　∠BMN＝∠A＝80°

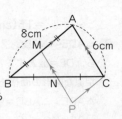

(2) 中点連結定理により
　　MN∥AC
すなわち，MP∥AC
また，AM∥PCであるから，四角形AMPCは平行
四辺形となり，周の長さは

49

$$AM + MP + PC + CA = 2(AM + AC)$$
$$= 2\left(\frac{1}{2}AB + AC\right) = 2 \times (4 + 6) = 20 \text{(cm)}$$

5 平行四辺形 ABCD の面積を
S とする。

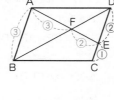

$\triangle ABD$
$= \frac{1}{2} \times (\text{平行四辺形 ABCD})$
$= \frac{1}{2}S$

$\triangle ABD$ と $\triangle AED$ において，辺 AD を共通な底辺とみると

$$\triangle ABD : \triangle AED = AB : DE = 3 : 2$$
$$\frac{1}{2}S : \triangle AED = 3 : 2 \qquad \triangle AED = \frac{1}{3}S \quad \cdots ①$$

$\triangle ABF \backsim \triangle EDF$
$(\angle ABF = \angle EDF, \angle AFB = \angle EFD$ より 2 組の角がそれぞれ等しい）であるから，$AF : EF = AB : ED = 3 : 2$
よって $\triangle DEF = \frac{2}{5} \times \triangle AED \quad \cdots ②$

①，②より $\triangle DEF = \frac{2}{5} \times \frac{1}{3}S = \frac{2}{15}S$

したがって，$\dfrac{2}{15}$ 倍

6 (1) $\triangle BEF \backsim \triangle DAF$（2 組の角が
それぞれ等しい）であるから，

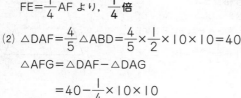

$EF : AF = BE : DA$
$EF : AF = 1 : 4$
$4EF = AF$
$FE = \frac{1}{4}AF$ より，$\dfrac{1}{4}$ 倍

(2) $\triangle DAF = \frac{4}{5}\triangle ABD = \frac{4}{5} \times \frac{1}{2} \times 10 \times 10 = 40$
$\triangle AFG = \triangle DAF - \triangle DAG$
$$= 40 - \frac{1}{4} \times 10 \times 10$$
$$= 15 \text{(cm}^2)$$

7 $\triangle ADE \backsim \triangle ABC$（2 組の角がそれぞれ等しい）であるから，$DE = x$ とすると，相似比は $DE : BC = x : 8$
相似な図形の面積比は相似比の 2 乗に等しいから，
$\triangle ADE : \triangle ABC = 9 : 16$ より
$DE : BC = \sqrt{9} : \sqrt{16} = 3 : 4$
よって，$x : 8 = 3 : 4$
$x = 6 \text{(cm)}$

8 右の図のように，水の入っ
ている部分の立体を円錐 P，
容器全体を円錐 Q とする。
円錐 P と円錐 Q は相似な
立体であり，相似比は
$10 : 20 = 1 : 2$ である。
相似な立体の体積比は，相
似比の 3 乗に等しいから，
（円錐 P の体積）：（円錐 Q の体積）$= 1^3 : 2^3 = 1 : 8$
円錐 P に入った水の量が 100cm^3 であるから，円錐
Q に入る水の量は $100 \times 8 = 800 \text{(cm}^3)$
よって，容器がいっぱいになるまでに入れる水の量は，
$$800 - 100 = 700 \text{(cm}^3)$$

22 円の性質

基本問題

1 (1) $\angle x = 25°$ (2) $\angle x = 40°$
    (3) $\angle x = 105°$ (4) $\angle x = 36°$
    (5) $\angle x = 49°$ (6) $\angle x = 70°$

2 (1) $\angle DAC = 23°$ (2) $\angle DAB = 41°$
    (3) $\angle x = 65°$

解説

1 (1) 円周角はその弧に対する中心角の $\frac{1}{2}$ であるから，
$$\angle BAC = \angle x = \frac{1}{2}\angle BOC = \frac{1}{2} \times 50°$$
$$= 25°$$

(2) $\angle BAC = \frac{1}{2}\angle BOC = \frac{1}{2} \times 130°$
$$= 65°$$
$65° + 25° + \angle x = 130°$

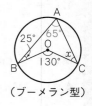

└─ 本冊 p.48 下の [参考]
よって，
$\angle x = 130° - 90° = 40°$
（ブーメラン型）

(3) 長い方の $\overset{\frown}{AC}$ に対する中心角は
$$360° - 150° = 210°$$
よって，
$$\angle x = \frac{1}{2} \times 210° = 105°$$

(4) ∠BOC＝2∠BAC＝2×54°
　　　　＝108°

　△OBC は OB＝OC の二等辺
　三角形であるから，
　　　∠OBC＝∠OCB
　よって，2∠x＋108°＝180°
　　　　　2∠x＝72°
　したがって，∠x＝36°

(5) $\overset{\frown}{BD}$ の円周角であるから，
　　　∠DAB＝∠DCB＝41°

　半円の弧に対する円周角は
　90°であるから，∠ADB＝90°
　よって，
　　　∠x＝180°－(90°＋41°)
　　　　＝49°

(6) 長さの等しい弧に対する円周角
　は等しいので，$\overset{\frown}{AB}=\overset{\frown}{AD}$ より

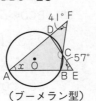

　　　∠ADB＝∠ACD＝46°
　よって，∠x＝180°－(46°＋46°＋18°)＝**70°**

2 (1) 円に内接する四角形の性質より，
　　　∠ABC＋∠ADC＝180°
　　　∠ADC＝180°－113°＝67°
　　　∠ACD＝90°であるから

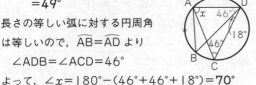

　　　∠DAC＝180°－(90°＋67°)＝**23°**

　別解　D と B を結ぶと，∠ABD＝90°
　　　∠DBC＝113°－90°＝23°
　　　円周角の定理により，∠DAC＝∠DBC＝**23°**

(2) ∠DAB＝∠x とおく。
　　　∠BCD＝180°－∠x である。

　　↖円に内接する四角
　　　形の向かい合った
　　　内角の和は180°

　　∠A＋∠E＋∠F＝∠FCE
　　└本冊 p.48 下の〔参考〕

（ブーメラン型）

　対頂角であるから，
　　　∠BCD＝∠FCE
　よって，∠BCD＝∠A＋∠E＋∠F
　　　180°－∠x＝∠x＋57°＋41°
　　　2∠x＝180°－(57°＋41°)
　　　2∠x＝82°
　よって，∠x＝∠DAB＝**41°**

(3) △PAB は PA＝PB の二等
　辺三角形であるから，
　　　∠ABP
　　　＝$\frac{1}{2}$×(180°－50°)
　　　＝65°

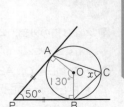

　接弦定理により　∠x＝∠ACB＝∠ABP＝**65°**

　別解　∠PAO＝∠PBO
　　　　＝90°
　四角形 APBO において，内
　角の和は 360° より，
　∠AOB＝130° であるから，
　　　∠x＝$\frac{1}{2}$×130°＝**65°**

トレーニングテスト

1 ア

2 ∠x＝120°

3 ∠x＝48°

4 ∠CED＝51°

5 ∠ABC＝94°

6 (1) CD＝1cm，AE＝3cm
　　(2) AE：FG＝7：3

7 (証明) △CAF と △CBE において，
　仮定より，AC＝BC　…①
　半円の弧に対する円周角であるから，
　　　∠ACF＝90°
　したがって，∠BCE＝180°－90°＝90°
　よって，∠ACF＝∠BCE　…②
　$\overset{\frown}{CD}$ の円周角であるから，
　　　∠CAF＝∠CBE　…③
　①～③より，1組の辺とその両端の角がそれぞれ
　等しいので，△CAF≡△CBE　（終）

8 (証明) △COE と △ODF において，
　CO，DO はおうぎ形の半径であるから，
　　CO＝OD　…①
　仮定より，∠CEO＝∠OFD＝90°　…②
　$\overset{\frown}{AC}=\overset{\frown}{BD}$ より，
　　　∠COA＝∠DOB　…③
　∠AOB＝∠OFD＝90° より，FD∥OB
　よって，平行線の錯角は等しいから，
　　　∠ODF＝∠DOB　…④

③, ④より, ∠COA＝∠ODF

すなわち, ∠COE＝∠ODF …⑤

①, ②, ⑤より, 直角三角形の斜辺と１つの鋭

角がそれぞれ等しいので,

　　△COE≡△ODF （終）

解説

1 ∠y は円の外部, ∠z は円の内部にあるので,

∠y＜∠x＜∠z　　よって, **ア**

2 円の中心を O, AE と DF の交点
をPとする。$\overparen{DE}$ に対する中心角

は, ∠DOE＝60°, その円周角は,

∠DAE＝30°

同様にして　∠ADF＝30°

よって　∠x＝∠APD＝180°－30°×2＝**120°**

3 $\overparen{BC}$ に対する中心角と円周角の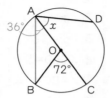
関係により

$$∠BAC＝\frac{1}{2}∠BOC＝\frac{1}{2}×72°$$
$$＝36°$$

$\overparen{CD}＝\overparen{BC}×\frac{4}{3}$ であるから

$$∠x＝∠BAC×\frac{4}{3}＝36°×\frac{4}{3}＝48°$$

4 CD＝DB より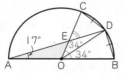

$\overparen{CD}＝\overparen{DB}$ である。

$\overparen{DB}$ に対する円周角∠DAB

が17°であるから

∠DOB＝17°×2＝34°

よって　∠COB＝34°×2＝68°

　　　　∠AEO＝68°－17°＝51°

対頂角であるから, ∠CED＝∠AEO＝**51°**

⭐ 合格プラス

円周角の大きさは弧の長さと比例するが, 円周角の大き

さは弦の長さとは比例しない。**4** で CD＝DB のとき CD と

$\overparen{CD}$, DB と $\overparen{DB}$ でそれぞれ作る図形が合同になるので,

$\overparen{CD}＝\overparen{DB}$ が成り立つが, CD＝2DB であるからといって,

$\overparen{CD}＝2\overparen{DB}$ とはならないことに注意する。

三平方の定理を利用すると, 右の
図のように確認することができる。

$\overparen{AC}：\overparen{AB}＝∠ABC：∠ACB$

$　　　　＝1：2$

であるが, AC：AB＝1：$\sqrt{3}$ となる。

5 AC は ∠BAD の二等分線であるので

∠BAC＝∠CAD

$\overparen{CD}$ に対する円周角より

∠CBD＝∠CAD

よって,

∠ABC＝∠ABD＋∠CBD

　　　　＝∠ABD＋∠BAC

これは △AEB における ∠E の外角の大きさに等しいの

で　∠ABC＝180°－86°＝**94°**

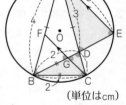

別解　△ABC と △AED において

仮定より, ∠BAC＝∠EAD …①

$\overparen{AB}$ に対する円周角であるから

∠ACB＝∠ADE …②

①, ②より, ２組の角がそれぞれ

等しいので　△ABC∽△AED

対応する角の大きさは等しいので

∠ABC＝∠AED＝180°－86°＝**94°**

6 (1) △ABC∽△BCD

（２組の角がそれぞれ等

しい）であるから

AB：BC＝BC：CD

4：2＝2：CD

よって, CD＝**1**（cm）

△BCD∽△AED

（２組の角がそれぞれ等しい）であるから

△AED は二等辺三角形である。

AE＝AD＝AC－CD＝4－1＝**3**（cm）

(2) △BCD∽△AED より　BC：AE＝CD：ED

$2：3＝1：ED$　　よって, ED＝$\frac{3}{2}$

△BCD∽△CDG（２組の角がそれぞれ等しい）より

BC：CD＝CD：DG　　2：1＝1：DG

よって, DG＝$\frac{1}{2}$

△BEA∽△BGF（２組の角がそれぞれ等しい）より

└─ 平行線の同位角および共通な角

AE：FG＝BE：BG＝（BD＋ED）：（BD－DG）

$$＝\left(2＋\frac{3}{2}\right)：\left(2－\frac{1}{2}\right)＝\frac{7}{2}：\frac{3}{2}＝7：3$$

基本問題

1 (1) $x=\sqrt{5}$　(2) $x=2\sqrt{2}$

2 (1) $x=\dfrac{2\sqrt{3}}{3}$　(2) $x=26$

3 (1) $AH=3\sqrt{3}$ cm　(2) $\triangle ABC=9\sqrt{3}$ cm^2

4 (1) $AG=\sqrt{29}$ cm　(2) $9:16:4$

解説

1 (1) $x^2=1^2+2^2$　$x=\sqrt{1+4}$　$x=\sqrt{5}$

(2) $x^2+2^2=(2\sqrt{3})^2$　$x^2=(2\sqrt{3})^2-2^2$
$x=\sqrt{12-4}$　$x=\sqrt{8}$　$x=2\sqrt{2}$

2 (1) $AB:BC=1:\sqrt{2}$
$\sqrt{2}:BC=1:\sqrt{2}$
$BC=2$
$CD:BC=1:\sqrt{3}$
$x:2=1:\sqrt{3}$
$\sqrt{3}x=2$　$x=\dfrac{2}{\sqrt{3}}$　$x=\dfrac{2\sqrt{3}}{3}$

(2) $\triangle BCD$ の 2 辺の長さが
7 と 25 なので，この直
角三角形の 3 辺の比は，
$7:24:25$
よって，$BC=24$
直角三角形 ABC で，直角をはさむ 2 辺の長さが
10 と 24 であることから，この直角三角形の 3 辺
の比は，$5:12:13$
よって，$x=13\times 2=26$

3 (1) $\triangle ABH$ は，鋭角が $30°$，$60°$
の直角三角形であるから，
$BH:AB:AH=1:2:\sqrt{3}$
$AB=6$，$BH=3$ より
$AH=3\sqrt{3}$（cm）

(2) $\triangle ABC=\dfrac{1}{2}\times BC\times AH=\dfrac{1}{2}\times 6\times 3\sqrt{3}$
$=9\sqrt{3}$（cm^2）

4 (1) 直方体の対角線の長さを求め
る公式を使って，
$AG=\sqrt{AB^2+BC^2+AE^2}$
$=\sqrt{3^2+4^2+2^2}$
$=\sqrt{9+16+4}=\sqrt{29}$（cm）

(2) $BG=\sqrt{2^2+4^2}=\sqrt{4+16}$
$=\sqrt{20}=2\sqrt{5}$
$\triangle ABG\backsim\triangle APB$（2 組の角が
それぞれ等しい）であるから，
$AG:AB=AB:AP$
$\sqrt{29}:3=3:AP$
$AP=\dfrac{9}{\sqrt{29}}=\dfrac{9\sqrt{29}}{29}$
また，$\triangle ACG\backsim\triangle CQG$（2 組の
角がそれぞれ等しい）であるから
$AG:CG=CG:QG$
$\sqrt{29}:2=2:QG$
$QG=\dfrac{4}{\sqrt{29}}=\dfrac{4\sqrt{29}}{29}$
$PQ=AG-(AP+QG)$
$=\sqrt{29}-\left(\dfrac{9\sqrt{29}}{29}+\dfrac{4\sqrt{29}}{29}\right)$
$=\dfrac{16\sqrt{29}}{29}$
よって，$AP:PQ:QG$
$=\dfrac{9\sqrt{29}}{29}:\dfrac{16\sqrt{29}}{29}:\dfrac{4\sqrt{29}}{29}$
$=9:16:4$

トレーニングテスト

1 $5\sqrt{6}$ cm^2

2 27π cm^3

3 (1) $DB=2$ cm　(2) $\dfrac{23\sqrt{2}}{8}$ cm^2

4 144 cm^3

5 (1) $BD=6\sqrt{2}$ cm　(2) 36 cm^3　(3) 2 cm

6 (1) $4\sqrt{3}$ cm^2　(2) $\dfrac{4}{3}$ cm

(3) $\dfrac{32\sqrt{2}}{9}$ cm^3

解説

1 $AB^2+BC^2=AC^2$　$BC^2=AC^2-AB^2$
$BC=\sqrt{7^2-5^2}=\sqrt{49-25}=\sqrt{24}=2\sqrt{6}$
$\triangle ABC=\dfrac{1}{2}\times BC\times AB=\dfrac{1}{2}\times 2\sqrt{6}\times 5$
$=5\sqrt{6}$（cm^2）

2 $AC:AB:BC=1:2:\sqrt{3}$
$AC=3$ より　$BC=3\sqrt{3}$

できる回転体は BC を底面の円の半径とする高さ AC の
えんすい
円錐であるから，

（体積）$=\dfrac{1}{3}\times\pi\times(3\sqrt{3})^2\times3=27\pi$（cm³）

3 (1) 二等辺三角形の性質より，
$\quad\angle\text{AEB}=90°$
よって，$\triangle\text{ABE}\backsim\triangle\text{CBD}$
（2 組の角がそれぞれ等しい）
AB：CB＝EB：DB
$9：6＝3：\text{DB}\qquad\text{DB}=2$（cm）

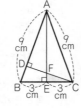

(2) $\text{CD}^2+\text{BD}^2=\text{BC}^2$
$\text{CD}^2=\text{BC}^2-\text{BD}^2$
$\text{CD}=\sqrt{6^2-2^2}=\sqrt{36-4}=\sqrt{32}=4\sqrt{2}$ …Ⓐ
$\triangle\text{CBD}\backsim\triangle\text{CFE}$
（2 組の角がそれぞれ等しい）
CD：CE＝BD：FE
$4\sqrt{2}：3＝2：\text{FE}$

$\text{FE}=\dfrac{6}{4\sqrt{2}}=\dfrac{3}{2\sqrt{2}}=\dfrac{3\sqrt{2}}{4}$

（四角形 DBEF の面積）＝△CBD－△CFE
$=\dfrac{1}{2}\times2\times4\sqrt{2}-\dfrac{1}{2}\times3\times\dfrac{3\sqrt{2}}{4}=4\sqrt{2}-\dfrac{9\sqrt{2}}{8}$

$=\dfrac{32\sqrt{2}-9\sqrt{2}}{8}=\dfrac{23\sqrt{2}}{8}$（cm²）

別解 Ⓐまでは同じ。
$\triangle\text{CFE}\backsim\triangle\text{CBD}$（2 組の角がそれぞれ等しい）より
$\quad\triangle\text{CFE}：\triangle\text{CBD}=\text{CE}^2：\text{CD}^2$
$\quad=3^2：(4\sqrt{2})^2=9：32$
よって，四角形 DBEF の面積は

$\triangle\text{CDB}\times\dfrac{32-9}{32}=\dfrac{1}{2}\times2\times4\sqrt{2}\times\dfrac{23}{32}$

$\qquad=\dfrac{23\sqrt{2}}{8}$（cm²）

4 （正方形 BCDE の面積）
$=72$cm² より $\quad\text{BC}^2=72$
$\text{BC}=\sqrt{72}=6\sqrt{2}$
△BCD は直角二等辺三角形であるから，3 辺の比は
$\quad1：1：\sqrt{2}$
よって，$\text{BD}=\sqrt{2}\text{BC}=\sqrt{2}\times6\sqrt{2}=12$ …Ⓑ
ここで，△ABD は 3 辺の比が $1：1：\sqrt{2}$ となるので，
$\angle\text{BAD}=90°$ の直角二等辺三角形である。
A から底面にひいた垂線を AH とすると，
$\quad\text{AH}=\text{BH}=\text{DH}=6$
よって，（正四角錐 A-BCDE の体積）

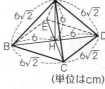

（単位は cm）

$\qquad=\dfrac{1}{3}\times72\times6=144$（cm³）

★ **合格プラス**

Ⓑより後は次のようにしてもよい。
A から底面に垂線 AH をひくと，H は BD の中点と一致するので，BH＝6
さんへいほう
△ABH に三平方の定理を用いて
$\text{AH}=\sqrt{\text{AB}^2-\text{BH}^2}=\sqrt{72-6^2}=6$　後は同じ。

5 (1) △ABD は直角二等辺三角形であるから，3 辺の比は
$\quad1：1：\sqrt{2}$
よって，
$\quad\text{BD}=\sqrt{2}\text{AB}=6\sqrt{2}$（cm）

(2) （三角錐 ABDE の体積）

$=\dfrac{1}{3}\times\dfrac{1}{2}\times6\times6\times6$

$=36$（cm³）

(3) 切り口の円の中心を O，半径を r とする。
A から面 DEB にひいた垂線は AO に一致するから，

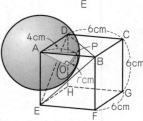

円 O の周上に点 P をとると，△AOP は
$\angle\text{AOP}=90°$ の直角三角形である。
△DEB は 1 辺 $6\sqrt{2}$ cm の正三角形であるから，E から DB の中点 M にひいた直線は垂線である。
鋭角が 30°，60° の直角三角形の 3 辺の比は $1：2：\sqrt{3}$ であるから

$\quad\text{DM}=3\sqrt{2}$，
$\quad\text{EM}=3\sqrt{2}\times\sqrt{3}$
$\qquad=3\sqrt{6}$

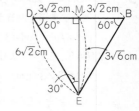

よって，$\triangle\text{DEB}=\dfrac{1}{2}\times6\sqrt{2}\times3\sqrt{6}=9\sqrt{12}$
$\qquad\qquad=18\sqrt{3}$（cm²）
（三角錐 ABDE の体積）$=\dfrac{1}{3}\times\triangle\text{DEB}\times\text{AO}$ であるから　$\dfrac{1}{3}\times18\sqrt{3}\times\text{AO}=36\quad6\sqrt{3}\times\text{AO}=36$

$\text{AO}=\dfrac{36}{6\sqrt{3}}=\dfrac{6}{\sqrt{3}}=\dfrac{6\sqrt{3}}{3}=2\sqrt{3}$（cm）

（球の半径）＝4cm であるから，
△AOP において，三平方の定
理により　$r^2+(2\sqrt{3})^2=4^2$
　　　$r^2+12=16$　　$r^2=4$
　　$r>0$ より　$r=2$（cm）

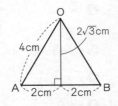

6 (1) △OAB は１辺が 4cm の正
三角形であるから

$\dfrac{1}{2}\times4\times\left(4\times\dfrac{\sqrt{3}}{2}\right)$

$=4\sqrt{3}$（cm²）

(2) この正四角錐の展開図
（一部）をかくと，右の
図のようになる。

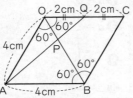

四角形 OABC はひし
形となり，
△OPQ∽△BPA（２組の角がそれぞれ等しい）がい
える。よって

　OP：BP＝OQ：BA＝2：4＝1：2
したがって

　$OP=\dfrac{1}{3}\times OB=\dfrac{1}{3}\times4=\dfrac{4}{3}$（cm）

(3) 点 P から底面 ABCD に垂
線 PH をひくと，頂点が P，
底面が△ABC，高さが
PH の立体が点 B をふく
む立体となる。点 O から
底面 ABCD に垂線 OI を
ひくと，I は底面 ABCD
の対角線の交点だから

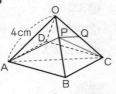

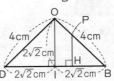

　$DI=\dfrac{1}{2}DB=\dfrac{1}{2}\times4\sqrt{2}=2\sqrt{2}$（cm）

△ODI で三平方の定理により

　$OI=\sqrt{OD^2-DI^2}=\sqrt{4^2-(2\sqrt{2})^2}=\sqrt{8}$
　　$=2\sqrt{2}$（cm）

△OIB∽△PHB であるから　OI：PH＝OB：PB

　$2\sqrt{2}$：PH＝4：$\left(4-\dfrac{4}{3}\right)$

　$2\sqrt{2}$：PH＝4：$\dfrac{8}{3}$　　$4PH=\dfrac{16\sqrt{2}}{3}$

　$PH=\dfrac{4\sqrt{2}}{3}$

したがって，求める体積は

　$\dfrac{1}{3}\times\left(\dfrac{1}{2}\times4\times4\right)\times\dfrac{4\sqrt{2}}{3}=\dfrac{32\sqrt{2}}{9}$（cm³）

---

24 標本調査

基本問題

1 ウ

2 (1) P 大学の学生 9300 人

(2) 無作為に抽出した 450 人の学生

(3) $\dfrac{3}{10}$

(4) およそ 2800 人

3 およそ 180 個

解説

1 国勢調査は人口把握を中心とする国の行う調査で，有
名な全数調査。修学旅行に参加する生徒の健康調査や
中学校での進路希望の調査は，個人個人の状況の把握
が目的であるから標本調査には適さない。ウの世論調
査は全体的な傾向を知るための調査で，有名な標本調
査の例である。よって，答えは，**ウ**。

2 (3) B 局の番組を見ていた学生は 450 人中 135 人で
あるから，

$\dfrac{135}{450}=\dfrac{3}{10}$

(4) 母集団の大きさに，標本調査中の比率をかけると，

$9300\times\dfrac{3}{10}=2790$

十の位を四捨五入して，**およそ 2800 人**

3 無作為に取り出した 20 個の玉のうち，白玉は 12 個
であったから，袋の中に占める白玉の割合は，

$\dfrac{12}{20}=\dfrac{3}{5}$

よって，袋の中の玉全体における白玉の数は

$300\times\dfrac{3}{5}=180$（個）より，**およそ 180 個**と推測できる。

別解　袋の中の白玉の個数を x 個として比例式をつく
ると，300：x＝20：12

　　　300：x＝5：3

　　　$5x=900$　　$x=180$（個）

① およそ60個

② およそ130頭

③ およそ400匹

④ およそ80個

⑤ およそ750個

⑥ およそ600個

⑦ (1) 0.23

(2) (説明)表が出た割合は，投げた回数が多くなるほど安定して，0.23の値に近づいているから，$10000 \times 0.23 = 2300$ より，およそ2300回と推定される。

表が出る回数…およそ2300回

解説

① $1000 \times \dfrac{3}{50} = 60$（個）より，**およそ60個**

② カモシカの生息数を x 頭とすると，次の比例式が成り立つ。

$x : 40 = 40 : 12$　　$x : 40 = 10 : 3$

$3x = 400$　　$x = 133.3\cdots$

一の位を四捨五入して，**およそ130頭**

③ 養殖池にいるニジマスの総数を x 匹とすると，次の比例式が成り立つ。

$x : 50 = 48 : 6$　　$x : 50 = 8 : 1$

$x = 400$ より，**およそ400匹**

④ $200 \times \dfrac{4}{10} = 80$（個）より，**およそ80個**

⑤ 箱の中の白玉の個数を x 個とすると，次の比例式が成り立つ。

$(x + 100) : 100 = 34 : 4$

$(x + 100) : 100 = 17 : 2$

$2(x + 100) = 1700$

$x + 100 = 850$　　$x = 750$

よって，**およそ750個**

⑥ 袋の中のピースの総数を x 個とすると，次の比例式が成り立つ。

$x : 75 = 72 : 9$　　$x : 75 = 8 : 1$　　$x = 600$

よって，**およそ600個**

⑦ (1) $689 \div 3000 = 0.2296\cdots$

小数第3位を四捨五入して，**0.23**

ポイントチェック③

❶ $-x^2 - 8x + 34$

❷ $(x - 5)(x - 8)$

❸ $3\sqrt{6}$

❹ $n = 7$

❺ $(6 + 4\sqrt{2})\text{cm}^2$

❻ $x = \dfrac{3 \pm \sqrt{17}}{4}$

❼ $x = 0$

❽ $a = \dfrac{1}{2}$

❾ $a = \dfrac{1}{9}$

❿ $a = 4$

⓫ $BC = 12\text{cm}$

⓬ $x = 4$

⓭ 27cm^3

⓮ $\left(45 + \dfrac{a}{2}\right)^\circ$

⓯ $AG = 5\sqrt{5}\ \text{cm}$

⓰ $BC = (\sqrt{6} + 1)\text{cm}$

⓱ およそ450個

解説

❶ $(x - 4)^2 - 2(x + 3)(x - 3)$

$= x^2 - 8x + 16 - 2(x^2 - 9)$

$= x^2 - 8x + 16 - 2x^2 + 18 = -x^2 - 8x + 34$

❷ $x^2 - 13x + 40 = (x - 5)(x - 8)$

❸ $\dfrac{12}{\sqrt{6}} + \sqrt{42} \div \sqrt{7} = \dfrac{12}{\sqrt{6}} + \sqrt{\dfrac{42}{7}}$

$= \dfrac{12\sqrt{6}}{6} + \sqrt{6}$

$= 2\sqrt{6} + \sqrt{6} = 3\sqrt{6}$

❹ n は1けたの自然数より　$\sqrt{19} \le \sqrt{n + 18} \le \sqrt{27}$

$4 = \sqrt{16} < \sqrt{19}$，$\sqrt{27} < \sqrt{36} = 6$ より，

$\sqrt{n + 18} = 5 = \sqrt{25}$

$n + 18 = 25$ より　$n = 7$

❺ 図のように点Eをとると，

$BE^2 = 2$ より　$BE = \sqrt{2}$

$EC^2 = 4$ より　$EC = 2$

よって，$BC = \sqrt{2} + 2$

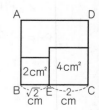

（正方形 ABCD の面積）$=(\sqrt{2}+2)^2=2+4\sqrt{2}+4$
　　　　　　　　　　$=6+4\sqrt{2}$ (cm²)

❻ $2x^2-3x-1=0$　解の公式にあてはめて，

$$x=\frac{-(-3)\pm\sqrt{(-3)^2-4\times2\times(-1)}}{2\times2}$$

$$=\frac{3\pm\sqrt{9+8}}{4}=\frac{3\pm\sqrt{17}}{4}$$

❼ $x^2+ax+2=a$ に $x=-2$ を代入して，
　　$4-2a+2=a$　　$3a=6$　　$a=2$
　　$x^2+2x+2=2$　　$x^2+2x=0$　　$x(x+2)=0$
　　$x=0,\ -2$　　よって，他の解は，**$x=0$**

❽ $\dfrac{9a-a}{3-1}=2$　　$8a=4$　　**$a=\dfrac{1}{2}$**

別解 $a(1+3)=2$　　$4a=2$　　**$a=\dfrac{1}{2}$**

❾

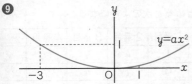

　x の変域が $-3\leqq x\leqq1$ のとき y の変域が $0\leqq y\leqq1$ で
あるから $a>0$ となり，グラフより $x=-3$ のとき
$y=1$ となる。$y=ax^2$ に代入して，
　　$1=a\times(-3)^2$　　$1=9a$
　よって　**$a=\dfrac{1}{9}$**

❿ 直線 AB：$y=mx+2$ が B(1, 0) を通るから，
　　$0=m+2$　　よって，$m=-2$
　　$y=-2x+2$ に $x=-1$ を代入して，A(-1, 4)
　　$y=ax^2$ が A(-1, 4) を通るから，**$a=4$**

⓫ △ABC∽△EBD（2 組の角がそれぞれ等しい）
　　AC：ED＝BC：BD　　8：2＝BC：3
　　2×BC＝24　　**BC＝12(cm)**

⓬ $6:x=9:6$　　$9x=36$　　**$x=4$**

⓭ 立体 P と Q の表面積の比が 4：9 であるから，相似比
　は 2：3，よって体積比は $2^3:3^3=8:27$ である。
　P の体積が 8cm³ だから，Q の体積は **27cm³**

⓮ 半円の弧に対する円周角な
　ので，∠ACB＝90° である。
　よって，OD∥AE となり，
　同位角は等しいので，
　　∠CED＝∠ODB
　　∠BOD＝90°−a°
　△ODB は OD＝OB の二等辺三角形であるから，
　　∠ODB＝$\dfrac{180°-(90°-a°)}{2}$

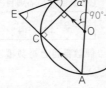

　　　$=\dfrac{90°+a°}{2}=45°+\dfrac{a°}{2}$

　よって，∠CED$=45°+\dfrac{a°}{2}=\left(45+\dfrac{a}{2}\right)°$

⓯ AG$=\sqrt{5^2+6^2+8^2}=\sqrt{25+36+64}=\sqrt{125}$
　　　$=5\sqrt{5}$ (cm)

⓰ △ADC は鋭角が 30°，60° の
　直角三角形であるから，
　AC＝2 より　CD＝1，
　AD＝$\sqrt{3}$ である。
　△ABD で三平方の定理により
　　BD$=\sqrt{3^2-(\sqrt{3})^2}=\sqrt{9-3}=\sqrt{6}$
　よって，BC＝BD＋CD＝**$\sqrt{6}+1$(cm)**

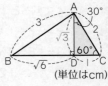
（単位はcm）

⓱ 箱の中に入っているペットボトルのキャップの個数を
　x 個とすると，次の比例式が成り立つ。
　　$x:30=30:2$
　　$x:30=15:1$
　　　$x=450$
　よって，**およそ 450 個**

25 数の性質

❶(1) （証明）n を 0 以上の整数とすると，

4 で割ると 1 余る自然数は $4n+1$ と表される。

$x=4n+1$ を $3x+5$ に代入すると，

$3x+5=3(4n+1)+5$

$\qquad =12n+8$

$\qquad =4(3n+2)$

$3n+2$ は整数だから，$3x+5$ は 4 の倍数である。

よって，下線部の予想は正しい。（終）

(2) ア…7，イ…3，ウ…1

解説

❶(2) B さんの予想において，

$3x+5$ の x に，7 で割ると 3 余る数を代入すると，

$3x+5$ の値は 7 の倍数になる。

実際，$x=7n+3$ とすると，

$3(7n+3)+5=21n+14=7(3n+2)$

となり，確かに 7 の倍数になる。

よって，アにあてはまる数は **7**

イにあてはまる数は **3**

C さんの予想において，

$3x+5=3(x+1)+2$

とすると，

$(3x+5)^2=9(x+1)^2+12(x+1)+4$

$\qquad\qquad =3\{3(x+1)^2+4(x+1)+1\}+1$

だから，$(3x+5)^2$ の x に自然数を代入したときの値を，3 で割ると，余りは 1 になる。

よって，ウにあてはまる数は **1**

26 図形の規則性

❶(1) 白のタイル… 36 個，黒のタイル… 25 個

(2) 白のタイル… n^2 個，黒のタイル… $(n-1)^2$ 個

(3) （証明）n 番目のタイルの総数は，

$n^2+(n-1)^2$

$=n^2+(n^2-2n+1)$

$=n^2+n^2-2n+1$

$=2n^2-2n+1$

$=2n(n-1)+1$

n は自然数であるから，$2n(n-1)$ は偶数である。よって，$2n(n-1)+1$ は奇数。

よって，タイルの総数は必ず奇数になる。（終）

(4) 10 番目

❷(1) 7 番目の図形… 16cm²

16 番目の図形… 72cm²

(2) $n=20$

解説

❶(1) 表にしてまとめると次のようになる。

	1 番目	2 番目	3 番目	4 番目	…
白のタイル	1	4	9	16	…
黒のタイル	0	1	4	9	…
合　計	1	5	13	25	…

白のタイルの個数は，1 から始まる平方数であるから，6 番目は，$6^2=36$（個）

黒のタイルの個数は，0 から始まる平方数であるから，6 番目は，$5^2=25$（個）

(2) n 番目の白のタイルの個数は，n 番目の平方数であるから，n^2（個）

n 番目の黒のタイルの個数は，$(n-1)$ 番目の平方数であるから，$(n-1)^2$（個）

(4) $n^2+(n-1)^2=2n(n-1)+1$ であるから

$2n(n-1)+1=181$　　$2n(n-1)=180$

$n(n-1)=90$　　$n^2-n-90=0$

$(n-10)(n+9)=0$　　$n=10,\ -9$

n は自然数であるから，$n=10$（番目）

❷(1) 表にしてまとめると次のようになる。

	1 番目	2 番目	3 番目	4 番目
面積(cm²)	$1(=1^2)$	$2(=2\times1)$	$4(=2^2)$	6 $(=2(1+2))$

5 番目	6 番目	7 番目	8 番目	…
$9(=3^2)$	12 $(=2(1+2+3))$	16 $(=4^2)$	20 $(=2(1+2+3+4))$	…

偶数番目と奇数番目のタイルの増え方の規則性により，

7 番目の図形の面積は $4^2=16$（cm²）

16 番目の図形の面積は

$2(1+2+3+4+5+6+7+8)=72$（cm²）

(2) n が偶数のとき $n=2k$ (k は自然数)と表すと,
n 番目の図形の面積は

$$2(1+2+\cdots+k)=2\times\frac{1}{2}k(k+1)$$
$$=k^2+k(cm^2)$$

$n=2k-1$ のとき
n 番目の図形の面積は k^2cm^2 だから

$$2n+1=2\times2k+1$$
$$=4k+1$$
$$=2(2k+1)-1$$

より, $(2n+1)$ 番目の図形の面積は
$(2k+1)^2(cm^2)$
よって, n 番目の図形と $(2n+1)$ 番目の図形の面積の差についての方程式は

$$(2k+1)^2-(k^2+k)=331$$
$$(4k^2+4k+1)-(k^2+k)=331$$
$$3k^2+3k-330=0$$
$$k^2+k-110=0$$
$$(k+11)(k-10)=0$$
$$k=10,\ -11$$

k は自然数だから, $k=10$
よって $n=2\times10=\mathbf{20}$

⭐ **合格プラス**
自然数 1, 2, 3, $\cdots$, n の和は $\frac{1}{2}n(n+1)$
奇数 1, 3, 5, $\cdots$, $(2n-1)$ の和は n^2
は覚えておくと便利である。

27 水中に沈めた物体

❶(1) 1575cm³ (2) 25.2cm
(3) 1000cm³

解説

❶(1) 水そうの高さ 7cm 分の水の体積と立体物の体積は
一致するから
$$15\times15\times7=\mathbf{1575}(cm^3)$$

(2) 直方体 A, B の高さは等しい
ので, ともに x cm とすると,
水の深さは $2x$ cm である。
$$5\times5\times x+10\times10\times x$$
$$=1575$$

$$25x+100x=1575$$
$$125x=1575$$
$$x=12.6$$
よって, 水の深さは
$$12.6\times2=\mathbf{25.2}(cm)$$

(3)

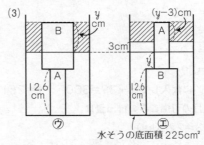

水そうの底面積 225cm²

⑦の図でこぼした部分の高さを y cm とすると, ⑤の
図では $(y-3)$ cm で, こぼした水の体積が等しいこと
から

$$(15^2-10^2)y=(15^2-5^2)(y-3)$$
$$125y=200(y-3) \qquad 75y=600 \qquad y=8$$
したがって, こぼした水の体積は
$$125\times8=\mathbf{1000}(cm^3)$$

28 文章問題の解読

❶ 可燃ごみ…228kg

プラスチックごみ…57kg

(計算過程は[解説]参照)

❷(1) 6 人用を 2 張りと 4 人用を 1 張り

(2) 男子…18 人, 女子…20 人

解説

❶ 5 月の可燃ごみの排出量を x kg, 5 月のプラスチック
ごみの排出量を y kg とすると

6 月の可燃ごみの排出量は $(x-33)$ kg

6 月のプラスチックごみの排出量は $(y+18)$ kg

6 月の可燃ごみとプラスチックごみを合わせた排出量
は $(x+y-15)$ kg

6 月の可燃ごみとプラスチックごみを合わせた排出量
は, 5 月より 5% 減少したことから

$$x+y-15=0.95(x+y) \quad \cdots①$$

6 月の可燃ごみの排出量は, 6 月のプラスチックごみ
の排出量の 4 倍であったことから

$$x-33=4(y+18) \quad \cdots②$$

①，②を連立方程式として解く。それぞれの式を整理すると

$$\begin{cases} x+y=300 \cdots ①' \\ x-4y=105 \cdots ②' \end{cases}$$

①'−②' より

$$\begin{array}{r} x+\ y=300 \\ -)\underline{x-4y=105} \\ 5y=195 \\ y=39 \end{array}$$

$y=39$ を①' に代入して $x+39=300$　　$x=261$

よって，6月の可燃ごみの排出量は

$261-33=\underline{\underline{228(kg)}}$
　└─ 求めているものを正しく答えること！

6月のプラスチックごみの排出量は

$39+18=\underline{\underline{57(kg)}}$
　└─ 求めているものを正しく答えること！

2 (1) 15人を収容する借り方には次の4通りが考えられる。

(i) 6人用×3　(ii) 6人用×2+4人用×1
(iii) 6人用×1+4人用×3　(iv) 4人用×4

それぞれの費用を計算すると

(i) $1500×3=4500(円)$
(ii) $1500×2+1200=4200(円)$
(iii) $1500+1200×3=5100(円)$
(iv) $1200×4=4800(円)$

料金がもっとも安くなるのは(ii)のときであるから，

6人用を2張りと4人用を1張り

(2) どのテントも定員いっぱいで収容し，テントの合計が8張りであることから

$\dfrac{x}{6}+\dfrac{y}{4}=8$　…①

料金の合計が33300円であることより

$1500×\dfrac{x}{6}+1200×\dfrac{y}{4}+600×(x+y)$
$=33300$　…②

①×12 より

$2x+3y=96$　　…①'

②を整理して

$17x+18y=666$　…②'

②'−①'×6 より

$$\begin{array}{r} 17x+18y=666 \\ -)\underline{12x+18y=576} \\ 5x=90 \quad x=18 \end{array}$$

$x=18$ を①' に代入して，

$36+3y=96$　　$3y=60$　　$y=20$

よって，**男子…18人，女子…20人**

---

1 (1) ア　(理由)x の値を1つ決めると，それにともなって y の値がただ1つ決まるから。

(2) ア…9，イ…10

2 (1) 1100円

(2) (a) $\begin{cases} x+y=8 \\ 270x+640y=3270 \end{cases}$

(b) 5人

(3) B駅で乗り，E駅で降りた。

解説

1 (2) A社のグラフにB社のグラフをかき込むと下の青線のようになる。よって，B社の方がA社より安くなるのは，$\boxed{9}$kg(…ア)より重く $\boxed{10}$kg(…イ)以下のときである。

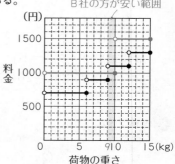

2 (1) B駅からC駅までの距離は7.0kmで，大人1人の片道運賃は，グラフより6kmより長く10km以下のときの220円であるから

$220×5=1100(円)$

(2) (a) A駅からC駅までは，$3.3+7.0=10.3(km)$ で10kmより長く15km以下。大人1人の片道運賃は，グラフより270円である。

また，A駅からE駅までは，
$3.3+7.0+12.4+8.5=31.2(km)$ で30kmより長く35km以下。大人1人の片道運賃は，グラフより640円である。

したがって，次の等式が成り立つ。

$$\begin{cases} x+y=8 \\ 270x+640y=3270 \end{cases}$$

(b) $\begin{cases} x+y=8 & \cdots ① \\ 270x+640y=3270 & \cdots ② \end{cases}$
とおいて連立方程式を解く。

① $\times 64 -$ ② $\div 10$ より

$$\begin{array}{r}
64x+64y=512 \\
-)\ 27x+64y=327 \\
\hline
37x\qquad =185
\end{array}$$

$$x=5 \quad (よって \quad y=3)$$

したがって，A駅からC駅まで乗った大人の人数は **5人**

(3) このグループの大人1人の片道運賃を z 円とすると，次の等式が成り立つ。

$$9z+\frac{1}{2}\times 6z=6480$$

$$9z+3z=6480 \quad 12z=6480 \quad z=540$$

グラフより運賃が540円となるのは，乗車距離が25kmより長く30km以下のときである。

各駅間の距離を表にすると次のようになる。

着駅＼発駅	B	C	D	E
A	3.3	10.3	22.7	31.2
B		7.0	19.4	27.9
C			12.4	20.9
D				8.5

該当するのは，**B駅からE駅までの間**である。

30 点の移動に関する問題

❶(1) $3\sqrt{5}$ cm (2) $2\sqrt{2}$ 秒後と14秒後

❷(1) 式… $y=\frac{1}{2}x^2$, x の変域… $0\leqq x\leqq 4$

(2) $x=\frac{9}{2}$, $\frac{29}{4}$

(3) $x=\sqrt{14}$, $\frac{15}{2}$

（途中の説明は［解説］参照）

解説

❶(1) 点Pは3秒間に，
$1\times 3=3$(cm) 移動するから辺AB上にある。点Qは3秒間に，

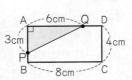

$2\times 3=6$(cm) 移動するから，辺AD上にある。
△APQは∠A＝90°の直角三角形であるから，三平方の定理により

$$PQ=\sqrt{3^2+6^2}=\sqrt{9+36}=\sqrt{45}=3\sqrt{5}\,(cm)$$

(2) 2点P，QがAを出発して，x 秒後の △APQ の面積を $y\,cm^2$ とする。長方形の面積の $\frac{1}{4}$ は

$$4\times 8\times \frac{1}{4}=8\,(cm^2)\ である。$$

(ⅰ) $0\leqq x\leqq 4$ のとき，
点Pは辺AB上にあって，$AP=x\,cm$,
点Qは辺AD上にあって，$AQ=2x\,cm$ であるから，

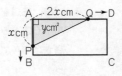

$$y=\frac{1}{2}\times x\times 2x\ より \quad y=x^2$$

(ⅱ) $4\leqq x\leqq 12$ のとき，
点Pは辺BC上にあり，点Qは頂点Dで停止している。

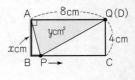

この間，y の値は一定となる。

$$y=\frac{1}{2}\times 8\times 4\ より \quad y=16$$

(ⅲ) $12\leqq x\leqq 16$ のとき，点Pは辺CD上にあり，点Qは頂点Dで停止している。折れ線

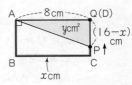

の長さの合計は，$AB+BC+CP=x$ であるから，
$PQ=(16-x)\,cm$ よって，

$$y=\frac{1}{2}\times 8\times (16-x)\ より \quad y=64-4x$$

$y=8$ となるのは，
(ⅰ)より $y=x^2$ に $y=8$ を代入して，
$$x^2=8 \quad x=\pm 2\sqrt{2}$$
$0\leqq x\leqq 4$ より，$x=2\sqrt{2}$（秒後）
(ⅲ)より $y=64-4x$ に $y=8$ を代入して，
$$8=64-4x \quad 4x=56 \quad x=14(秒後)$$
$12\leqq x\leqq 16$ より適する。

❷(1) 2点P，Qが点Aを同時に出発してから x 秒後のとき，
$$AP=AQ=x\,cm$$
であるから，

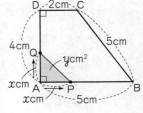

$$y=\frac{1}{2}\times x\times x$$

すなわち，$y=\frac{1}{2}x^2$

点Qが点Dに到着するのは，点Aを出発してから4秒後だから，x の変域は $0\leqq x\leqq 4$

(2) (i) 点 P が辺 AB 上，点 Q が辺 AD 上にあるとき，
△APQ：△AQC＝3：1 となることはない。

(ii) 点 P が辺 AB 上，点 Q が辺 DC 上にあるとき，△APQ と△AQC において，底辺をそれぞれ AP, QC とみたときの高さは DA で共通だから，

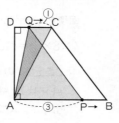

$$△APQ：△AQC＝AP：QC$$

AP：QC＝3：1 となるとき，

AP＝$x$cm

QC＝$(6-x)$cm

だから，$x：(6-x)＝3：1$

$$x＝3(6-x)$$
$$x＝18-3x$$
$$4x＝18$$

よって　$x＝\dfrac{9}{2}$

(iii) 点 P が点 B に到達し，点 Q が辺 CB 上にあるとき，△APQ と△AQC において底辺をそれぞれ BQ, QC とみたときの高さは共通だから，

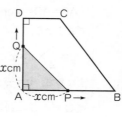

$$△APQ：△AQC＝BQ：QC$$

BQ：QC＝3：1 となるとき，

QC＝$5×\dfrac{1}{4}＝\dfrac{5}{4}$(cm)

AD＋DC＝4＋2＝6(cm)

よって，$x＝6+\dfrac{5}{4}＝\dfrac{29}{4}$

(i), (ii), (iii)より　$x＝\dfrac{9}{2}，\dfrac{29}{4}$

(3) 台形 ABCD の面積の半分は
$$\dfrac{1}{2}×(2+5)×4×\dfrac{1}{2}＝7(cm^2)$$

(i) 点 Q が辺 AD 上にあるとき，

$0≦x≦4$ で
$$y＝\dfrac{1}{2}x^2$$

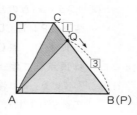

だから，$\dfrac{1}{2}x^2＝7$
を解くと　$x^2＝14$

$x>0$ より　$x＝\sqrt{14}$
（これは $0≦x≦4$ を満たす）

(ii) 点 Q が辺 DC 上にあるとき，$4≦x≦6$ で
$$y＝\dfrac{1}{2}×x×4$$
$$y＝2x$$

だから，$2x＝7$ を解くと　$x＝\dfrac{7}{2}$

（これは $4≦x≦6$ を満たさない）

(iii) 点 Q が辺 CB 上にあるとき，
$6≦x≦11$ で
BQ＝$11-x$(cm)
点 Q から辺 AB にひいた垂線を QH とすると，平行線と比の関係から

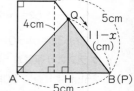

$$(11-x)：5＝QH：4$$
$$QH＝\dfrac{4(11-x)}{5}(cm)$$

よって，$y＝\dfrac{1}{2}×5×\dfrac{4(11-x)}{5}$
$$y＝22-2x$$

だから，$22-2x＝7$ を解くと　$x＝\dfrac{15}{2}$

（これは $6≦x≦11$ を満たす）

(i), (ii), (iii)より　$x＝\sqrt{14}，\dfrac{15}{2}$

31 図形の移動に関する問題

❶ (1) $y＝3$　　(2) $y＝2x-3（3≦x≦6）$
(3) $(3+2\sqrt{6})$秒後

❷ (1) 2　　(2) $\dfrac{\sqrt{3}}{8}x^2$
(3) $8-\sqrt{2}，8+\sqrt{2}$

解説

❶ (1) $x＝3$ のとき，点 R は点 C と一致する。PR と AB の交点を T とすると△TBR∽△PQR（2 組の角がそれぞれ等しい）であるから，TB：BR＝PQ：QR＝4：6＝2：3

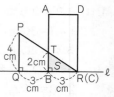

より，TB＝2　よって，$y＝\dfrac{1}{2}×3×2＝3$

(2) $3≦x≦6$ のとき，PR と AB，DC との交点をそれぞれ T，K とする。△KCR∽△TBR ∽△PQR（2 組の角がそれぞれ等しい）であるから，

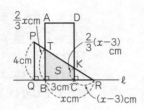

KC : CR＝TB : BR＝PQ : QR＝2 : 3

よって，CR＝x－3 より，KC＝$\dfrac{2}{3}(x-3)$

BR＝x より，TB＝$\dfrac{2}{3}x$

$y=\dfrac{1}{2}×\left\{\dfrac{2}{3}(x-3)+\dfrac{2}{3}x\right\}×3$

$y=\dfrac{4x-6}{3}×\dfrac{3}{2}$ よって，$y=2x-3$

(3) $6≦x≦9$ のとき，点 Q は辺 BC 上にある。(2)と同様に △KCR∽△PQR であるから，

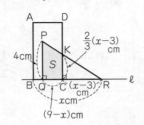

CR＝x－3 より

KC＝$\dfrac{2}{3}(x-3)$

QC＝QR－CR＝6－(x－3)＝9－x

よって，$y=\dfrac{1}{2}×\left\{\dfrac{2}{3}(x-3)+4\right\}×(9-x)$

$y=\dfrac{2x+6}{3}×\dfrac{9-x}{2}$ $y=\dfrac{1}{3}(x+3)(9-x)$

題意より，6×3－y＝14 であるから，y＝4

$y=\dfrac{1}{3}(x+3)(9-x)$ に y＝4 を代入して

$4=\dfrac{1}{3}(x+3)(9-x)$ $(x+3)(9-x)=12$

$9x-x^2+27-3x-12=0$

$-x^2+6x+15=0$ $x^2-6x-15=0$

$x=\dfrac{-(-6)±\sqrt{(-6)^2-4×1×(-15)}}{2×1}$

$=\dfrac{6±\sqrt{36+60}}{2}=\dfrac{6±\sqrt{96}}{2}=\dfrac{6±4\sqrt{6}}{2}$

$=3±2\sqrt{6}$

$6≦x≦9$ より，$x=3+2\sqrt{6}$

よって，$(3+2\sqrt{6})$ 秒後

---

❷(1) 正三角形 ABC が ℓ 上を毎秒 k cm で移動しているとすると，Q から R まで 4 秒かかっていることから，QR＝4k と表せる。AC と PQ の交点を E とすると，△EQR(C)は鋭角が 30° と 60° の直角三角形であるから，EQ＝$4\sqrt{3}k$(cm)と表せる。

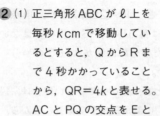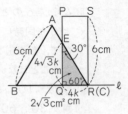

よって，$\dfrac{1}{2}×4k×4\sqrt{3}k=2\sqrt{3}$

$8\sqrt{3}k^2=2\sqrt{3}$ $k^2=\dfrac{1}{4}$ $k=±\dfrac{1}{2}$

$k>0$ であるから，$k=\dfrac{1}{2}$

よって，QR＝$4×\dfrac{1}{2}=\boxed{2}$(cm)

|Step|2|

総合力をつける！

(2) $0≦x≦4$ のとき

QC＝$\underbrace{\dfrac{1}{2}×x}_{速さ×時間}=\dfrac{1}{2}x$

と表せる。

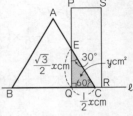

(1)と同様に △EQC は鋭角が 30° と 60° の直角三角形であるから，

$y=\dfrac{1}{2}×\dfrac{1}{2}x×\dfrac{\sqrt{3}}{2}x$ よって，$\boxed{y=\dfrac{\sqrt{3}}{8}x^2}$

(3) △ABC は 1 辺が 6cm の正三角形であるので面積は

$\dfrac{1}{2}×6×3\sqrt{3}=9\sqrt{3}$(cm²)

これが半分になるとき，

$9\sqrt{3}÷2=\dfrac{9\sqrt{3}}{2}$(cm²)

また，(1)より，△ABC は毎秒 $\dfrac{1}{2}$ cm で移動するので，重なった部分は

(i) $0<x≦4$ のとき直角三角形

(ii) $4<x≦6$ のとき台形

(iii) $6<x<10$ のとき台形を 2 つ合わせた形

(iv) $10≦x<12$ のとき台形

(v) $12≦x<16$ のとき直角三角形

(i)	(ii)	(iii)	(iv)	(v)

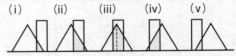

(i) $0<x≦4$ のとき，面積は最大でも x＝4（面積は $2\sqrt{3}$）のときである。

$2\sqrt{3}<\dfrac{9\sqrt{3}}{2}$ より不適。

(ii) $4<x\leqq6$ のとき，QR=2(cm) より，頂点 A と C が同時には長方形 PQRS の内部にはないので，重なった部分の面積が△ABC の半分になることはない。

(iii) $6<x<10$ のとき，重なっていない部分は，鋭角が $30°$，$60°$ の直角三角形であることから，下のような図になる。

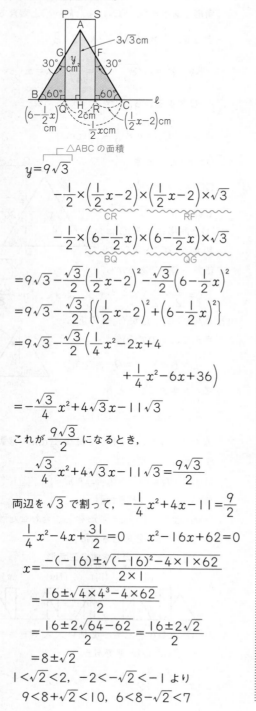

$$y=9\sqrt{3}$$

$$\overbrace{-\frac{1}{2}\times\underset{CR}{\underline{\left(\frac{1}{2}x-2\right)}}\times\underset{RF}{\underline{\left(\frac{1}{2}x-2\right)}}\times\sqrt{3}}^{\text{△ABC の面積}}$$

$$-\frac{1}{2}\times\underset{BQ}{\underline{\left(6-\frac{1}{2}x\right)}}\times\underset{QG}{\underline{\left(6-\frac{1}{2}x\right)}}\times\sqrt{3}$$

$$=9\sqrt{3}-\frac{\sqrt{3}}{2}\left(\frac{1}{2}x-2\right)^2-\frac{\sqrt{3}}{2}\left(6-\frac{1}{2}x\right)^2$$

$$=9\sqrt{3}-\frac{\sqrt{3}}{2}\left\{\left(\frac{1}{2}x-2\right)^2+\left(6-\frac{1}{2}x\right)^2\right\}$$

$$=9\sqrt{3}-\frac{\sqrt{3}}{2}\left(\frac{1}{4}x^2-2x+4\right.$$
$$\left.+\frac{1}{4}x^2-6x+36\right)$$

$$=-\frac{\sqrt{3}}{4}x^2+4\sqrt{3}x-11\sqrt{3}$$

これが $\frac{9\sqrt{3}}{2}$ になるとき，

$$-\frac{\sqrt{3}}{4}x^2+4\sqrt{3}x-11\sqrt{3}=\frac{9\sqrt{3}}{2}$$

両辺を $\sqrt{3}$ で割って，$-\frac{1}{4}x^2+4x-11=\frac{9}{2}$

$$\frac{1}{4}x^2-4x+\frac{31}{2}=0 \quad x^2-16x+62=0$$

$$x=\frac{-(-16)\pm\sqrt{(-16)^2-4\times1\times62}}{2\times1}$$

$$=\frac{16\pm\sqrt{4\times4^3-4\times62}}{2}$$

$$=\frac{16\pm2\sqrt{64-62}}{2}=\frac{16\pm2\sqrt{2}}{2}$$

$$=8\pm\sqrt{2}$$

$1<\sqrt{2}<2$，$-2<-\sqrt{2}<-1$ より
$9<8+\sqrt{2}<10$，$6<8-\sqrt{2}<7$

よって，ともに $6<x<10$ を満たすので
$\boxed{(8-\sqrt{2})秒後}$ と $\boxed{(8+\sqrt{2})秒後}$

(iv) $10\leqq x<12$，(v) $12\leqq x<16$ のときそれぞれ図形の対称性により，(ii)，(i) と同様に，これを満たす x はない。

---

32 座標平面上の直線の作る図形

1 (1) $y=-\frac{9}{5}x+3$

（求める過程は [解説] 参照）

(2) ① $\frac{4\sqrt{10}}{5}$　② $\frac{24}{5}$

2 (1) $y=-x+6$　(2) 12

(3) $y=-\frac{1}{2}x+4$

(4) ① $S=2$　② $S=6t-t^2$

③ $t=2\sqrt{3}$，$3+\sqrt{3}$

解説

1 (1) 点 C は関数 $y=3x-5$ のグラフと x 軸との交点であるから，$y=0$ とすると

$$3x-5=0 \quad x=\frac{5}{3}$$

よって，点 C の座標は $\left(\frac{5}{3},\ 0\right)$

2 点 B(0, 3)，C$\left(\frac{5}{3},\ 0\right)$ を通る直線の式は

傾きが $(0-3)\div\left(\frac{5}{3}-0\right)=-\frac{9}{5}$

切片が 3

だから，$y=-\frac{9}{5}x+3$

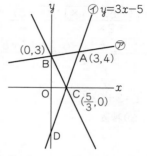

(2) ① 点 D は関数 $y=3x-5$ のグラフと y 軸との交点であるから $x=0$ とすると

$$y=-5$$

よって，点 D の座標は$(0, -5)$

直線⑦上の点 P の座標を$P(t, 3t-5)(t>0)$
とおくと，BD＝PD となるとき $BD^2=PD^2$

$$\{3-(-5)\}^2=t^2+\{3t-5-(-5)\}^2$$
$$64=t^2+9t^2$$
$$10t^2=64$$
$$t^2=\frac{32}{5}$$
$$t=\pm\frac{4\sqrt{2}}{\sqrt{5}}=\pm\frac{4\sqrt{10}}{5}$$

$t>0$ より，$t=\frac{4\sqrt{10}}{5}$

よって，点 P の x 座標は $\frac{4\sqrt{10}}{5}$

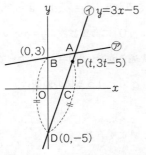

② 点 O と点 A を結ぶ。

点 B を通り，直線 OA に平行な直線と直線⑦と
の交点が P のとき
BP∥OA より，BP を共通な底辺とみると
　　△OBP＝△ABP　　…⑦
ここで　△OBP＝△OBQ＋△BPQ　…⑦
　　　　△ABP＝△APQ＋△BPQ　…⑦
⑦，⑦，⑦から，△OBQ＝△APQ
よって，2 つの三角形の面積は等しくなる。

直線 BP は傾きが直線 OA と等しく $\frac{4}{3}$ で，切片
が 3 だから
$$y=\frac{4}{3}x+3$$

この直線と直線⑦の交点が求める P となるから，
2 つの直線の式を連立させて
$$\frac{4}{3}x+3=3x-5$$
$$4x+9=9x-15$$
$$5x=24$$
$$x=\frac{24}{5}（3 より大きいので条件を満たす）$$

よって，点 P の x 座標は $\frac{24}{5}$

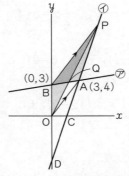

2 (1) 直線 $m：y=-x+b$ が $A(4, 2)$ を通るから，
$2=-4+b$ より　$b=6$
よって，直線 $m：y=-x+6$

(2) $△OAB=\frac{1}{2}\times6\times4$
$=12$

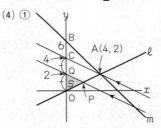

(3) （直線 AC の傾き）$=\frac{2-4}{4-0}=-\frac{1}{2}$

直線 AC：$y=-\frac{1}{2}x+4$

(4) ①

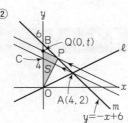

$t=2$ のとき $Q(0, 2)$　Q は OC の中点である。
$△OPQ∽△OAC$（2 組の角がそれぞれ等しい）
$OQ：OC=1：2$ より
　$△OPQ：△OAC=1^2：2^2=1：4$
$△OAC=\frac{1}{2}\times4\times4=8$ であるから，
$$S=8\times\frac{1}{4}=2$$

②

AC∥PQ より直線 PQ の傾きは，$-\frac{1}{2}$ である
から，直線 PQ：$y=-\frac{1}{2}x+t$

$$\begin{cases} y=-x+6 \\ y=-\frac{1}{2}x+t \end{cases}$$ を解いて

$$-\frac{1}{2}x+t=-x+6 \qquad \frac{1}{2}x=6-t$$

$$x=12-2t$$

よって，$y=-(12-2t)+6=2t-6$

$P(12-2t, 2t-6)$

よって，$S=\frac{1}{2}\times t\times(12-2t)$ より

$$S=6t-t^2$$

③ (i)

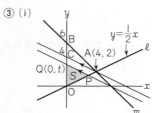

P が OA 上にあるとき，$(0\leqq t\leqq 4)$

①と同様に考えると，

$$\triangle OPQ : \triangle OAC=t^2 : 4^2=t^2 : 16$$

$\triangle OAC=8$ より，$\triangle OPQ : 8=t^2 : 16$

$$\triangle OPQ=\frac{1}{2}t^2$$

$\triangle OAB=12$ であるから，$S=6$ となるとき

$$\frac{1}{2}t^2=6 \qquad t^2=12 \qquad t=\pm 2\sqrt{3}$$

$0\leqq t\leqq 4$ より，$t=2\sqrt{3}$

(ii) P が AB 上にあるとき，$(4\leqq t\leqq 6)$

②より　$S=6t-t^2$　$S=6$ となるとき

$$6=6t-t^2 \qquad t^2-6t+6=0$$

$$t=\frac{-(-6)\pm\sqrt{(-6)^2-4\times 1\times 6}}{2\times 1}$$

$$=\frac{6\pm\sqrt{36-24}}{2}=\frac{6\pm 2\sqrt{3}}{2}$$

$$=3\pm\sqrt{3}$$

$4\leqq t\leqq 6$ より　$t=3+\sqrt{3}$

33 放物線と双曲線

1 (1) 6 個　　(2) （左から順に）$\dfrac{4}{25}$, $\dfrac{5}{2}$

(3) $a=\dfrac{2}{3}$　　直線 AC … $y=-\dfrac{1}{4}x+\dfrac{21}{4}$

（求める過程は [解説] 参照）

2 (1) $a=\dfrac{3}{4}$　　(2) $y=\dfrac{5}{3}x+3$

(3) $S:T=9:16$

解説

1 (1) $y=\dfrac{20}{x}$ より　$xy=20$

$x>0$ で x, y がともに整数になるのは，

$(x, y)=(1, 20), (2, 10), (4, 5), (5, 4),$
$\qquad (10, 2), (20, 1)$であるから，**6 個**

(2) $y=\dfrac{20}{x}$ に $x=5$ を代入して，$y=4$

よって，A(5, 4)

$y=\dfrac{20}{x}$ に $x=2$ を代入して，$y=10$

よって　B(2, 10)

点 P が A(5, 4)にあるとき，$y=ax^2$ のグラフが

A(5, 4)を通るから　$4=25a$　よって，$a=\dfrac{4}{25}$

点 P が B(2, 10)にあるとき，$y=ax^2$ のグラフが

B(2, 10)を通るから，$10=4a$　よって，$a=\dfrac{5}{2}$

したがって，a のとりうる値の範囲は，

$$\boxed{\dfrac{4}{25}}\leqq a\leqq \boxed{\dfrac{5}{2}}$$

(3) OB の中点を M とすると，

M(1, 5)

直線 AC によって，

$\triangle OAB$ の面積が 2 等分

されるとき，直線 AC は

M を通る。直線 AM の

式を求める。

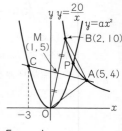

（直線 AM の傾き）$=\dfrac{4-5}{5-1}=-\dfrac{1}{4}$

$y=-\dfrac{1}{4}x+b$ とおくと，これが M(1, 5)を通る

から，

$$5=-\dfrac{1}{4}+b \qquad b=\dfrac{21}{4} \qquad y=-\dfrac{1}{4}x+\dfrac{21}{4}$$

これが直線 AC となる。

また，C の y 座標は $y=-\dfrac{1}{4}x+\dfrac{21}{4}$ に $x=-3$

を代入して　$y=\dfrac{3}{4}+\dfrac{21}{4}=\dfrac{24}{4}=6$

よって，C(−3, 6)

$y=ax^2$ が C(−3, 6)を通るから，$6=9a$

よって，$a=\dfrac{2}{3}$

2 (1) $y=\dfrac{6}{x}$ に $x=2$ を代入して，$y=3$

よって，A(2, 3)

A は $y=ax^2$ のグラフ上の点でもあるので，

$3 = a \times 2^2$ より， $a = \dfrac{3}{4}$

(2) D は①上の点であるので， $y = \dfrac{6}{x}$ に $x = -3$ を代

入して， $y = -2$ 　よって　D$(-3, -2)$

A$(2, 3)$より C$(0, 3)$ であるから

直線 CD： $y = \dfrac{-2-3}{-3-0} x + 3$ より， $y = \dfrac{5}{3} x + 3$

(3) EF∥AB であるから

同位角は等しいので，

△DFE∽△DBA

（2 組の角がそれぞ

れ等しい）

点 D から x 軸にひ

いた垂線と x 軸の

交点を G とする。

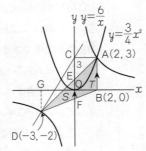

△DFE：△DBA＝GO^2：GB^2＝3^2：5^2

　　　　　　　　　＝9：25

よって， S：T＝9：（25−9）＝9：16

34　2 次関数と座標平面上の図形

❶ (1) D$(-t, -t^2)$　　(2) $y = -3x - 4$

　 (3) A$\left(\dfrac{8}{3}, \dfrac{32}{9}\right)$

❷ (1) ① $y = 4$　　② AD：DC＝2：1

　 (2) D$(5, 25)$

❸ (1) D$(4, 4)$　　(2) $y = 2x - 1$

解説

❶ (1) 点 B は点 A と y 軸につい

て対称な点であり，点 A

の x 座標は t より，点 B

の x 座標は $-t$

四角形 ABDC が長方形と

なるとき， BD は y 軸に

平行となるから，点 D の

x 座標も $-t$

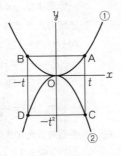

点 D は関数 $y = -x^2$ のグラフ上にあるから，

点 D の y 座標は $y = -(-t)^2 = -t^2$

よって， D$(-t, -t^2)$

(2) $t = 4$ のとき

点 C の x 座標は 4 で，

点 C は関数 $y = -x^2$

のグラフ上にあるか

ら，点 C の y 座標は

$y = -4^2 = -16$

よって， C$(4, -16)$

求めるものは，点 C

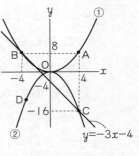

$(4, -16)$ を通り，傾き−3 の直線の式で

$y = -3x + b$

とおけて， $x = 4$， $y = -16$ を代入すると

$-16 = -3 \times 4 + b$

$b = -4$

よって， $y = -3x - 4$

(3) 点 B の x 座標は$-t$ で，点 B は関数 $y = \dfrac{1}{2} x^2$ のグ

ラフ上にあるから，点 B の y 座標は，

$y = \dfrac{1}{2} \times (-t)^2 = \dfrac{1}{2} t^2$

よって， B$\left(-t, \dfrac{1}{2} t^2\right)$

また， C$(t, -t^2)$

であるから，直線 BC の傾きは

$\left(-t^2 - \dfrac{1}{2} t^2\right) \div \{t - (-t)\} = -\dfrac{3}{2} t^2 \div 2t = -\dfrac{3}{4} t$

これが−2 に等しいとき

$-\dfrac{3}{4} t = -2$

これを解くと　$t = \dfrac{8}{3}$

点 A の y 座標は， $y = \dfrac{1}{2} \times \left(\dfrac{8}{3}\right)^2 = \dfrac{32}{9}$

よって， A$\left(\dfrac{8}{3}, \dfrac{32}{9}\right)$

❷ (1) ① $y = x^2$ に $x = 2$ を代入して， $y = 4$

よって， D$(2, 4)$

② A と D は y 軸に関して対称であるから，

D$(2, 4)$ より， A$(-2, 4)$

D と C の x 座標は等しいので，

（C の x 座標）＝2

$y = \dfrac{1}{2} x^2$ に $x = 2$ を代入して， $y = 2$

よって　C$(2, 2)$

AD＝2＋2＝4， DC＝4−2＝2

よって， AD：DC＝4：2＝2：1

(2) D(t, t^2) とおくと， A$(-t, t^2)$ と表せる。

$y=\dfrac{1}{2}x^2$ に $x=t$ を代入して，$y=\dfrac{1}{2}t^2$

よって，C$\left(t,\ \dfrac{1}{2}t^2\right)$

AD$=t+t=2t$，DC$=t^2-\dfrac{1}{2}t^2=\dfrac{1}{2}t^2$

（長方形 ABCD の周の長さ）

$=2($AD$+$DC$)=2\left(2t+\dfrac{1}{2}t^2\right)=4t+t^2$

よって，$4t+t^2=45$　　$t^2+4t-45=0$

$(t+9)(t-5)=0$　　$t=-9,\ 5$

$t>0$ より，$t=5$　　よって，D$(5,\ 25)$

3 (1) $y=-\dfrac{1}{2}x^2$ に $x=2$ を代入して，$y=-2$

よって　C$(2,\ -2)$

B と C は y 軸に関して対称であるから，

B$(-2,\ -2)$　　BC$=2+2=4$

よって AD$=4$ より　（D の x 座標）$=4$

$y=\dfrac{1}{4}x^2$ に $x=4$ を代入して　$y=4$

よって，D$(4,\ 4)$

(2) 求める直線を ℓ とすると，直線 $\ell:y=2x+b$ と表せる。

平行四辺形は点対称な図形であるから，対称の中心，すなわち，対角線の

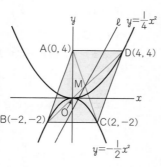

交点を通る直線によって，その面積は 2 等分される。

対角線の交点を M とすると，M は線分 AC の中点であるから，M$\left(\dfrac{0+2}{2},\ \dfrac{4-2}{2}\right)$ より　M$(1,\ 1)$

$y=2x+b$ が M$(1,\ 1)$ を通るから　$1=2+b$

よって　$b=-1$　　直線 $\ell:y=2x-1$

---

35 折り返し図形

1 (1) （証明）△ABF と △FCE において，仮定より，

$\angle$ABF$=\angle$FCE$=90°$ …①

三角形の内角の和は $180°$ より，

$\angle$BAF$=90°-\angle$AFB

$\angle$AFE$=90°$ より，$\angle$CFE$=90°-\angle$AFB

よって，$\angle$BAF$=\angle$CFE …②

---

①，②より，2 組の角がそれぞれ等しいので，

△ABF∽△FCE （終）

(2) FG$=\dfrac{13}{5}$ cm

2 (1) $\angle$PAB$=40°$

(2) （証明）△ACP と △PDA において，共通な辺であるから，AP$=$PA …①

△OAP は OA$=$OP の二等辺三角形であるから，$\angle$PAC$=\angle$APD …②

$\overset{\frown}{\text{CD}}$ の円周角であるから，$\angle$DPC$=\angle$DAC

ここで，$\angle$APC$=\angle$APD$+\angle$DPC

$\angle$PAD$=\angle$PAC$+\angle$DAC

よって，$\angle$APC$=\angle$PAD …③

①～③より，1 組の辺とその両端の角がそれぞれ等しいので，△ACP≡△PDA （終）

(3) $\dfrac{3}{2}\pi$ cm²

解説

1 (2) AF$=$AD$=13$ であるから △ABF において，三平方の定理により，

$\text{BF}=\sqrt{13^2-12^2}$
$=\sqrt{169-144}$
$=\sqrt{25}$
$=5$

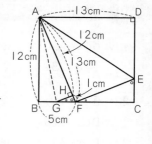

△ABF と △GHF において

共通な角なので，$\angle$AFB$=\angle$GFH

仮定より　$\angle$ABF$=\angle$GHF$=90°$

2 組の角がそれぞれ等しいので　△ABF∽△GHF

AH$=$AB$=12$ であるから

HF$=$AF$-$AH$=13-12=1$

FA：FG$=$BF：HF　　13：FG$=5$：1

よって，FG$=\dfrac{13}{5}$ cm

2 (1) 中心角の大きさは弧の長さに比例するので，

$\overset{\frown}{\text{AP}}$：$\overset{\frown}{\text{PB}}=5$：$4$ より

$\angle$AOP：$\angle$POB$=5$：4

$\angle$POB$=180°\times\dfrac{4}{5+4}$
$=80°$

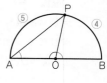

$\angle$PAB$=\dfrac{1}{2}\angle$POB

$$=\frac{1}{2}\times80°=40°$$

(3) $\overset{\frown}{AX}=\overset{\frown}{XY}=\overset{\frown}{YB}$ であるから

$\angle AOX=\angle XOY$

$=\angle YOB=60°$

よって，△AOX，△XOY
は合同な正三角形である。

$\angle AOX=\angle OXY=60°$ より，錯角が等しいので

AO∥XY　　よって，△AOY＝△AOX

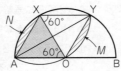

また OY を弦とする図形(図中の M)と AX を弦と
する図形(図中の N)は合同であるから面積が等しい。
よって求める面積は，おうぎ形OAX の面積に等しい。

（求める図形の面積）

$$=\pi\times3^2\times\frac{60}{360}=\frac{3}{2}\pi(cm^2)$$

36 円錐・球・円柱の求積

❶ (1) $\dfrac{64}{3}\pi cm^3$　　(2) ④

(3) (ア) 3　　　　(イ) $\dfrac{1}{8}$

(4) (I) (証明)△ABE と △DFA において，点 A
を中心とし，AD を半径とする円の半径
であるから，EA＝AD　…①

四角形 ABCD は長方形であるから，

$\angle ABE=90°$

半円の弧に対する円周角であるから，

$\angle DFA=90°$

よって，$\angle ABE=\angle DFA=90°$　…②

AD∥BC より錯角は等しいので，

$\angle AEB=\angle DAF$　…③

①～③より，直角三角形において斜辺と 1
つの鋭角がそれぞれ等しいので，

△ABE≡△DFA　（終）

(II) (ウ) 30　　(エ) $\dfrac{8}{3}\pi-4\sqrt{3}$

解説

❶ (1) (P の体積)$=\dfrac{1}{3}\times\pi\times4^2\times4=\dfrac{64}{3}\pi(cm^3)$

(2) (Q の体積)$=\dfrac{4}{3}\times\pi\times4^3\times\dfrac{1}{2}=\dfrac{128}{3}\pi(cm^3)$

(R の体積)$=\pi\times4^2\times4=64\pi(cm^3)$

$$\frac{64}{3}\pi+\frac{128}{3}\pi=\frac{192}{3}\pi=64\pi(cm^3)$$

であるから

(P の体積)＋(Q の体積)＝(R の体積)

よって　④

(3) P に入れた水の水面の円の半径は下の図より 2cm
である。

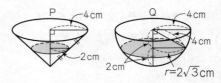

Q に入れた水の水面の円の半径を r とすると，

$$r=\sqrt{4^2-2^2}=\sqrt{12}=2\sqrt{3}$$

P と Q の水面の円の半径の比は $2:2\sqrt{3}=1:\sqrt{3}$
したがって，面積の比は，

$1^2:(\sqrt{3})^2=1:\boxed{3}$　…(ア)

また，(P の水の体積)：(P 全体の体積)

$=1^3:2^3=1:8$

であるから，

(P の水の体積)は(P 全体の体積)の $\boxed{\dfrac{1}{8}}$ 倍 …(イ)

(4) (II) △ABE は

AB＝4cm，

AE＝8cm，

$\angle ABE=90°$ で
あるから，3 辺
の比が $1:2:\sqrt{3}$ の直角三角形である。

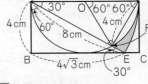

よって，$\angle AEB=30°$

$\angle DAE=\angle AEB=\boxed{30}°$　…(ウ)

AD の中点を O とする。求める図形の面積は，
おうぎ形 AED の面積から，おうぎ形 OFD と，
△OAF の面積をひいたものである。

△OAF$=\dfrac{1}{2}$△DFA$=\dfrac{1}{2}$△ABE であるから，

（求める図形の面積）

$$=\pi\times8^2\times\frac{30}{360}-\pi\times4^2\times\frac{60}{360}$$

$$-\frac{1}{2}\times4\times4\sqrt{3}\times\frac{1}{2}$$

$$=\frac{16}{3}\pi-\frac{8}{3}\pi-4\sqrt{3}$$

$$=\boxed{\frac{8}{3}\pi-4\sqrt{3}}(cm^2)\quad…(エ)$$

1 (1) 1080°

(2) （証明）△ABP と △ECP において，$\overset{\frown}{BC}$ に対する円周角は等しいから，

$\qquad$ ∠BAP＝∠CEP　…①

対頂角であるから，∠APB＝∠EPC　…②

①，②より，2組の角がそれぞれ等しいので，

$\qquad$ △ABP∽△ECP　（終）

(3) 24個　(4) $50\sqrt{2}$

2 (1) （証明）△ABE と △ACD において，

仮定より　BE＝CD　…①

$\overset{\frown}{AD}$ に対する円周角は等しいから，

$\qquad$ ∠ABE＝∠ACD　…②

△ABC は正三角形であるから，

$\qquad$ AB＝AC　…③

①〜③より，2組の辺とその間の角がそれぞれ等しいから，△ABE≡△ACD

合同な図形の対応する辺は等しいから，

$\qquad$ AE＝AD　（終）

(2) ① AH＝$3\sqrt{2}$ cm　② $9-3\sqrt{3}$（cm²）

3 (1) ① △CBE

② （証明）△ADE と △CBE において，

共通な角であるから，

$\qquad$ ∠AED＝∠CEB　…(i)

$\overset{\frown}{BD}$ に対する円周角は等しいから，

$\qquad$ ∠DAE＝∠BCE　…(ii)

(i)，(ii)より2組の角がそれぞれ等しいので，△ADE∽△CBE　（終）

(2) BD＝5cm　(3) BE＝$\dfrac{3\sqrt{10}}{2}$ cm

解説

1 (1) 正八角形の内角の和は，180°×(8−2)＝1080°

(3) 直径 AE をとったとき，直角三角形は右の図のように，6個できる。

直径のとり方は，AE，BF，CG，DH の4通りあるから，6×4＝24(個)

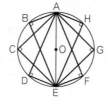

(4) ∠AOB＝360°×$\dfrac{1}{8}$＝45°

A から OB に垂線 AI をひく。
△AIO は直角二等辺三角形であるから，3辺の比は1：1：$\sqrt{2}$ である。

よって，AI＝$\dfrac{5}{\sqrt{2}}$＝$\dfrac{5\sqrt{2}}{2}$

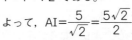

（正八角形 ABCDEFGH の面積）

$=8×△AOB=8×\dfrac{1}{2}×5×\dfrac{5\sqrt{2}}{2}=50\sqrt{2}$

2 (2) ① ∠ABD＝45° より，△ABH は直角二等辺三角形となる。

よって，AH＝AB×$\dfrac{1}{\sqrt{2}}$＝6×$\dfrac{1}{\sqrt{2}}$

$\qquad\qquad$ ＝6×$\dfrac{\sqrt{2}}{2}$＝$3\sqrt{2}$（cm）

② ①より AH＝$3\sqrt{2}$ cm

∠ABD＝45° より

$\qquad$ ∠CBD＝60°−45°

$\qquad\qquad$ ＝15°

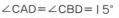

$\overset{\frown}{CD}$ に対する円周角は等しいから

$\qquad$ ∠CAD＝∠CBD＝15°

(1)より△ABE≡△ACD であり，合同な図形の対応する角は等しいので

$\qquad$ ∠BAE＝∠CAD＝15°

よって，∠EAH＝45°−15°＝30°

△ABE の内角と外角の関係より

$\qquad$ ∠AEH＝45°＋15°＝60°

したがって，△AEH は30°，60°，90°の直角三角形となり

$\qquad$ EH＝AH×$\dfrac{1}{\sqrt{3}}$＝$3\sqrt{2}×\dfrac{1}{\sqrt{3}}$＝$3\sqrt{2}×\dfrac{\sqrt{3}}{3}$

$\qquad\qquad$ ＝$\sqrt{6}$（cm）

また，BH＝AH＝$3\sqrt{2}$（cm）

よって，△ABE＝△ABH−△AEH

$\qquad\qquad\qquad$ ＝$\dfrac{1}{2}×3\sqrt{2}×3\sqrt{2}$

$\qquad\qquad\qquad\quad$ $-\dfrac{1}{2}×\sqrt{6}×3\sqrt{2}$

$\qquad\qquad\qquad$ ＝$9-3\sqrt{3}$（cm²）

3 (2) $AB=\sqrt{13^2+9^2}$
$\quad=\sqrt{169+81}$
$\quad=\sqrt{250}$
$\quad=5\sqrt{10}$

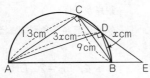

$BD=x$ とおくと，$AD=3BD=3x$ と表せる。

△ABD で，三平方の定理により

$x^2+(3x)^2=(5\sqrt{10})^2 \quad x^2+9x^2=250$

$10x^2=250 \quad x^2=25 \quad x=\pm5$

$x>0$ より $x=5$(cm)

(3) (2)より

$AD=3\times5$
$\quad=15$(cm)

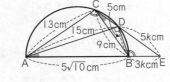

△ADE∽△CBE

より相似比は，

$AD:CB=15:9=5:3$

よって，$DE:BE=5:3$ であるから，$DE=5k$，$BE=3k$ と表すことができる。

ここで，△ACE と△DBE において

共通な角なので，∠AEC＝∠DEB ……①

$\overparen{BD}$ に対する円周角より，∠DCB＝∠DAB

∠ACE＝90°＋∠DCB

∠DBE＝90°＋∠DAB であるので
└ ∠DBE は△ABD の外角

∠ACE＝∠DBE ……②

①，②より 2 組の角がそれぞれ等しいので
△ACE∽△DBE

よって，$AC:DB=AE:DE$ であるから

$13:5=(5\sqrt{10}+3k):5k$

$65k=25\sqrt{10}+15k$

$50k=25\sqrt{10}$ よって，$k=\dfrac{\sqrt{10}}{2}$

したがって，$BE=3k=3\times\dfrac{\sqrt{10}}{2}=\dfrac{3\sqrt{10}}{2}$(cm)

38 立体の切断と計量

1 (1) $DA=\dfrac{8}{3}$ cm (2) $\dfrac{5}{9}$ 倍

2 (1) ∠DAP＝90° (2) $32cm^3$

3 (1) ∠BOC＝120° (2) $24cm^3$

解説

1 (1) 立体 OABC は正三角錐だから，

$BC=CA=AB=4cm$

△DBC は正三角形だから
$\quad BD=CD=BC=4cm$

よって，△OAB は $OA=OB$

の二等辺三角形，△BDA は

$BD=BA$ の二等辺三角形

だから，△OAB∽△BDA

よって，$OB:BA=AB:DA$

$\quad 6:4=4:DA \quad 6DA=16$

したがって $DA=\dfrac{8}{3}$(cm)

(2) $OD:OA=\left(6-\dfrac{8}{3}\right):6=\dfrac{10}{3}:6=10:18=5:9$

よって，△ODC：△OAC＝5：9

よって，立体 ODBC：正三角錐 OABC＝5：9

立体 ODBC の体積は正三角錐 OABC の体積の

$\dfrac{5}{9}$ 倍

2 (1) 四角形 DAPG は長方形で

あるから，∠DAP＝90°

(2) 中点連結定理により

$PQ=\dfrac{1}{2}CG=3$

BC，AD，EH

の中点をそれぞ

れ L，M，N と

おくと四角形

LMNQ は長方

形であるから，

$△PMQ=\dfrac{1}{2}\times3\times8=12$

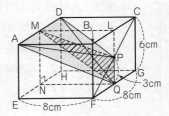

（立体 P-AQD の体積）

＝（三角錐 A-PMQ の体積）

＋（三角錐 D-PMQ の体積）

$=\dfrac{1}{3}\times△PMQ\times AM+\dfrac{1}{3}\times△PMQ\times DM$

$=\dfrac{1}{3}\times△PMQ\times(AM+DM)$

$=\dfrac{1}{3}\times△PMQ\times AD=\dfrac{1}{3}\times12\times8=32$(cm³)

3 (1) △ABC は正三角形であるから，

∠BAC＝60°

∠BOC は $\overparen{BC}$ に対する中心角

であるから

∠BOC＝2∠BAC＝120°

(2) △OBM は∠BMO＝90° で，3 辺の比が

1：2：$\sqrt{3}$ の直角三角形であるから，$OB=4$ より，

OM＝2，BM＝$2\sqrt{3}$

よって，△ABC は $2\sqrt{3}×2＝4\sqrt{3}$ より１辺が
$4\sqrt{3}$ cm の正三角形である。

△PMO で，
∠PMO＝90°，OM＝2，
PO＝4 より，△PMO も
３辺の比が $1:2:\sqrt{3}$
の直角三角形だとわかる。
よって，PM＝$2\sqrt{3}$

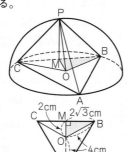

（三角錐 PABC の体積）

$＝\dfrac{1}{3}×△ABC×PM$

$＝\dfrac{1}{3}×\dfrac{1}{2}×BC×AM×PM$

$＝\dfrac{1}{3}×\dfrac{1}{2}×4\sqrt{3}×6×2\sqrt{3}$

$＝24$（cm³）

---

39 展開図・投影図

① (1) $4\sqrt{7}$ cm

(2) （証明）△ABG と △DFG において，
四角形 AEDC は２組の対辺の長さが等しい
ので平行四辺形である。

AE∥CD より，錯角は等しいので，

∠BAG＝∠FDG …①

∠ABG＝∠DFG …②

正八面体の辺であるから，

AB＝DF …③

①～③より，１組の辺とその両端の角がそれ
ぞれ等しいので，△ABG≡△DFG
対応する辺であるから，BG＝FG （終）

② (1) AD＝10cm　(2) $\dfrac{27}{16}$ 倍

---

① (1) 右の図のように，
D から直線 AE
に垂線 DH をひ
く。
△DEH は
∠EHD＝90°，

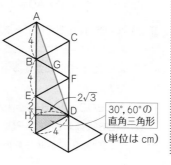

30°，60°の
直角三角形
（単位は cm）

鋭角が 30°，
60°の直角三角形であるから，３辺の比は

$1:2:\sqrt{3}$

よって，EH＝2，DH＝$2\sqrt{3}$

△AHD で，三平方の定理により

$AD＝\sqrt{AH^2＋DH^2}$

$＝\sqrt{10^2＋(2\sqrt{3})^2}＝\sqrt{112}＝4\sqrt{7}$（cm）

② (1) 球の中心を O とすると，
図２の立面図の円の中
心は O と一致する。
４辺 AB，BC，CD，
DA と円 O との接点を
それぞれ，Q，R，S，
T とする。球 O の半径
を r とする。
A から DC に垂線 AH
をひく。

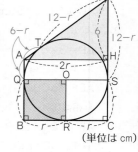

（単位は cm）

四角形 OQBR は正方形であるから，QB＝BR＝r
同様に，SC＝CR＝r
AQ＝6－r であり，円外の１点 A から円 O に接線
をひいたとき，A から接点までの長さは等しいので，
AT＝AQ＝6－r
同様に，DS＝DT＝12－r
また HC＝AB＝6 であるから　DH＝12－6＝6
AH＝BC＝2r であるから，△AHD で，三平方の定
理を用いて　$AD^2＝AH^2＋DH^2$
よって，$(18－2r)^2＝(2r)^2＋6^2$

$2^2(9－r)^2＝2^2×r^2＋2^2×3^2$

$(9－r)^2＝r^2＋3^2$　　$81－18r＋r^2＝r^2＋9$

$18r＝72$　　$r＝4$

$AD＝18－2r＝18－8＝10$（cm）

(2) 切断する前の円柱の体積が
立体 P の体積の２倍であ
ることから，円柱の高さは，
18cm である。よって，
（立体 P の体積）

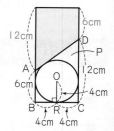

$＝π×4^2×18×\dfrac{1}{2}$

$＝144π$（cm³）

（球 O の体積）$＝\dfrac{4}{3}×π×4^3＝\dfrac{256}{3}π$

よって，$144π÷\dfrac{256π}{3}＝\dfrac{144×3}{256}＝\dfrac{27}{16}$（倍）

❶(1) ∠PAQ＝45°　　(2) $\dfrac{1}{9}$

❷(1) (個)

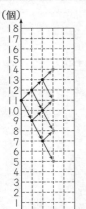

(2) 6通り

(3) $\dfrac{5}{16}$

(4) $\dfrac{1}{2}$

0 1 2 3 4 5(回)　（解答部分は青で記す）

解説

❶(1) $x＝4$, $y＝2$のとき，点P, Qはそれぞれ右の図のような位置に移動する。△PAQは AQ＝PQ，∠AQP＝90°の直角二等辺三角形となる。よって，∠PAQ＝45°

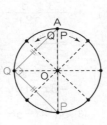

(2) ∠PAQ＝90°となるのは，次の4通りである。

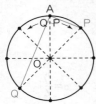 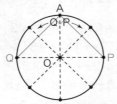

$x＝1, y＝3$のとき　　　$x＝2, y＝2$のとき

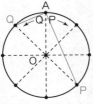 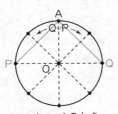

$x＝3, y＝1$のとき　　　$x＝6, y＝6$のとき

大小2つのさいころの目の出方は全部で
6×6＝36(通り)ある。

よって，求める確率は $\dfrac{4}{36}＝\dfrac{1}{9}$

❷(1) グラフの続きをかくと右のようになる。たとえば，座標上の点(1, 12)は，1回投げたとき，父の個数は12個であるという意味である。また，この次に投げた硬貨が表の場合1個増え，裏の場合2個減るので，右に1マス進むごとに，上に1マスか，下に2マス進んだところに次の点がくる。よって，それぞれの点はそれよりx座標が1小さい点から傾き1か傾き−2で進んだ直線上にある。

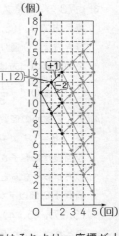

(個)

0 1 2 3 4 5(回)

(2) グラフの(4, 9)付近は右のようになる。この表裏の出方は，(0, 11)からの道筋の数と同じである。数えると**6通り**。

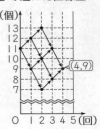

0 1 2 3 4 5(回)

☆ 合格プラス

基盤状の方眼の中で，ある交差点への行き方の総数を求めるときに，その点に至る1つ前の交差点への行き方の数の和がその点への行き方の総数であることに気づくと，(0, 11)から(4, 9)への行き方は3＋3＝6より6通りということがわかる。

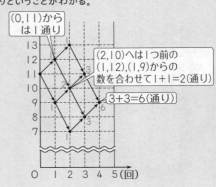

0 1 2 3 4 5(回)

(3) p.73 の「合格プラス」の
考え方では，(5, 7)への
行き方は 10 通り。5 回ま
での表裏の出方は $2^5=32$
（通り）なので $\dfrac{10}{32}=\dfrac{5}{16}$

(4) 2 人のあめの個数は
$11+8=19$ より，19 個。
5 回投げて春子さんの個数
の方が多くなるとき，父の
個数は 9 個以下なので
(5, 7)，(5, 4)，(5, 1)
のどれか。それぞれの道の
本数を求めると(5, 7)は
10 通り，(5, 4)は 5 通り，(5, 1)は 1 通り。
総数は(3)より 32 通りなので $\dfrac{10+5+1}{32}=\dfrac{1}{2}$

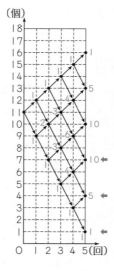

Step3 ｜入試にそなえる！

第1回 入試模擬テスト

1 (1) $-\dfrac{41}{8}$ (2) $3x-10y$

(3) $-8b$ (4) $\sqrt{3}$

2 (1) $x=\dfrac{7}{4}$ (2) $x=-3,\ 6$

(3) $(x+2)^2$ (4) $\angle x=40°$

(5) $\dfrac{125\sqrt{3}}{3}\pi\,\text{cm}^3$

3 (1) $y=-2x+10$ (2) 21

4 ア…7，イ…3，ウ…0.15

5 (1) 3cm (2) $(9-3\sqrt{3})\text{cm}^2$

解説

1 (1) $-\dfrac{3}{7}\div\dfrac{8}{21}-(-2)^2=-\dfrac{3\times21}{7\times8}-4=-\dfrac{9}{8}-4$
$=-\dfrac{41}{8}$

(2) $7(x-2y)-4(x-y)=7x-14y-4x+4y$
$=3x-10y$

(3) $6a^2\times(-ab)\div\dfrac{3}{4}a^3=-\dfrac{6a^2\times ab\times4}{3a^3}=-8b$

(4) $3\sqrt{2}\times\sqrt{6}-\dfrac{15}{\sqrt{3}}=3\sqrt{12}-\dfrac{15\sqrt{3}}{3}$
$=6\sqrt{3}-5\sqrt{3}=\sqrt{3}$

2 (1) $(2x+1):6=3:4$
$4(2x+1)=6\times3$
$8x+4=18 \qquad 8x=14 \qquad x=\dfrac{7}{4}$

(2) $(x-3)(x+2)=2x+12$
$x^2-x-6=2x+12$
$x^2-3x-18=0$
$(x+3)(x-6)=0 \qquad x=-3,\ 6$

(3) $(2x+1)^2-3(x+1)(x-1)$
$=4x^2+4x+1-3(x^2-1)$
$=4x^2+4x+1-3x^2+3$
$=x^2+4x+4$
$=(x+2)^2$

(4) $\angle BAC=\angle BDC=\angle x$ であ
るから，△ABC の内角の和
を考えて
$\angle x=180°-(29°+67°+44°)=40°$

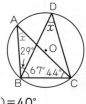

(5) 円錐の底面の円周は，

$$2 \times \pi \times 5 = 10\pi (cm)$$

したがって，点線の円周は，

$$10\pi \times 2 = 20\pi (cm)$$

点線の円の半径を R とすると，

$$2 \times \pi \times R = 20\pi (cm) \quad よって，R = 10 (cm)$$

これは，円錐の母線の長さである
から，右の図のようになる。
円錐の高さを h とすると，

$$h = \sqrt{10^2 - 5^2} = \sqrt{75}$$
$$= 5\sqrt{3} (cm)$$

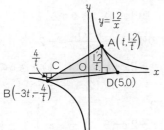

よって，（円錐の体積）

$$= \frac{1}{3} \times \pi \times 5^2 \times 5\sqrt{3} = \frac{125\sqrt{3}}{3}\pi (cm^3)$$

3 (1) $y = \dfrac{12}{x}$ に $x = 2$ を代入して，$y = 6$

よって，A(2, 6)

D(5, 0) であるから，

$$（直線 AD の傾き）= \frac{6-0}{2-5} = -2$$

直線 AD：$y = -2x + b$ とおくと，D(5, 0) を通
るから，$0 = -10 + b$ よって，$b = 10$

直線 AD：$y = -2x + 10$

(2)

（右の図）

A の x 座標を t とおくと，$A\left(t, \dfrac{12}{t}\right)$

また，このとき，（B の x 座標）$= -3t$ となるので，
$B\left(-3t, -\dfrac{4}{t}\right)$ と表せる。

△ABD を CD で分割すると，
△ACD と △BCD の面積の比は，
A，B と x 軸との距離の比に等しく，

$$\frac{12}{t} : \frac{4}{t} = 12 : 4 = 3 : 1$$

△ABD = 28 であるから，△ACD = $28 \times \dfrac{3}{4} = 21$

4 18 歳以上 21 歳未満の相対度数が 0.35 であるから，

$$20 \times 0.35 = \boxed{7} （人）\cdots ア$$
$$20 - (7 + 5 + 2 + 2 + 1) = 20 - 17 = \boxed{3} （人）\cdots イ$$

27 歳以上 30 歳未満の人数が 3 人であるから

$$3 \div 20 = \boxed{0.15} \cdots ウ$$

5 (1)

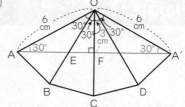

正四角錐 OABCD の側面の展開図をかくと，最短
となる糸は上の図のように線分 AA′ となる。

△OAA′ は OA＝OA′ の二等辺三角形なので OF は
AA′ の垂直二等分線となる。

∠AOF＝30°×2＝60° より，△OAF は
∠OFA＝90° で 2 つの鋭角が 30°，60° の直角三
角形であるから，3 辺の比は 1：2：$\sqrt{3}$ である。

よって，OF＝3

したがって，FC＝6－3＝**3**（cm）

(2) (1) の図より∠OAE＝30°
であることがわかる。

△EOA は，EO＝EA の二
等辺三角形であるから，E
から OA に垂線 EH をひく
と，H は OA の中点。

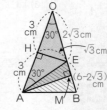

よって，OH＝3 △OHE は，∠OHE＝90° で鋭角
が 30°，60° の直角三角形であるから，3 辺の比が
1：2：$\sqrt{3}$ である。

したがって，EH＝$\sqrt{3}$（cm），OE＝$2\sqrt{3}$（cm）であ
る。

よって，EB＝$6-2\sqrt{3}$（cm）

A から OB に垂線 AM をひくと，△OAM は鋭角
が 30°，60° の直角三角形になるので，同様にして，
AM＝3（cm）

$$△ABE = \frac{1}{2} \times EB \times AM = \frac{1}{2} \times (6 - 2\sqrt{3}) \times 3$$
$$= 9 - 3\sqrt{3} (cm^2)$$

1 (1) -3　　(2) $\dfrac{11a+5b}{6}$

　(3) $2\sqrt{6}$　　(4) $-9y^2$

2 (1) $x=2,\ y=-1$　　(2) $n=12$

　(3)

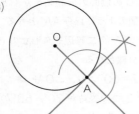

　(4) $36\sqrt{3}\ \text{cm}^3$

3 (1) $0\leqq y\leqq 9$　　(2) -2

　(3) $D(-\sqrt{6},\ 6),\ (\sqrt{6},\ 6)$　　(4) $\dfrac{2}{3}\pi$

4 (1) $\dfrac{3}{10}$　　(2) $\dfrac{7}{10}$

5 (1) $4\sqrt{3}\ \text{cm}$　　(2) ① $3:2$　② $\dfrac{16}{5}\ \text{cm}$

解説

1 (1) $5+8\div(-4)-3\times 2=5-2-6=\mathbf{-3}$

(2) $\dfrac{5a-b}{2}-\dfrac{2a-4b}{3}=\dfrac{3(5a-b)-2(2a-4b)}{6}$

$=\dfrac{15a-3b-4a+8b}{6}=\dfrac{\mathbf{11a+5b}}{\mathbf{6}}$

(3) $\dfrac{\sqrt{54}}{2}+\sqrt{\dfrac{3}{2}}=\dfrac{3\sqrt{6}}{2}+\dfrac{\sqrt{3}}{\sqrt{2}}$

$=\dfrac{3\sqrt{6}}{2}+\dfrac{\sqrt{6}}{2}=\dfrac{4\sqrt{6}}{2}=\mathbf{2\sqrt{6}}$

(4) $(2x+y)(2x-5y)-4(x-y)^2$

$=4x^2-8xy-5y^2-4(x^2-2xy+y^2)$

$=4x^2-8xy-5y^2-4x^2+8xy-4y^2=\mathbf{-9y^2}$

2 (1) $\begin{cases}0.2x+0.3y=0.1 & \cdots ① \\ 5x+2y=8 & \cdots ②\end{cases}$

①×20−②×3 より

$\begin{array}{r}4x+6y=\ \ 2\\ -)\ 15x+6y=24\\\hline -11x\ \ \ \ \ =-22\quad x=2\end{array}$

$x=2$ を②に代入して　$10+2y=8$

$2y=-2\quad y=-1$

よって，$\mathbf{x=2,\ y=-1}$

(2) $\dfrac{\sqrt{75n}}{2}=N$ とおくと，$N=\dfrac{5\sqrt{3n}}{2}$ より

$n=3\times a^2$（a は自然数）

のとき，$\sqrt{3n}$ は整数となる。

a	1	2	$\cdots$
n	3	12	$\cdots$
N	$\dfrac{15}{2}$	15	$\cdots$

N が整数となる最小の自然数 n は　$\mathbf{n=12}$

(3) A を通る OA の垂線をひく。

(4) この正四角錐の高さは，1辺
が 6cm の正三角形の高さに
等しいから，$3\sqrt{3}$ cm
よって，

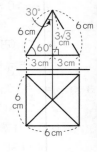

（正四角錐の体積）

$=\dfrac{1}{3}\times 6\times 6\times 3\sqrt{3}$

$=\mathbf{36\sqrt{3}}\ \mathbf{(cm^3)}$

3 (1) $y=x^2$ に $x=-3$ を代入して，$y=9$
これが最大値である。最小値は，$x=0$ を代入して，
$y=0$
よって，$\mathbf{0\leqq y\leqq 9}$

(2) A$(-3,\ 9)$，B$(1,\ 1)$ であるから，

（直線 AB の傾き）$=\dfrac{9-1}{-3-1}=\mathbf{-2}$

(3) 直線 AB：$y=-2x+b$ は B$(1,\ 1)$ を通るので，
$1=-2+b$
よって，$b=3$
直線 AB：$y=-2x+3$
直線 AB と y 軸との交
点を E とすると，
E$(0,\ 3)$

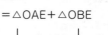

$\triangle$OAB
$=\triangle$OAE$+\triangle$OBE
$=\dfrac{1}{2}\times 3\times 3+\dfrac{1}{2}\times 3\times 1$
$=\dfrac{1}{2}\times 3\times(3+1)=6$

D の y 座標を p とする。$(p>0)$
$\triangle$OCD$=\dfrac{1}{2}\times 2\times p=6$
よって，$p=6$
$y=x^2$ に $y=6$ を代入して　$x^2=6\quad x=\pm\sqrt{6}$
よって，$\mathbf{D(\sqrt{6},\ 6),\ (-\sqrt{6},\ 6)}$

(4) 右の図より，

(回転体の体積)

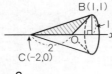
B(1,1)
C(−2,0)

$$=\frac{1}{3}\times\pi\times1^2\times3$$

$$-\frac{1}{3}\times\pi\times1^2\times1=\pi-\frac{\pi}{3}=\frac{2}{3}\pi$$

4 (1) 2個の玉の取り出し方を樹形図にすると，次のようになる。

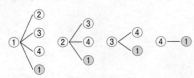

このうち積が奇数となるのは，(①, ③)，(①, ①)，

(③, ①)の3通りであるから，$\dfrac{3}{10}$

(2) ①と①がふくまれない2個の玉の取り出し方は，

の3通りであるから，1と書いた玉がふくまれない確率は $\dfrac{3}{10}$

それ以外には，少なくとも1個の1と書いた玉がふくまれることになるから，求める確率は

$$1-\frac{3}{10}=\frac{7}{10}$$

5 (1) ACとBDの交点をOとすると，ひし形の対角線は垂直に交わるので，∠DOA=90°

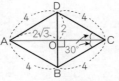
(単位は cm)

ACは∠DABの二等分線であるから，△AODは鋭角が30°，60°の直角三角形である。

3辺の比は $1:2:\sqrt{3}$ より　AO=$2\sqrt{3}$

AO=COであるから，AC=$4\sqrt{3}$(cm)

(2) ① EGとFHの交点をMとする。MはEGの中点である。また，ACとPQの交点をSとする。

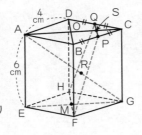

CP:PB=1:1より
CS:SO=1:1
である。

4点A，C，E，Gを通る平面で切断すると，S，R，Mはすべてこの平面上にある。

右の図で，

△ARS∽△GRM

(2組の角がそれぞれ等しい)

よって，

AR:GR=AS:GM

$=3\sqrt{3}:2\sqrt{3}$

$=3:2$

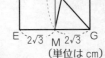
(単位は cm)

② △OMSで，三平方の定理により

$$SM=\sqrt{6^2+(\sqrt{3})^2}=\sqrt{39}$$

SR:RM=AR:RG=3:2であるから

$$RM=\frac{2}{5}\sqrt{39}=\frac{2\sqrt{39}}{5}$$

△RMFにおいて，三平方の定理により

$$RF=\sqrt{\left(\frac{2\sqrt{39}}{5}\right)^2+2^2}=\sqrt{\frac{156}{25}+\frac{100}{25}}$$

$$=\sqrt{\frac{256}{25}}=\frac{16}{5}\text{(cm)}$$

③

今日からスタート高校入試

数学